中学数学の解き方をひとつひとつわかりやすく。

［改訂版］

Gakken

はじめに

皆さんは，社会科や理科などと同じように「数学は暗記科目」といわれたら意外に思いますか。

数学には，いろいろな公式や用語が登場します。
それらをひとつひとつ覚えることはとても大事です。
しかし，それだけを覚えていても使いこなすことができなければ意味がありません。

公式や用語を使いこなすためには，「問題の解き方を理解して覚えておくこと」が大事になるのです。

基本となる問題の解き方を理解し覚えていることで，同じような問題を解くときに「どこに目をつければいいのか」がわかるようになり，他の問題を解くときに活かすことができるようになります。

この本では，教科書内容レベルから高校入試レベルまで，中学数学で必ず押さえておくべき問題の解き方を，図やイラストをたくさん使って，やさしいことばでわかりやすく説明しています。

この本を使って，皆さんが数学が好きになることを，そして数学が得意になることを，心から応援しています。

学研プラス

もくじ

数と式 7

方程式 103

関　数 135

図　形 171

確率・統計 249

この本の使い方

本書では，中学数学の内容を5つの領域に分け，その中で学年順，学習順に並べてあります。

学習する学年

単元名

項目名

多項式の計算
55 単項式と多項式の乗除
中3
問題
レベル
(1) $3a(2a+7b)=?$
(2) $(8x^2-20xy)\div4x=?$
解くためのヒント
分配法則を使って，単項式を多項式の各項にかける。
解き方
(1) $3a(2a+7b)$
$=3a\times2a+3a\times7b$
分配法則を使って，かっこをはずす
$=6a^2+21ab$
分配法則
$a(b+c)=ab+ac$
$a(b-c)=ab-ac$
よく使うよ！
(2) わる式を逆数にして，除法を乗法にします。
$(8x^2-20xy)\div4x$
$4x=\frac{4x}{1}$より，逆数は$\frac{1}{4x}$
$=(8x^2-20xy)\times\frac{1}{4x}$
$=8x^2\times\frac{1}{4x}-20xy\times\frac{1}{4x}$
$=\frac{8x^2}{4x}-\frac{20xy}{4x}$
$=2x-5y$
多項式と数との乗除は P51
62

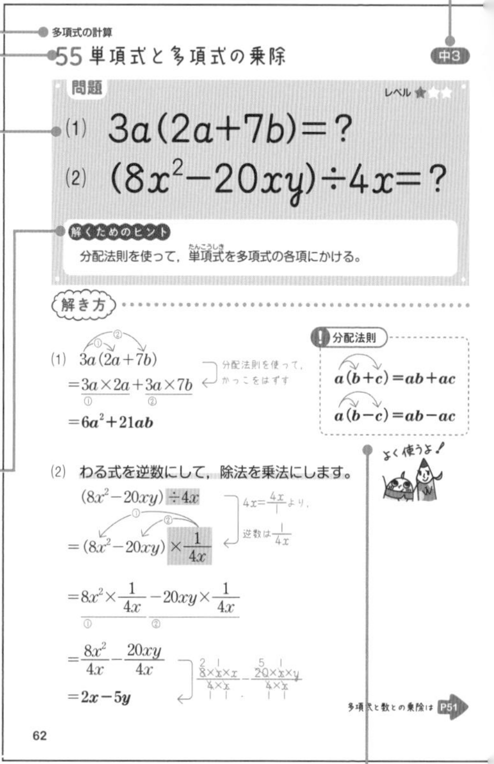

1 問題

中学数学を学習する上でかかすことのできない，重要問題ばかりです。
巻末の「キーワードさくいん」を使えば，知りたい問題をすぐに探すことができます。

2 解くためのヒント

問題を解くのに使う，数学的な考え方や公式です。
重要な考え方や公式はひとめでわかるようにしてあります。

5 ❗マーク

押さえておいたほうがよい公式や用語を，まとめてあります。
大事な内容ですので，よく覚えておきましょう。

授業の予習や復習で
わからない用語があ
ったときには，用語さ
くいんを使ってね。
とくよー
やるよー

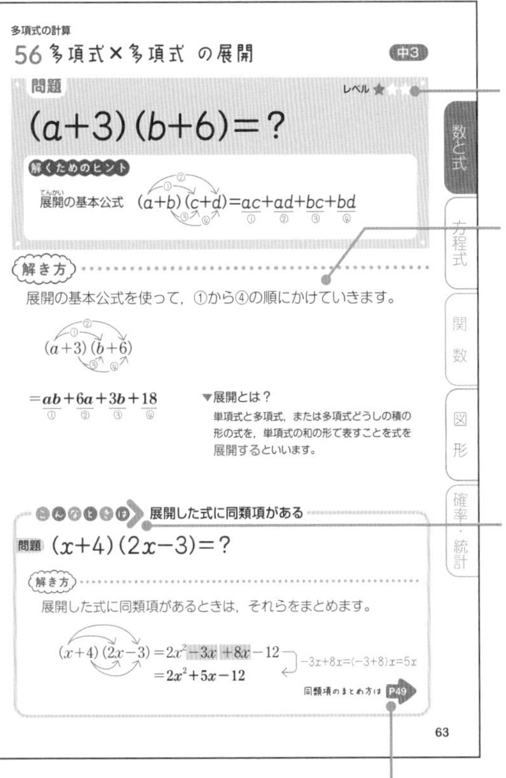
多項式の計算
56 多項式×多項式 の展開
中3
問題
レベル
(a+3)(b+6)=？
解くためのヒント
展開の基本公式 (a+b)(c+d)=ac+ad+bc+bd
解き方
展開の基本公式を使って，①から④の順にかけていきます。
(a+3)(b+6)
=ab+6a+3b+18
▼展開とは？
単項式と多項式，または多項式どうしの積の形の式を，単項式の和の形で表すことを式を展開するといいます。
こんなときは 展開した式に同類項がある
問題 (x+4)(2x−3)=？
解き方
展開した式に同類項があるときは，それらをまとめます。
(x+4)(2x−3)=2x²−3x+8x−12
=2x²+5x−12
−3x+8x=(−3+8)x=5x
同類項のまとめ方は P49
63
数と式
方程式
関数
図形
確率・統計

問題の難易度

3 解き方のポイント

まちがえやすい用語や解き方を解説しています。
よく読んで，ミスをしないように注意しましょう。

4 こんなときは マーク

「問題と似ているけどちょっとちがう」という問題の解き方を解説しています。
探している問題がこちらのときもありますので，問題とよく見比べましょう。

6 P123 リンク

関係が近い内容はいっしょに学習したほうが理解が深まります。
上手に活用してください。

用語さくいん

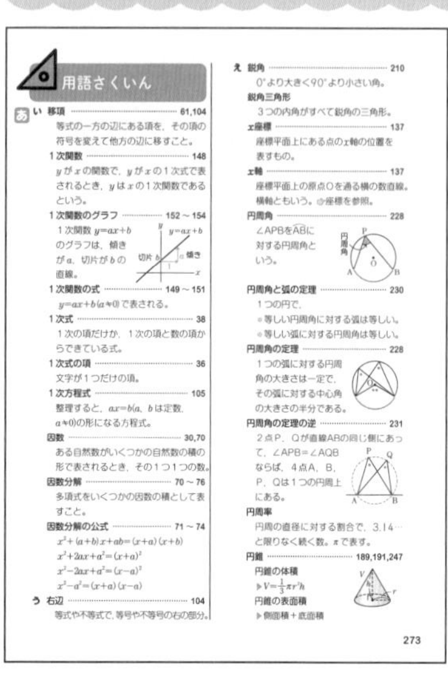

用語さくいん

273

中学数学で登場する公式や用語を図を使って説明しています。
わからない用語があるとき，定義や性質をしっかりと理解したいときに活用してください。
公式や用語から知りたい解き方を探すこともできます。

キーワードさくいん

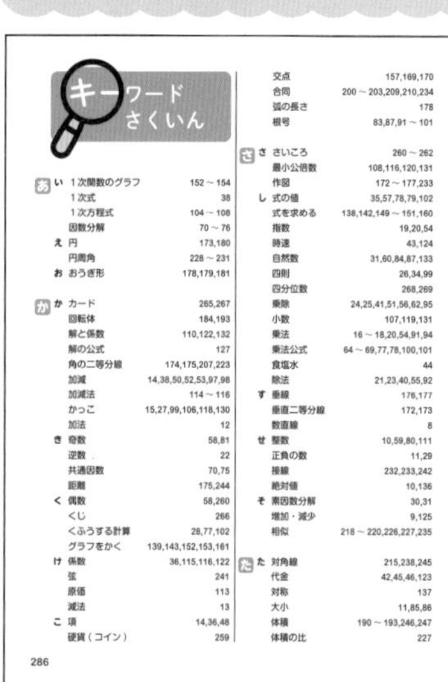

キーワードさくいん

286

問題文の中のキーワードから，知りたい解き方を直接探すことができます。
たとえば，問題文の中に「トランプ」ということばがあれば，確率のトランプを使った問題を探し出すことができます。
このさくいんを有効に活用して，本書の学習に役立ててください。

数と式

1 数直線上の点が表す数

中1

問題

レベル ★☆☆

下の数直線で，A，B にあたる数を書きなさい。

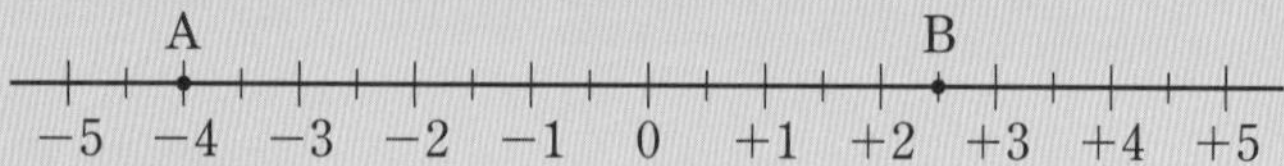

解くためのヒント

0（原点（げんてん））からどれだけはなれているかをよみとる。

解き方

下の図のように，**0 からの距離（きょり）をよみとります。**

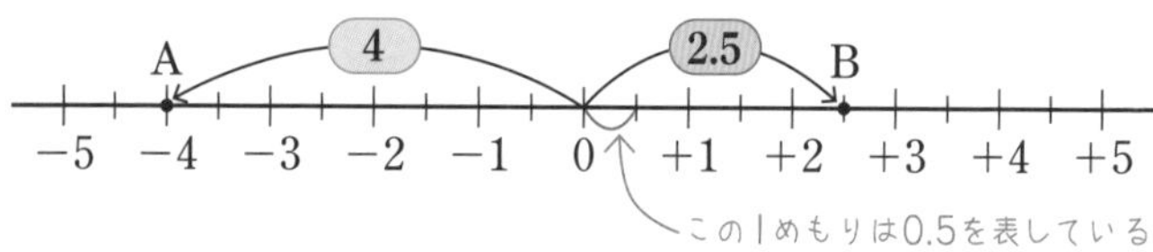

点 A は **0 より左に 4** はなれたところにあるから，**−4**

点 B は **0 より右に2.5**はなれたところにあるから，**+2.5**

▼数直線上で，0より右にあれば正（せい）の数（すう），左にあれば負（ふ）の数（すう）

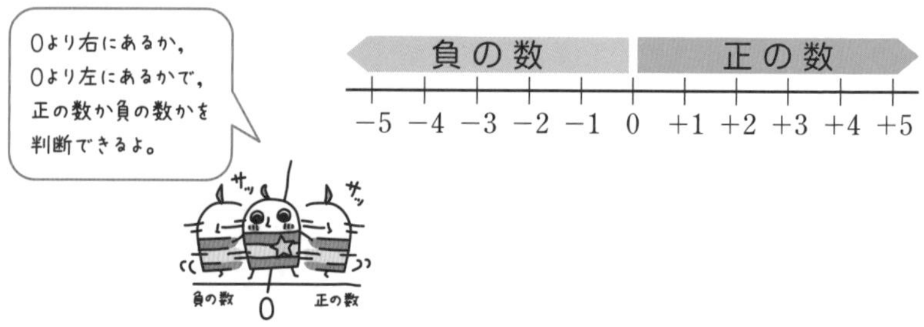

2 反対の性質の表し方

中1

問題

レベル ★☆☆

30人の増加を＋30人と表すと，40人の減少はどのように表せますか。

解くためのヒント

増加を正の数で表すと，減少は負の数で表せる。

解き方

増加と減少は，反対の性質をもつことばです。

下の図のように，**増加を＋**を使って表すと，**減少は－**を使って表せます。

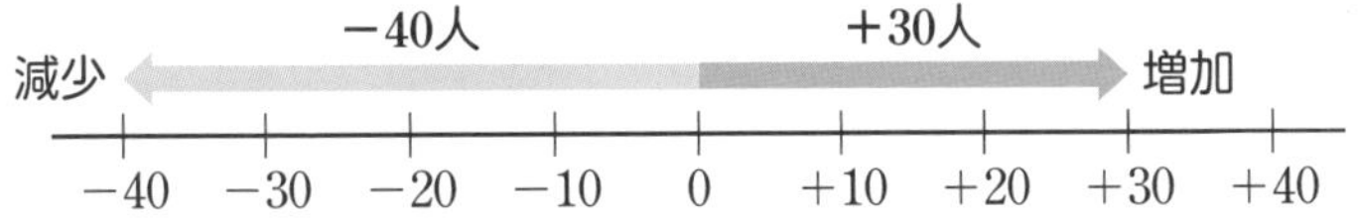

上の図から，40人の減少は**－40人**。

こんなときは 反対の性質のことばで表す

問題 「＋5kg 重い」を「軽い」ということばを使って表しなさい。

解き方

符号(ふごう)とことばを反対にします。

＋5kg 重い → －5kg 軽い

これより，**－5kg** 軽い。

● 反対の性質をもつことば

東↔西　北↔南

高い↔低い　長い↔短い

前↔後　多い↔少ない

利益(りえき)↔損失(そんしつ)　収入↔支出

3 絶対値

中1

問題

レベル ★★☆

絶対値(ぜったいち)が4より小さい整数(せいすう)をすべて求めなさい。

解くためのヒント

絶対値が■より小さい整数 → −■と+■の間にある整数。

解き方

絶対値が 4 になる数は−4と+4だから，絶対値が 4 より小さい整数は，−4と+4の間にある整数です。

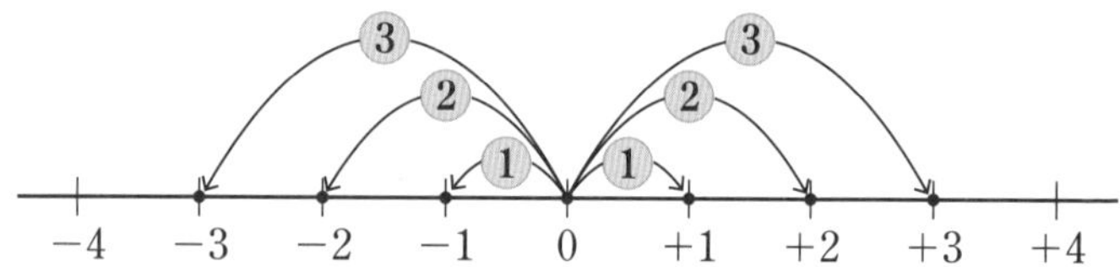

上の図から，求める整数は，

−3，−2，−1，0，+1，+2，+3

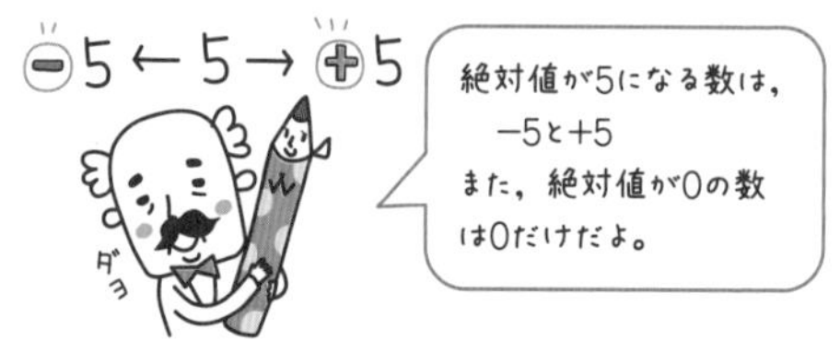

−5 ← 5 → +5
ダヨ
絶対値が5になる数は，
−5と+5
また，絶対値が0の数
は0だけだよ。

▼絶対値とは？

数直線上で，ある数に対応する点と原点との距離(きょり)を，その数の絶対値といいます。絶対値は，正負の数からその数の符号(ふごう)をとりさったものとみることができます。

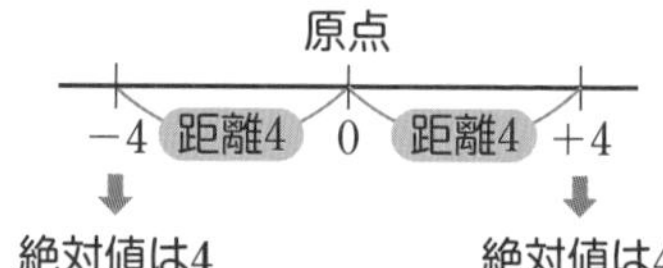

4 正負の数の大小

中1

問題

レベル ★☆☆

次の数の大小を，不等号(ふとうごう)を使って表しなさい。

-3，$+4$，-5

解くためのヒント

負の数は，絶対値が大きいほど小さい。

解き方

負の数＜0＜正の数より，-3，$+4$，-5では，$+4$がもっとも大きくなります。

次に，-5と-3では，$5>3$ より$-5<-3$ ← 負の数は，絶対値が大きいほど小さい

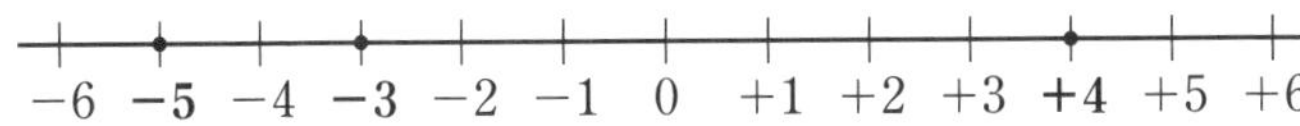

これより，

$-5<-3<+4$

↑ 不等号の向きをそろえる

▼ 3つ以上の数の大小の表し方

3つ以上の数の大小は，不等号の向きをそろえて表します。

$-3<+4>-5$ ← -3と-5の大小がわからない。

$-3>-5<+4$ ← -3と$+4$の大小がわからない。

こんなときは 分数の大小

問題 $-\frac{2}{3}$と$-\frac{5}{7}$の大小を，不等号を使って表しなさい。

解き方

通分して，絶対値の大小を比べます。

$\frac{2}{3}$と$\frac{5}{7}$を通分すると，$\frac{2}{3}=\frac{14}{21}$，$\frac{5}{7}=\frac{15}{21}$ ← 分母の3と7の最小公倍数21を分母とする

$\frac{14}{21}<\frac{15}{21}$ より$-\frac{14}{21}>-\frac{15}{21}$ だから，$-\frac{2}{3}>-\frac{5}{7}$

5 2つの数の加法

中1

問題

レベル ★☆☆

$$(-2)+(-7)=?$$

解くためのヒント

同じ符号（ふごう）の 2 つの数の和 → 絶対値の和に，共通の符号をつける。

解き方

絶対値の和に，共通の符号をつけます。

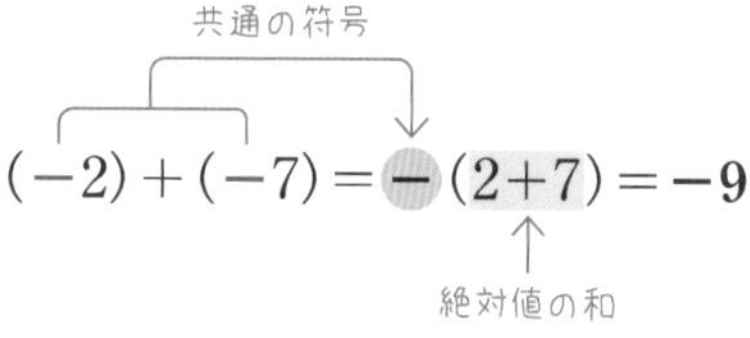

こんなときは 異なる符号の2つの数の加法（かほう）

問題 $(-4)+(+9)=?$

解き方

絶対値の差に，絶対値の大きいほうの符号をつけます。

$$(-4)+(+9)=+(9-4)=+5$$

絶対値の大きいほうの符号

絶対値の差

答えの＋の符号は，はぶける　+5を5としてもよい

▼0との加法

0との和は，その数自身になります。　$0+(-8)=-8$

6 2つの数の減法

中1

問題

レベル ★☆☆

$$(+3)-(+5)=?$$

解くためのヒント

減法(げんぽう)は，ひく数の符号を変えて加法にして計算する。

解き方

$-(+■)\rightarrow +(-■)$ として計算します。

減法を加法に　　絶対値の大きいほうの符号

$$(+3)-(+5)=(+3)+(-5)=-(5-3)=-2$$

符号を変える　　絶対値の差

こんなときは 負の数をひく

問題 $(+3)-(-5)=?$

解き方

$-(-■)\rightarrow +(+■)$ として計算します。

$$(+3)-(-5)=(+3)+(+5)=+(3+5)=+8$$

負の数をひくことは，正の数をたすこと

答えの＋の符号は，はぶける　+8を8としてもよい

▼0との減法

0からある数をひくと，差はある数の符号を変えた数になります。

● $0-(+6)=0+(-6)=-6$　● $0-(-6)=0+(+6)=+6$

7 加減の混じった計算

中1

問題

レベル ★★☆

$$(+3)-(+5)+(-9)-(-8)=?$$

解くためのヒント

加法だけの式にして，正の項（こう），負の項の和をそれぞれ求める。

解き方

$$(+3)-(+5)+(-9)-(-8)$$

加法だけの式

$$=(+3)+(-5)+(-9)+(+8)$$

正の項，負の項を集める

$$=(+3)+(+8)+(-5)+(-9)$$

正の項，負の項の和をそれぞれ求める

$$=(+11)+(-14)$$

$$=-(14-11)$$

$$=-3$$

▼正の項，負の項とは？

加法だけの式にしたとき，加法の記号＋で結ばれたそれぞれの数を項といいます。
つまり，上の式では，正の項は＋3と＋8，負の項は－5と－9になります。

$$(+3)-(+5)+(-9)-(-8)$$

↓ 加法だけの式

$$(+3)+(-5)+(-9)+(+8)$$

正の項　負の項　負の項　正の項

左の式で，
正の項は+3と+5，
負の項は−9と−8
なんて答えてはダメ！
加法だけの式に直す！

文字式の項は P36

8 かっこのない式の計算

中1

問題

レベル ★★☆

$$-17+16-25+19=?$$

解くためのヒント

正の項，負の項を集めて，それぞれの和を求める。

解き方

$-17 \ +16 \ -25 \ +19$
（負　正　負　正）　正の項，負の項を集める

$=16+19-17-25$　正の項，負の項の和をそれぞれ求める

$=\ 35 \quad -42$

$=-7$

こんなときは　部分的にかっこのある式の計算

問題 $9-(+8)-(-12)-14=?$

解き方

かっこと加法の記号＋をはぶいた式にして計算します。

$9-(+8)-(-12)-14$

$=9 \quad -8 \quad +12 \quad -14$

$=9+12-8-14$

$=\ 21 \quad -22$

$=-1$

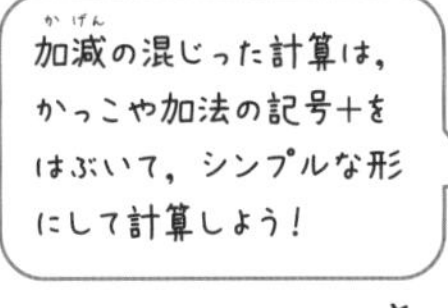

加減の混じった計算は，かっこや加法の記号＋をはぶいて，シンプルな形にして計算しよう！

9 2つの数の乗法

中1

問題

レベル ★☆☆

$$(-4)\times(-9)=?$$

解くためのヒント

同じ符号(ふごう)の 2 つの数の積 → 絶対値の積に，正の符号をつける。

解き方

絶対値の積に，正の符号＋をつけます。

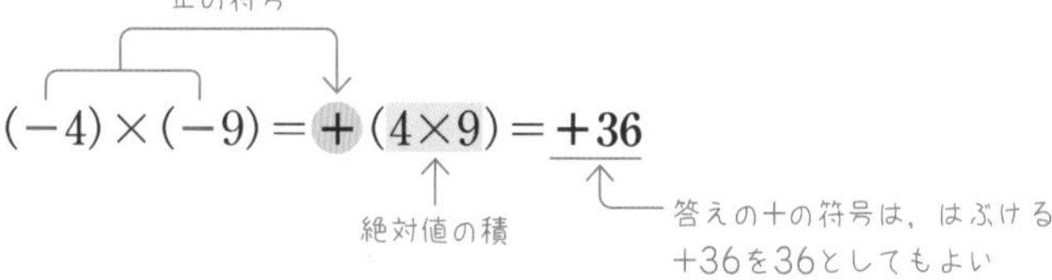
正の符号
(−4)×(−9)＝＋(4×9)＝＋36
絶対値の積
答えの＋の符号は，はぶける
＋36を36としてもよい

こんなときは 異なる符号の2つの数の乗法(じょうほう)

問題 $(+8)\times(-3)=?$

解き方

絶対値の積に，負の符号−をつけます。

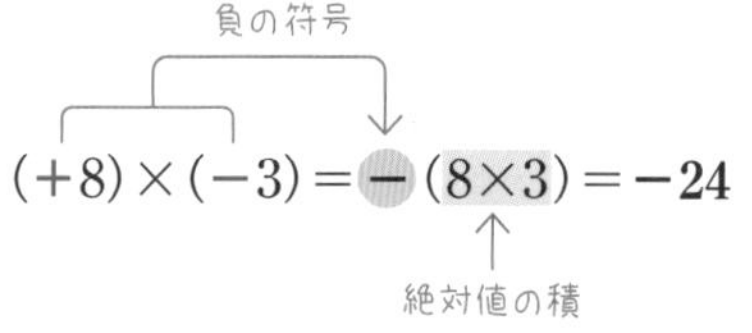
負の符号
(＋8)×(−3)＝−(8×3)＝−24
絶対値の積

(正)×(負) と (負)×(正)
の積は負の数になるよ。

▼0や−1との乗法

- 0との積 → ■×0＝0，0×■＝0
- −1との積 → ■×(−1)＝−■，(−1)×■＝−■

10 分数の乗法

中1

問題

レベル ★★☆

$$\left(-\frac{3}{4}\right)\times\left(+\frac{8}{9}\right)=?$$

解くためのヒント

絶対値の積の計算では，とちゅうで約分(やくぶん)できるときは約分する。

解き方

異なる符号の2つの数の積だから，**絶対値の積に，負の符号－をつけます。**

負の符号

$$\left(-\frac{3}{4}\right)\times\left(+\frac{8}{9}\right)=-\left(\frac{\overset{1}{\cancel{3}}}{\underset{1}{\cancel{4}}}\times\frac{\overset{2}{\cancel{8}}}{\underset{3}{\cancel{9}}}\right)=-\frac{2}{3}$$

ここで約分

こんなときは 分数×整数 の計算

問題 $\left(-\frac{5}{6}\right)\times(-9)=?$

解き方

絶対値の積に，正の符号＋をつけます。

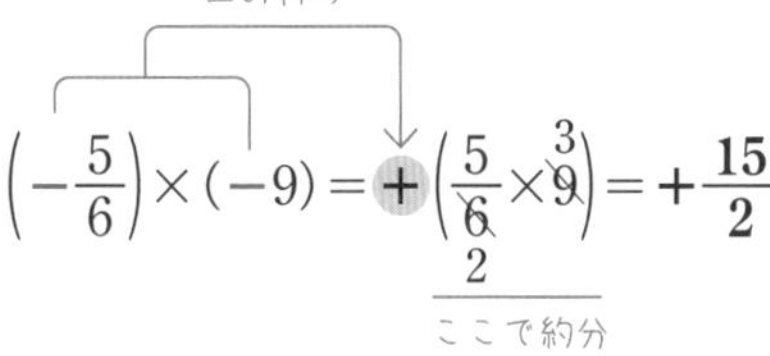

正の符号

$$\left(-\frac{5}{6}\right)\times(-9)=+\left(\frac{5}{\underset{2}{\cancel{6}}}\times\overset{3}{\cancel{9}}\right)=+\frac{15}{2}$$

ここで約分

計算のとちゅうで
約分したほうが，
計算がカンタンに
なるよ。
さらさら～

数と式 方程式 関数 図形 確率・統計

11 3つの数の乗法

中1

問題

レベル ★★☆

$$(-6)\times(+2)\times(-7)=?$$

解くためのヒント

積の符号（ふごう）は，式の中の負の数が
- 偶数個（ぐうすう） → ＋
- 奇数個（きすう） → －

解き方

積の符号を決めてから，絶対値の積を求めます。

$$(-6)\times(+2)\times(-7)$$

負の数が2個

負の数の個数を調べ積の符号を決める

$$=+(6\times2\times7)$$

絶対値の積

$$=84$$

負の数の個数をかぞえよう！
⊖がついた数は……
……

こんなときは 3つ以上の数の乗法

問題 $(-3)\times(-8)\times(+5)\times(-4)=?$

解き方

かける数が３つ以上になっても，**まず積の符号を決めて，次に絶対値の積を求めます。**

$$(-3)\times(-8)\times(+5)\times(-4)$$

負の数が3個だから，積の符号は－

$$=-(3\times8\times5\times4)=-480$$

絶対値の積

12 累乗の計算

中1

問題

レベル ★★☆

$-3^2=?$

解くためのヒント

正の数をかけ合わせた数に負の符号－をつけます。

$-■^2=-(■\times■)$

解き方

-3^2 は，正の数 3 を 2 個かけ合わせた数に負の符号－をつけた数です。

指数（しすう）の2は3についている

↓

$-3^2=-(3\times3)=-9$

▼累乗（るいじょう）とは？　指数とは？

同じ数をいくつかかけ合わせたものを，その数の累乗といい，
かけ合わせた個数を示す右かたの小さい数を指数といいます。

同じ文字の積の表し方は  P32

こんなときは $(-■)^2$の計算

問題 $(-3)^2=?$

解き方

$(-■)^2=(-■)\times(-■)$です。

つまり，$(-3)^2$ は－3を 2 個かけ合わせた数だから，

指数の2は－3についている

↓

$(-3)^2=(-3)\times(-3)=+(3\times3)=9$

数と式　方程式　関数　図形　確率・統計

13 累乗をふくむ乗法

中1

問題

レベル ★★☆

$$5^2\times(-2)^3=?$$

解くためのヒント

累乗（るいじょう） → 乗法 の順に計算する。

解き方

まず累乗を計算して，次に乗法を計算します。

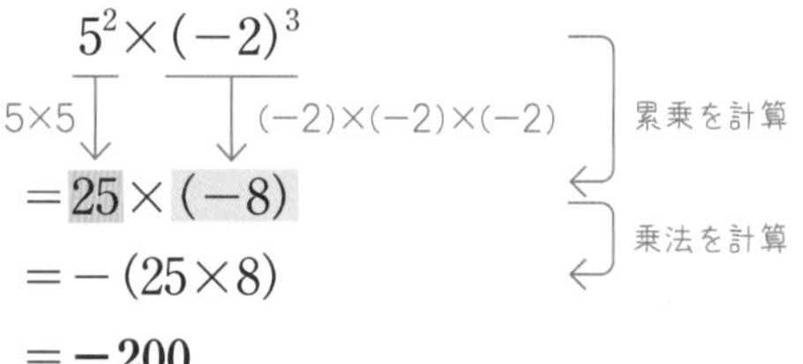

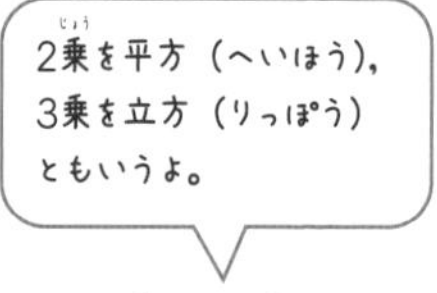

こんなときは (●×▲)■の計算

問題 $(2\times3)^2=?$

解き方

まずかっこの中を計算して，次に累乗を計算します。

$(2\times3)^2$ かっこの中を計算

$=6^2$ 累乗を計算

$=36$

▼−1の累乗

$(-1)^n$ は，指数 n が偶数（ぐうすう）ならば 1，指数 n が奇数（きすう）ならば -1 になります。

14 2つの数の除法

中1

問題

レベル ★☆☆

$$(-12)\div(-3)=?$$

解くためのヒント

同じ符号の2つの数の商 → 絶対値の商に，正の符号をつける。

解き方

絶対値の商に，正の符号＋をつけます。

$$(-12)\div(-3)=+(12\div3)=+4$$

正の符号

絶対値の商

+4を4としてもよい

こんなときは 異なる符号の2つの数の除法

問題 $(+35)\div(-5)=?$

解き方

絶対値の商に，負の符号－をつけます。

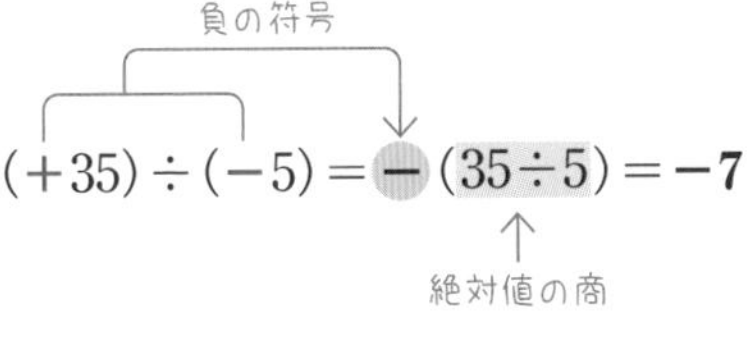

$$(+35)\div(-5)=-(35\div5)=-7$$

▼わり切れない除法

除法の商は，いつも整数や小数になるとはかぎりません。
そこで，わり切れないときは，商を分数で表します。

$$(-7)\div(+9)=-(7\div9)=-\frac{7}{9}$$ ← 7÷9=0.777…となりわり切れない

15 逆数の求め方

中1

問題

レベル ★☆☆

$-\frac{3}{4}$の逆数(ぎゃくすう)を求めなさい。

解くためのヒント

符号(ふごう)はそのままで，分母と分子を入れかえる。

解き方

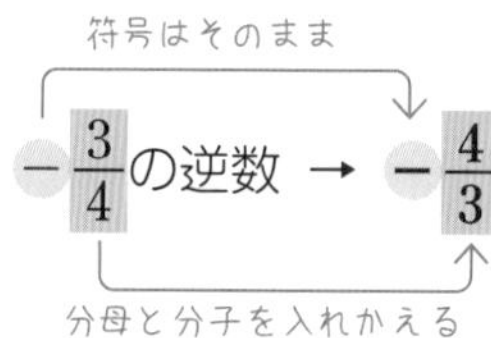

▼逆数とは？

■×●＝1 のとき，●は■の逆数，
また，■は●の逆数といいます。

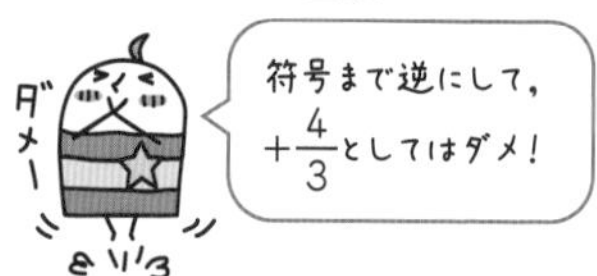

こんなときは 整数や小数の逆数

問題 次の数の逆数を求めなさい。

(1) 7　　(2) −0.6

解き方

整数や小数を分数で表してから逆数にします。

(1) $7=\frac{7}{1}$ ← 分母を1とする分数で表す

$\frac{7}{1}$の逆数 → $\mathbf{\frac{1}{7}}$ ← 符号はそのままで，分母と分子を入れかえる

(2) $-0.6=-\frac{6}{10}$ ← 分母を10とする分数で表す

$-\frac{6}{10}$の逆数 → $-\frac{10}{6}=\mathbf{-\frac{5}{3}}$

16 分数の除法

中1

問題

レベル ★★☆

$$\left(-\frac{4}{9}\right)\div\left(-\frac{8}{15}\right)=?$$

解くためのヒント

わる数を逆数にしてかける。 $\div\frac{●}{■}\rightarrow\times\frac{■}{●}$

解き方

わる数を逆数にして，除法を乗法にして計算します。

除法→乗法

$$\left(-\frac{4}{9}\right)\div\left(-\frac{8}{15}\right)=\left(-\frac{4}{9}\right)\times\left(-\frac{15}{8}\right)$$

逆数

$$=+\left(\frac{\overset{1}{\cancel{4}}}{\underset{3}{\cancel{9}}}\times\frac{\overset{5}{\cancel{15}}}{\underset{2}{\cancel{8}}}\right)=\frac{5}{6}$$

ここで約分

こんなときは 分数÷整数 の計算

問題 $\frac{6}{7}\div(-8)=?$

解き方

$$\frac{6}{7}\div(-8)=\frac{6}{7}\times\left(-\frac{1}{8}\right)=-\left(\frac{\overset{3}{\cancel{6}}}{7}\times\frac{1}{\underset{4}{\cancel{8}}}\right)=-\frac{3}{28}$$

わる数を逆数にしてかける

ここで約分

17 乗除の混じった整数の計算

中1

問題

レベル ★★☆

$$8\div(-12)\times 9=?$$

解くためのヒント

わる数の逆数をかけて，乗法だけの式にして計算する。

解き方

$$8\div(-12)\times 9$$
$$=8\times\left(-\frac{1}{12}\right)\times 9$$
$$=-\left(8\times\frac{1}{12}\times 9\right)$$
$$=-6$$

わる数を逆数にしてかける

符号(ふごう)を決め，絶対値の積を計算

$\overset{2}{\cancel{8}}\times\dfrac{1}{\underset{\underset{1}{\cancel{3}}}{\cancel{12}}}\times\overset{3}{\cancel{9}}=6$

3つの数の乗法は P18

こんなときは ÷■÷●の計算

問題 $-20\div 6\div(-15)=?$

解き方

$\div■\div●\ \rightarrow\ \times\dfrac{1}{■}\times\dfrac{1}{●}$ と乗法だけの式にして計算します。

$$-20\div 6\div(-15)$$
$$=-20\times\frac{1}{6}\times\left(-\frac{1}{15}\right)$$
$$=+\left(20\times\frac{1}{6}\times\frac{1}{15}\right)$$
$$=\frac{2}{9}$$

わる数を逆数にしてかける

符号を決め，絶対値の積を計算

$\overset{\overset{2}{\cancel{10}}}{\cancel{20}}\times\dfrac{1}{\underset{3}{\cancel{6}}}\times\dfrac{1}{\underset{3}{\cancel{15}}}=\dfrac{2}{9}$

18 乗除の混じった分数の計算

中1

問題

レベル ★★★

$$\left(-\frac{5}{6}\right)\times\left(-\frac{9}{14}\right)\div\left(-\frac{10}{7}\right)=?$$

解くためのヒント

乗法だけの式にして計算する。 $\div\frac{●}{■}\rightarrow\times\frac{■}{●}$

解き方

$$\left(-\frac{5}{6}\right)\times\left(-\frac{9}{14}\right)\div\left(-\frac{10}{7}\right)$$

わる数を逆数にしてかける

$$=\left(-\frac{5}{6}\right)\times\left(-\frac{9}{14}\right)\times\left(-\frac{7}{10}\right)$$

符号を決め，絶対値の積を計算

$$=-\left(\frac{5}{6}\times\frac{9}{14}\times\frac{7}{10}\right)$$

$$\frac{\overset{1}{\cancel{5}}}{\underset{2}{\cancel{6}}}\times\frac{\overset{3}{\cancel{9}}}{\underset{2}{\cancel{14}}}\times\frac{\overset{1}{\cancel{7}}}{\underset{2}{\cancel{10}}}=\frac{3}{8}$$

$$=-\frac{3}{8}$$

▼乗除(じょうじょ)が混じった式の計算の順序は変えられない！

乗除の混じった計算は，左から順に計算します。
この計算の順序を変えることはできません。

まちがった計算→ $18\div(-3)\times4=18\div(-12)=-\frac{3}{2}$ （先に計算：$(-3)\times4$）（×）

正しい計算→ $18\div(-3)\times4=(-6)\times4=-24$ （先に計算：$18\div(-3)$）

19 四則の混じった計算

中1

問題

レベル ★★☆

$$7+5\times(-3)=?$$

解くためのヒント

まず**乗法・除法**を計算し，次に**加法・減法**を計算する。

解き方

式の形をよく見て，計算の順序を確認します。

まず乗法を計算し，次に加法を計算します。

$$
\begin{aligned}
&7+5\times(-3) \quad \text{乗法を計算}\\
&=7+(-15) \quad \text{加法を計算}\\
&=7-15\\
&=-8
\end{aligned}
$$

▼左から計算してはダメ！

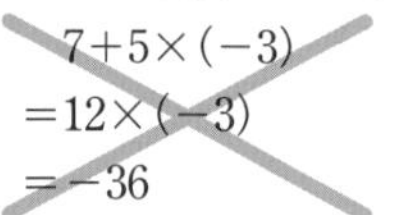

加法・減法・乗法・除法をまとめて四則（しそく）というよ。

×と÷のある式

問題 $-6\times2-8\div(-4)=?$

解き方

まず乗法・除法を計算して，次に減法を計算します。

$$
\begin{aligned}
&-6\times2-8\div(-4) \quad \text{乗法・除法を計算}\\
&=-12-(-2) \quad \text{減法を計算}\\
&=-12+2\\
&=-10
\end{aligned}
$$

20 かっこや累乗のある計算

中1

問題

レベル ★★★

$$6-(-4)^2\div(3-5)=?$$

解くためのヒント

かっこの中・累乗（るいじょう） → 乗除 → 加減 の順に計算する。

解き方

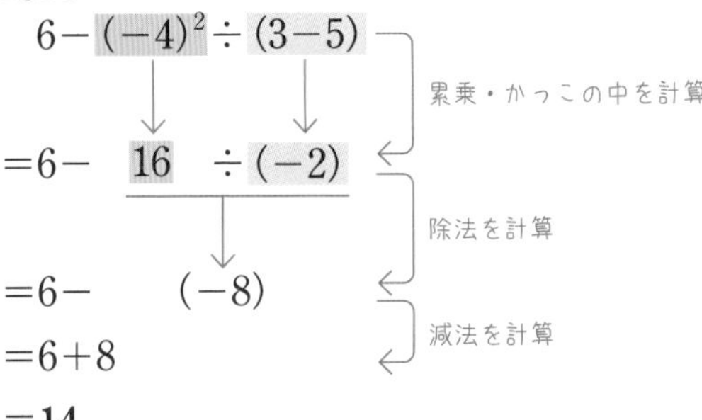

こんなときは　2種類のかっこがある計算

問題 $20\div\{7+(6-9)\times4\}=?$

解き方

まず(　)の中を計算し，次に{　}の中を計算します。

$20\div\{7+(6-9)\times4\}$　(　)の中を計算

$=20\div\{7+(-3)\times4\}$　{　}の中の乗法を計算

$=20\div\{7+(-12)\}$　{　}の中の加法を計算

$=20\div(-5)$　除法を計算

$=-4$

21 分配法則を利用する計算

中1

問題

レベル ★★☆

$$\left(\frac{3}{8}+\frac{5}{6}\right)\times(-24)=?$$

解くためのヒント

分配法則（ぶんぱいほうそく） (■＋●)×▲＝■×▲＋●×▲ を利用する。

解き方

分配法則を利用すると，計算がカンタンになります。

$$\left(\frac{3}{8}+\frac{5}{6}\right)\times(-24)$$

① ②

(■＋●)×▲＝■×▲＋●×▲

$$=\frac{3}{8}\times(-24)+\frac{5}{6}\times(-24)$$

$$=\quad -9 \quad + \quad (-20)$$

$$=-29$$

くふうしてラクに！

$\frac{3}{8}\times(-24)$，$\frac{5}{6}\times(-24)$ の計算の結果はどちらも整数になるね。

こんなときは 分配法則を逆向きに利用する計算

問題 72×3.14＋28×3.14＝？

解き方

$$72\times3.14+28\times3.14$$

■×▲＋●×▲＝(■＋●)×▲

$$=(72+28)\times3.14$$

$$=\quad 100 \quad \times3.14=314$$

22 正負の数の利用

中1

問題

レベル ★★★

下の表は，A～Fの6人の身長が160cm を基準として，それよりどれだけ高いかを表したものです。6人の身長の平均（へいきん）を求めなさい。

生　徒	A	B	C	D	E	F
基準との差(cm)	+3	−5	0	−9	+6	−4

解くためのヒント

平均=基準の値+基準との差の平均

解き方

手順1 基準との差の平均を求める

基準との差の平均は，

$\{3+(-5)+0+(-9)+6+(-4)\}\div 6$ ← 平均=合計÷個数

$=(-9)\div 6$

$=-1.5$(cm)

手順2 平均=基準+基準との差の平均

これより，**6人の身長の平均は，基準の160cm より1.5cm 低い**から，

$160+(-1.5)=158.5$(cm)

答 158.5cm

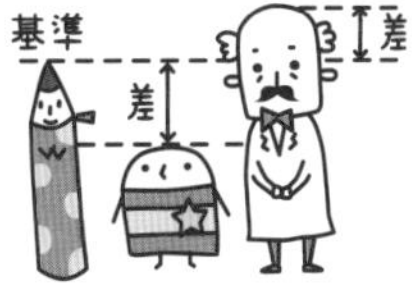

▼0を除いてはダメ！

基準との差の平均を求めるとき，基準との差が0のCを除いて，

$\{3+(-5)+(-9)+6+(-4)\}\div 5=(-9)\div 5=-1.8$(cm)

としてはいけません。

23 素因数分解

中1

問題

レベル ★☆☆

180を素因数分解しなさい。

解くためのヒント

商が素数になるまで，素数でくり返しわっていく。

解き方

手順1 小さい素数から順にわっていきます。

手順2 商が素数になったらやめます。

$$
\begin{array}{r|r}
2 & 180 \\ \hline
2 & 90 \\ \hline
3 & 45 \\ \hline
3 & 15 \\ \hline
 & 5
\end{array}
$$

180÷2
90÷2
45÷3
15÷3

手順3 わった数と商を積の形で表します。

$$180 = 2^2 \times 3^2 \times 5$$

同じ数の積は，累乗の指数を使って表す

▼素数とは？

1とその数自身のほかに約数がない自然数を素数といいます。ただし，1は素数ではありません。

▼因数とは？　素因数とは？

整数をいくつかの整数の積の形で表すとき，その1つ1つの数を，もとの数の因数といいます。また，素数である因数を素因数といいます。

! 素因数分解

自然数を素数だけの積の形で表すことを，その数を素因数分解するといいます。

$$42 = 2 \times 3 \times 7$$

42の素因数

24 素因数分解を使って

中1

問題

レベル ★★★

63にできるだけ小さい自然数をかけて，ある自然数の2乗になるようにします。どんな数をかければよいですか。

解くためのヒント

すべての素因数の累乗の指数を偶数（ぐうすう）にする。

解き方

手順1 63を素因数分解すると，

$$63=3^2\times7$$

指数が偶数（3^2）　指数が奇数（きすう）（7）

$$\begin{array}{r|l} 3 & 63 \\ 3 & 21 \\ & 7 \end{array}$$

手順2 素因数7の指数を偶数にします。

$3^2\times7$ に7をかけると，

$$(3^2\times7)\times7=3^2\times7^2=(3\times7)^2=21^2$$

7をかけて指数を2にする

となり，21の2乗になります。

これより，かける数は **7**

▼最大公約数（さいだいこうやくすう）・最小公倍数（さいしょうこうばいすう）の求め方

60と90の最大公約数と最小公倍数は，次のように求めることができます。

●最大公約数

共通な素因数をすべてかける。

$$\begin{array}{l} 60=2\times2\times3\times5 \\ 90=2\times3\times3\times5 \\ \hline 2\times3\times5=30 \end{array}$$

●最小公倍数

共通な素因数と残りの素因数をかける。

$$\begin{array}{l} 60=2\times2\times3\times5 \\ 90=2\times3\times3\times5 \\ \hline 2\times2\times3\times3\times5=180 \end{array}$$

数と式　方程式　関数　図形　確率・統計

25 積の表し方

中1

問題

レベル ★☆☆

文字式(もじしき)の表し方にしたがって表しなさい。

(1) $b \times a \times (-5)$

(2) $x \times y \times x \times y \times x$

解くためのヒント

記号×をはぶいて，数は文字の前に書く。

解き方

(1) $b \times a \times (-5) = -5 \times a \times b = \boldsymbol{-5ab}$

記号×をはぶく
数は文字の前
文字はアルファベット順

(2) 同じ文字の積は，累乗(るいじょう)の指数を使って表します。

$x \times y \times x \times y \times x = x \times x \times x \times y \times y = x^3 \times y^2 = \boldsymbol{x^3y^2}$

xが3個
yが2個

こんなときは −1との積

問題 $n \times (-1) \times m$ を，文字式の表し方にしたがって表しなさい。

解き方

−1と文字の積では，1 ははぶきますが，−の符号(ふごう)ははぶけません。

$n \times (-1) \times m = (-1) \times m \times n = \boldsymbol{-mn}$

▼小数の場合の表し方

0.1や0.01などの 1 は，はぶくことはできません。
たとえば，$0.1 \times a$ は，$0.a$ と書かずに $0.1a$ と表します。

26 商の表し方

問題

レベル ★☆☆

文字式の表し方にしたがって表しなさい。

(1) $a \div (-4)$　(2) $(x+y) \div 7$

解くためのヒント

記号÷を使わずに，分数の形で書く。

解き方

(1) $a \div (-4) = \frac{a}{-4} = -\frac{a}{4}$

分数の形にする　－は分数の前に書く

ここね！

$-\frac{a}{4}$は，$-\frac{1}{4}a$と表すこともできるよ。

(2) $x+y$ をひとまとまりにして，分子にする。

$(x+y) \div 7 = \frac{x+y}{7}$ ←（ ）ははぶく

分数の形にする

こんなときは 乗除の混じった式の表し方

問題 $a \div b \times c$ を，文字式の表し方にしたがって表しなさい。

解き方

左から順に，×や÷の記号をはぶいていきます。

$a \div b \times c = \frac{a}{b} \times c = \frac{ac}{b}$

分数の形にする　記号×をはぶく

先に乗法を計算して，$a \div b \times c = a \div bc = \frac{a}{bc}$ としてはダメ！

27 四則の混じった式の表し方

中1

問題

レベル ★★★

文字式の表し方にしたがって表しなさい。

(1) $a \times 6 + b \div (-3)$

(2) $p \times p \times (-5) \times p - q \times 9$

解くためのヒント

記号×，÷ははぶけるが，＋，－ははぶけない。

解き方

(1) 数の計算と同じように，乗除 → 加減の順に計算します。

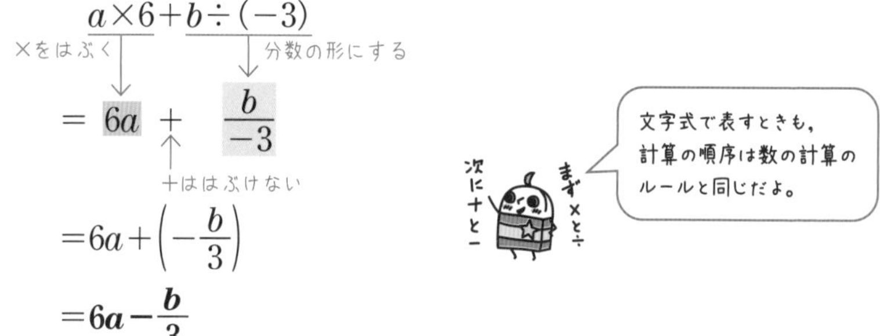

$a \times 6 + b \div (-3)$
×をはぶく
分数の形にする
$= 6a + \dfrac{b}{-3}$
＋ははぶけない
$= 6a + \left(-\dfrac{b}{3}\right)$
$= \boldsymbol{6a - \dfrac{b}{3}}$
文字式で表すときも，計算の順序は数の計算のルールと同じだよ。
次に＋と－
まず×と÷

(2) 同じ文字の積は，累乗（るいじょう）の指数を使って表します。

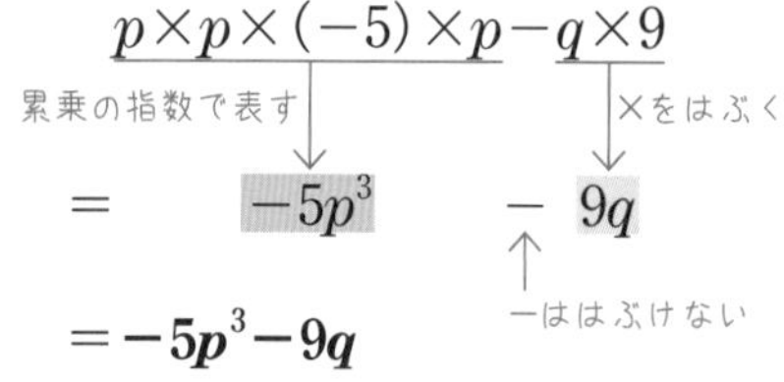

$p \times p \times (-5) \times p - q \times 9$
累乗の指数で表す
×をはぶく
$= -5p^3 - 9q$
－ははぶけない
$= \boldsymbol{-5p^3 - 9q}$

計算の順序は P26

28 1つの文字に代入する式の値

中1

問題

レベル ★☆☆

$x=3$ のとき，$4x-5$ の値を求めなさい。

解くためのヒント

代入(だいにゅう)する式を記号×を使った式にして，x に数を代入する。

解き方

$4x-5$

$=4\times x-5$ ← 記号×を使った式

$=4\times 3-5$ ← xに3を代入する

$=12-5$

$=\mathbf{7}$

▼代入と式(しき)の値(あたい)

式の中の文字に数をあてはめることを代入するといいます。

代入して計算した結果を式の値といいます。

こんなときは 負の数を代入する

問題 $x=-2$ のとき，$9+7x$ の値を求めなさい。

解き方

負の数は，かっこをつけて代入します。

$9+7x$

$=9+7\times x$ ← 記号×を使った式

$=9+7\times(-2)$ ← −2に(　)をつけて代入

$=9+(-14)$

$=\mathbf{-5}$

29 項と係数

中1

問題

レベル ★☆☆

$5a-\frac{b}{2}-8$ の項(こう)と係数(けいすう)を求めなさい。

解くためのヒント

項とは，加法だけの式で，加法の記号+で結ばれた1つ1つの文字式や数である。

解き方

手順1 項を求める

まず，+とかっこを使って加法だけの式に直します。

$$5a-\frac{b}{2}-8=5a+\left(-\frac{b}{2}\right)+(-8)$$

これより，項は，$\boldsymbol{5a}$，$\boldsymbol{-\frac{b}{2}}$，$\boldsymbol{-8}$

記号+で結ばれた1つ1つの文字式や数

手順2 係数を求める

文字をふくむ項の数の部分を係数といいます。

$$5a=5\times a,\quad -\frac{b}{2}=-\frac{1}{2}\times b$$

(数)×(文字)の数の部分

これより，a の係数は **5**，b の係数は $\boldsymbol{-\frac{1}{2}}$

数だけの式の項は P14

30 同じ文字の項をまとめる

中1

問題

レベル ★☆☆

(1) $3a+5a=?$

(2) $4x-x-6x=?$

解くためのヒント

係数どうしを計算して，文字の前に書く。

解き方

(1) 文字の部分が同じ項は，■x＋●x＝(■＋●)x を利用して1つの項にまとめることができます。

$$3a+5a=(3+5)a=\mathbf{8a}$$

係数どうしを計算

(2) $4x-x-6x=(4-1-6)x=\mathbf{-3x}$

$-x$の係数は-1

同類項のまとめ方は P49

こんなときは 文字の項と数の項がある計算

問題 $7y-8-5y+2=?$

解き方

文字の項どうし，数の項どうしをそれぞれまとめます。

$$7y-8-5y+2$$
$$=7y-5y-8+2$$
$$=(7-5)y-8+2$$
$$=\mathbf{2y-6}$$

文字の項，数の項をそれぞれ集める

文字の項，数の項をそれぞれまとめる

数と式 | 方程式 | 関数 | 図形 | 確率・統計

31 1次式の加減

中1

問題

レベル ★★☆

(1) $(6a+5)+(2a-9)=?$

(2) $(3x-4)-(5x-7)=?$

解くためのヒント

+(　)は，そのままかっこをはずす。

−(　)は，各項（こう）の符号（ふごう）を変えて，かっこをはずす。

解き方

(1) $(6a+5)+(2a-9)$

$=6a+5\ +2a-9$　　+(　)→そのままかっこをはずす

$=6a+2a\ +5-9$（文字の項／数の項）　　文字の項，数の項をまとめる

$=\boldsymbol{8a-4}$

(2) $(3x-4)-(5x-7)$

$=3x-4\ -5x+7$　　−(　)→各項の符号を変えて，かっこをはずす

$=3x-5x\ -4+7$（文字の項／数の項）　　文字の項，数の項をまとめる

$=\boldsymbol{-2x+3}$

▼1次式とは？

$6a$ や $3x$ のように，文字が1つだけの式を1次の項といいます。

1次の項だけか，1次の項と数の項の和で表すことができる式を1次式といいます。

▼うしろの項の符号の変え忘れに注意！

−(　)をはずすときに，かっこの中のうしろの項の符号を変え忘れるミスが多いので注意しましょう。

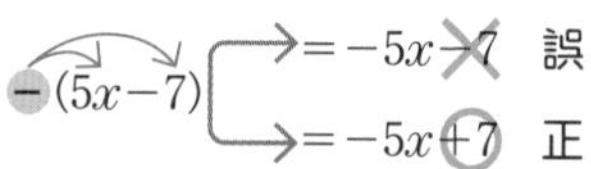

32 文字式と数との乗法

中1

問題

レベル ★☆☆

$$4x\times(-7)=?$$

解くためのヒント

数どうしの積を求め，それに文字をかける。

解き方

$$4x\times(-7)$$
$$=4\times x\times(-7)$$
$$=4\times(-7)\times x$$

数どうしの積を計算

$$=\mathbf{-28x}$$

! 2つの数の積の符号

同符号（どうふごう）
$(+)\times(+)=(+)$
$(-)\times(-)=(+)$

異符号（いふごう）
$(+)\times(-)=(-)$
$(-)\times(+)=(-)$

こんなときは 係数が分数のとき

問題 $-\frac{2}{3}y\times(-18)=?$

解き方

$$-\frac{2}{3}y\times(-18)=-\frac{2}{3}\times y\times(-18)$$
$$=-\frac{2}{3}\times(-18)\times y$$ ←数どうしの積を計算
$$=+\left(\frac{2}{\cancel{3}_1}\times\cancel{18}^{6}\right)\times y$$ ←ここで約分
$$=\mathbf{12y}$$

33 文字式と数との除法

中1

問題

レベル ★☆☆

$$-30a\div(-6)=?$$

解くためのヒント

わる数を逆数にして，乗法にして計算する。

解き方

$$-30a\div(-6)$$

$$=-30a\times\left(-\frac{1}{6}\right)$$

わる数を逆数にしてかける

$$=-30\times\left(-\frac{1}{6}\right)\times a$$

数どうしの積を計算

$$=+\left(\overset{5}{\cancel{30}}\times\frac{1}{\underset{1}{\cancel{6}}}\right)\times a$$

$$=\mathbf{5a}$$

▼分数の形にして約分

分数の形にして，数どうしを約分することもできます。

$$-30a\div(-6)$$

$$=+\frac{\overset{5}{\cancel{30}}a}{\underset{1}{\cancel{6}}}$$

$$=5a$$

逆数は P22

こんなときは 文字式÷分数

問題 $12b\div\left(-\frac{3}{4}\right)=?$

解き方

わる数が分数のときは，**わる数を逆数にしてかけます。**

$$12b\div\left(-\frac{3}{4}\right)=12b\times\left(-\frac{4}{3}\right)=12\times\left(-\frac{4}{3}\right)\times b=\mathbf{-16b}$$

$$-\left(\overset{4}{\cancel{12}}\times\frac{4}{\underset{1}{\cancel{3}}}\right)\times b$$

34 項が２つの式と数との乗除

中1

問題

レベル ★★☆

(1) $-3(2x+7)=?$

(2) $(8y-6)\div\frac{2}{5}=?$

解くためのヒント

分配法則を使って，数をかっこの中のすべての項(こう)にかける。

■×(●+▲)=■×●+■×▲，■×(●−▲)=■×●−■×▲

解き方

(1) $-3(2x+7)$

$=\underset{①}{\underline{-3\times2x}}+\underset{②}{\underline{(-3)\times7}}$　← 分配法則を使って，かっこをはずす

$=\mathbf{-6x-21}$

(2) まず，わる数を逆数にして，除法を乗法にします。

$(8y-6)\div\frac{2}{5}$

$=(8y-6)\times\frac{5}{2}$　← わる数を逆数にしてかける

$=\underset{①}{\underline{8y\times\frac{5}{2}}}-\underset{②}{\underline{6\times\frac{5}{2}}}$　← 分配法則を使って，かっこをはずす

$=\mathbf{20y-15}$

35 代金の表し方

中1

問題

レベル ★☆☆

1個50円のみかんをx個，1個200円のりんごをy個買ったときの代金の合計を表す式を書きなさい。

解くためのヒント

代金＝1個の値段×個数

解き方

数量を文字を使って表すときは，×や÷の記号を使わないで，文字式の表し方にしたがって表します。

手順1 まず，代金の合計をことばの式で表します。

代金の合計＝みかんの代金＋りんごの代金

手順2 ことばの式に文字や数をあてはめて，記号×をはぶいて表します。

代金の合計＝みかんの代金＋りんごの代金

$= 50\times x + 200\times y$

$= 50x+200y$（円）

記号×をはぶく

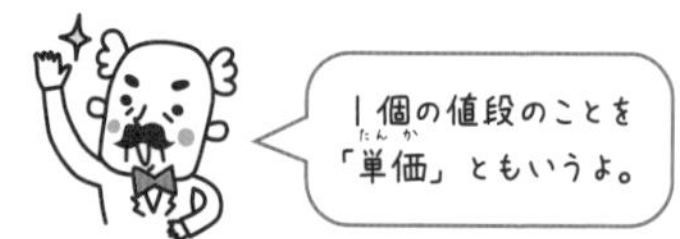

1個の値段のことを「単価」ともいうよ。

36 速さの表し方

中1

問題

レベル ★★☆

akmの道のりを，行きは時速5km，帰りは時速4kmの速さで歩いたときの往復にかかった時間を表す式を書きなさい。

解くためのヒント

時間＝道のり÷速さ
（道のり＝速さ×時間，速さ＝道のり÷時間）

解き方

手順1 まず，往復にかかった時間をことばの式で表します。

往復の時間＝行きの時間＋帰りの時間

（行きの時間・帰りの時間：片道の道のり÷歩いた速さ）

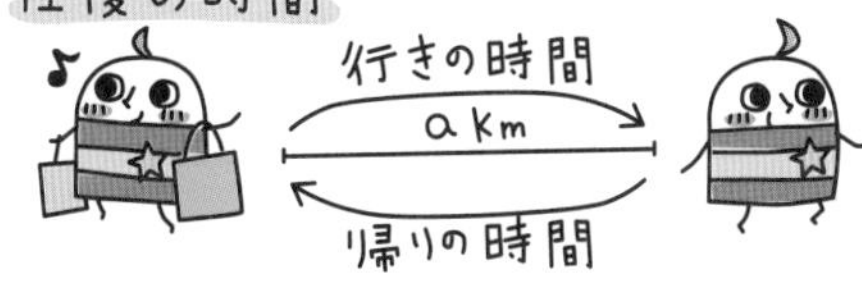

手順2 ことばの式に文字や数をあてはめて，記号÷を使わずに分数の形で表します。

往復の時間＝行きの時間＋帰りの時間

$$= a \div 5 + a \div 4$$

分数の形で書く

$$= \frac{a}{5} + \frac{a}{4}$$

$$= \frac{4a}{20} + \frac{5a}{20}$$

通分して1つにまとめる

$$= \frac{9}{20}a \text{（時間）}$$

37 百分率を使った表し方

中1

問題

レベル ★★★

濃度(のうど)8%の食塩水xgにふくまれる食塩の重さを表す式を書きなさい。

解くためのヒント

百分率(ひゃくぶんりつ)と分数の関係 1% → $\frac{1}{100}$ を利用する。

解き方

手順1　8%を分数で表すと，$\frac{8}{100}=\frac{2}{25}$ ←1% ➡ $\frac{1}{100}$

手順2　食塩の重さ，食塩水の重さ，食塩水の濃度の関係をことばの式で表します。

食塩の重さ＝食塩水の重さ×食塩水の濃度

（食塩水の重さ：もとにする量，食塩水の濃度：割合）

手順3　ことばの式に文字や数をあてはめて，記号×をはぶいて表します。

食塩の重さ＝食塩水の重さ×食塩水の濃度

$$= x \times \frac{2}{25}$$

$$= \frac{2}{25}x\,(\mathrm{g})$$

記号×をはぶく

38 歩合を使った表し方

中1

問題

レベル ★★★

定価a円の品物を，定価の2割引きで買ったときの代金を表す式を書きなさい。

解くためのヒント

歩合(ぶあい)と分数の関係　1割 → $\frac{1}{10}$ を利用する。

解き方

手順1　2割を分数で表すと，$\frac{2}{10}=\frac{1}{5}$　← 1割 → $\frac{1}{10}$

手順2　代金，定価，割引きの関係をことばの式で表します。

代金＝定価×(1－割引きの割合)

手順3　ことばの式に文字や数をあてはめて，記号×をはぶいて表します。

代金＝定価×(1－割引きの割合)

$$= a \times \left(1-\frac{1}{5}\right)$$

$$=a\times\frac{4}{5}$$

$$=\frac{4}{5}a\text{(円)}$$

記号×をはぶく

割合を表す
0.1を1割（わり），
0.01を1分（ぶ），
0.001を1厘（りん）
というよ。この割合の
表し方を歩合というんだ。

数と式　方程式　関数　図形　確率・統計

39 等式で表す

中1

問題

レベル ★★☆

1個a円の品物を6個買って，1000円出したときのおつりがb円でした。この数量の間の関係を等式で表しなさい。

解くためのヒント

数量を文字式で表し，等しい数量を等号（とうごう）で結ぶ。

解き方

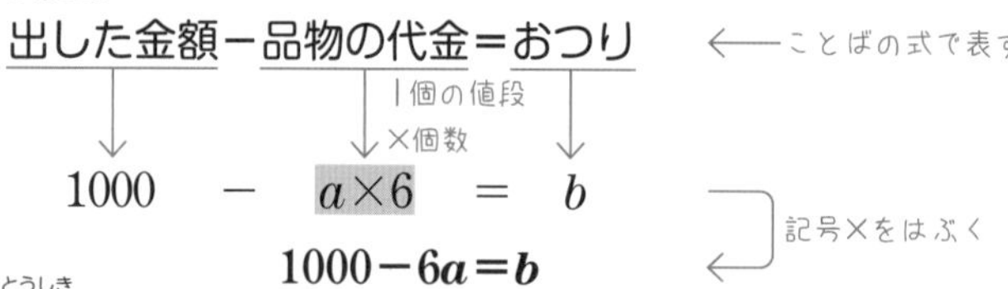

▼等式（とうしき）とは？

等号を使って，2つの数量が等しい関係を表した式を等式といいます。

代金の表し方は

こんなときは　単位がちがうとき

問題 amのテープから$b$cmのテープを13本切り取ったら，残りのテープの長さは50cmでした。この数量の間の関係を等式で表しなさい。

解き方

長さの単位をcmにそろえて考えます。

am＝$100a$cmより，

はじめの長さ－切り取った長さ＝残りの長さ

$$100a \quad - \quad b\times13 \quad = \quad 50$$

$$\boldsymbol{100a-13b=50}$$

40 不等式で表す

中1

問題

レベル ★★☆

1個5gのおもりa個と1個25gのおもりb個の重さの合計は200g以下でした。この数量の間の関係を不等式（ふとうしき）で表しなさい。

解くためのヒント

数量を文字式で表し，大小関係を不等号で結ぶ。

解き方

文字式で表した2つの数量の大小関係を理解して，2つの数量をどの不等号で結べばよいかを考えます。

手順1 数量の関係をことばの式で表します。

5gのおもりa個の重さ＋25gのおもりb個の重さ≦200

↑ 200g以下

手順2 ことばの式に文字や数をあてはめます。

5gのおもりa個の重さ＋25gのおもりb個の重さ≦200

（5g×個数）（25g×個数）

$5\times a + 25\times b \leqq 200$

$$5a+25b\leqq 200$$

▼不等式とは？

不等号を使って，2つの数量の大小関係を表した式を不等式といいます。

不等号の使い方

aはb以上……………$a\geqq b$

aはb以下……………$a\leqq b$

aはbより大きい……$a>b$

aはb未満……………$a<b$

41 多項式の項と次数

中2

問題

レベル ★☆☆

多項式 $3x^2-5y-4$ の項を答えなさい。
また，この多項式は何次式ですか。

解くためのヒント

多項式をつくっている１つ１つの単項式を項という。

解き方

手順1 ＋の記号とかっこを使って，単項式の和の形にします。

$$3x^2-5y-4=3x^2+(-5y)+(-4)$$

単項式　単項式　単項式

これより，項は，$3x^2$，$-5y$，-4

項と係数は P36

▼x や－4のような１つの文字や数も単項式と考えます。

手順2 多項式の次数は，各項の次数でもっとも大きいものです。

$$3x^2 \ -5y \ -4$$

2次　1次

数だけの項は文字の個数が0なので，次数は0と考える

もっとも次数が大きい項は２次の項だから，**２次式。**

$x^3=x\times x\times x$ で３次（3つ）

単項式の次数は，かけ合わされた文字の数だよ。

▼単項式とは？　多項式とは？

単項式……数や文字についての乗法だけでできている式。
多項式……単項式の和の形で表された式。

42 同類項をまとめる

中2

問題

レベル ★☆☆

$6x+4y+2x-9y$ の同類項をまとめなさい。

解くためのヒント

係数どうしを計算して，共通の文字をつける。

解き方

文字の部分がまったく同じ項を同類項といいます。

同類項は，**■x＋●x＝(■＋●)x を利用して，1つの項にまとめる**ことができます。

$$
\begin{aligned}
&6x+4y+2x-9y \\
&=6x+2x+4y-9y \quad \text{同類項を集める} \\
&=(6+2)x+(4-9)y \quad \text{同類項をまとめる} \\
&=8x-5y
\end{aligned}
$$

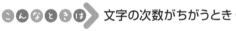

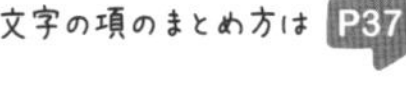
同じ文字の項のまとめ方は P37

こんなときは 文字の次数がちがうとき

問題 $3x^2-x-8x^2+7x$ の同類項をまとめなさい。

解き方

$3x^2$ と $-x$ は，どちらも文字 x をふくんでいますが，次数がちがうので同類項ではありません。だから，別々にまとめます。

$$
\begin{aligned}
3x^2-x-8x^2+7x &=3x^2-8x^2-x+7x \\
&=(3-8)x^2+(-1+7)x \\
&=-5x^2+6x
\end{aligned}
$$

数と式　方程式　関数　図形　確率・統計

43 多項式の加減

中2

問題

レベル ★★☆

(1) $(3a+8b)+(4a-5b)=?$

(2) $(2x-y)-(7x+6y)=?$

解くためのヒント

+( )は，そのままかっこをはずす。

−( )は，各項(こう)の符号(ふごう)を変えて，かっこをはずす。

解き方

(1) $(3a+8b)+(4a-5b)$

$=3a+8b\underline{+4a-5b}$　　+( )→そのままかっこをはずす

$=3a+4a+8b-5b$　　同類項を集める

$=\mathbf{7a+3b}$　　同類項をまとめる

(2) $(2x-y)-(7x+6y)$

$=2x-y\underline{-7x-6y}$　　−( )→各項の符号を変えて，かっこをはずす

$=2x-7x-y-6y$　　同類項を集める

$=\mathbf{-5x-7y}$　　同類項をまとめる

1次式の加減は  P38

▼縦書きの計算

同類項を縦にそろえて，数の筆算のように計算することができます。

(1)
$$\begin{array}{rr} & 3a+8b \\ +) & 4a-5b \\ \hline & \mathbf{7a+3b} \end{array}$$
3a+4a ↓　↓ 8b−5b

(2)
$$\begin{array}{rr} & 2x-y \\ -) & 7x+6y \\ \hline & \mathbf{-5x-7y} \end{array}$$
2x−7x ↓　↓ −y−6y

44 多項式と数との乗除

中2

問題

レベル ★★☆

(1) $4(3a-5b)=?$

(2) $(6x+21y)\div(-3)=?$

解くためのヒント

分配法則を使って，数を多項式のすべての項にかける。

解き方

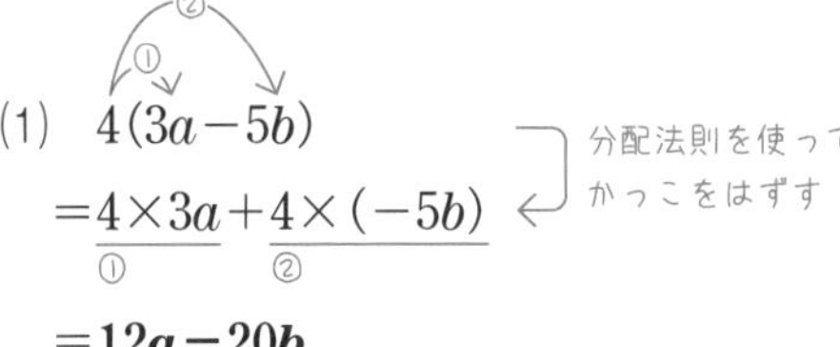

(1) $4(3a-5b)$

$=\underset{①}{\underline{4\times3a}}+\underset{②}{\underline{4\times(-5b)}}$ 　分配法則を使ってかっこをはずす

$=\mathbf{12a-20b}$

! 分配法則

$a(b+c)=ab+ac$

$a(b-c)=ab-ac$

(2) まず，わる数を逆数にして，除法を乗法にします。

$(6x+21y)\div(-3)$

$=(6x+21y)\times\left(-\frac{1}{3}\right)$ 　わる数を逆数にしてかける

$=6x\times\left(-\frac{1}{3}\right)+21y\times\left(-\frac{1}{3}\right)$ 　分配法則を使って，かっこをはずす

$=\mathbf{-2x-7y}$

項が2つの式と数との乗除は P41

▼分数の形にして約分

わる数が整数のときは，多項式の各項を数でわることもできます。

$$(6x+21y)\div(-3)=\frac{6x}{-3}+\frac{21y}{-3}=\mathbf{-2x-7y}$$

45 数×多項式の加減

中2

問題

レベル ★★☆

(1) $3(2x+y)+4(x-3y)=?$

(2) $5(3a-4b)-7(2a-3b)=?$

解くためのヒント

分配法則を使ってかっこをはずし，同類項(どうるいこう)をまとめる。

解き方

(1) $3(2x+y)+4(x-3y)$ 　かっこをはずす

$=\underset{①}{6x}\ \underset{②}{+3y}\ \underset{③}{+4x}\ \underset{④}{-12y}$ 　同類項を集める

$=6x+4x+3y-12y$ 　同類項をまとめる

$=\boldsymbol{10x-9y}$

(2) $5(3a-4b)-7(2a-3b)$ 　−■(　)をはずすときは，符号(ふごう)の変化に注意

$=\underset{①}{15a}\ \underset{②}{-20b}\ \underset{③}{-14a}\ \underset{④}{+21b}$ 　同類項を集める

$=15a-14a-20b+21b$ 　同類項をまとめる

$=\boldsymbol{a+b}$

▼うしろの項の符号の変え忘れに注意！

$-7(2a-3b)$ → $=-14a-21b$ 誤

$-7(2a-3b)$ → $=-14a+21b$ 正

46 分数の形の式の加減

中2

問題

レベル ★★★

(1) $\dfrac{a+b}{2}+\dfrac{a-b}{3}=?$

(2) $\dfrac{5x-2y}{9}-\dfrac{3x-4y}{6}=?$

解くためのヒント

通分(つうぶん)して，分子を計算し同類項をまとめる。

解き方

(1) $\dfrac{a+b}{2}+\dfrac{a-b}{3}$

$=\dfrac{3(a+b)}{6}+\dfrac{2(a-b)}{6}$ ← 2と3の最小公倍数6を分母として通分する

$=\dfrac{3(a+b)+2(a-b)}{6}$ ← 1つの分数にまとめる

$=\dfrac{3a+3b+2a-2b}{6}=\dfrac{\boldsymbol{5a+b}}{\boldsymbol{6}}$ ← 分子のかっこをはずし，同類項をまとめる

(2) $\dfrac{5x-2y}{9}-\dfrac{3x-4y}{6}$

$=\dfrac{2(5x-2y)}{18}-\dfrac{3(3x-4y)}{18}$ ← 9と6の最小公倍数18を分母として通分する

$=\dfrac{2(5x-2y)-3(3x-4y)}{18}$

$=\dfrac{10x-4y-9x+12y}{18}=\dfrac{\boldsymbol{x+8y}}{\boldsymbol{18}}$

最小公倍数の求め方は P31

47 単項式の乗法

中2

問題

レベル ★☆☆

$$3ab\times(-6c)=?$$

解くためのヒント

係数の積に，文字の積をかける。

解き方

単項式（たんこうしき）どうしの乗法は，**係数どうし，文字どうしをそれぞれかけます。**

$3ab\times(-6c)$

$=3\times(-6)\times ab\times c$

↓係数の積　↓文字の積

$=\ -18\ \times\ abc$　記号×をはぶく　数は文字の前に書く

$=\boldsymbol{-18abc}$

積の表し方は P32

こんなときは 同じ文字がある単項式の乗法

問題 $-7x\times(-2xy)=?$

解き方

同じ文字の積は，**累乗（るいじょう）の指数を使って表します。**

$-7x\times(-2xy)$

$=-7\times(-2)\times x\times xy$

$=14\times x^2y$

$=\boldsymbol{14x^2y}$

▼同じ文字の累乗の乗法

指数の和2+3

$x^2\times x^3=(x\times x)\times(x\times x\times x)=x^5$

xが2個　xが3個

48 単項式の除法

中2

問題

レベル ★☆☆

$$-8x^2y \div 2xy^2 = ?$$

解くためのヒント

分数の形にして，係数どうし，文字どうしを約分する。

解き方

$$-8x^2y \div 2xy^2 = \frac{-8x^2y}{2xy^2}$$

← 分数の形にする

$$= -\frac{\overset{4}{\cancel{8}} \times \overset{1}{\cancel{x}} \times x \times \overset{1}{\cancel{y}}}{\underset{1}{\cancel{2}} \times \underset{1}{\cancel{x}} \times \underset{1}{\cancel{y}} \times y}$$

← 符号(ふごう)を決め，係数どうし，文字どうしを約分する

$$= -\frac{4x}{y}$$

商の表し方は P33

こんなときは 係数に分数があるとき

問題 $6ab^3 \div \frac{2}{3}ab = ?$

解き方

わる式の逆数をかける形にして，除法を乗法にして計算します。

$$6ab^3 \div \frac{2}{3}ab = 6ab^3 \times \frac{3}{2ab}$$

← $\frac{2}{3}ab = \frac{2ab}{3}$ より，逆数は $\frac{3}{2ab}$

$$= \frac{\overset{3}{\cancel{6}} \times \overset{1}{\cancel{a}} \times \overset{1}{\cancel{b}} \times b \times b \times 3}{\underset{1}{\cancel{2}} \times \underset{1}{\cancel{a}} \times \underset{1}{\cancel{b}}}$$

$$= 9b^2$$

49 単項式の乗除

中2

問題

レベル ★★☆

$$9a^2b \div 6a \times 2b = ?$$

解くためのヒント

かける式を分子，わる式を分母とする分数の形にする。

解き方

$$9a^2b \div 6a \times 2b$$

$$= \frac{9a^2b \times 2b}{6a}$$

かける式を分子に，わる式を分母にする

$$= \frac{\overset{3}{\cancel{9}} \times \overset{1}{\cancel{a}} \times a \times b \times \overset{1}{\cancel{2}} \times b}{\underset{\underset{1}{\cancel{2}}}{\cancel{6}} \times \underset{1}{\cancel{a}}}$$

符号(ふごう)を決め，係数どうし，文字どうしを約分する

$$= \boldsymbol{3ab^2}$$

わる式の逆数をかけて，乗法だけの式にして計算してもいいよ。

$\div 6a \rightarrow \times \frac{1}{6a}$

こんなときは 累乗(るいじょう)の計算がある単項式(たんこうしき)の乗除

問題 $2x^3 \times 6xy^3 \div (-2x^2y)^2 = ?$

解き方

$$2x^3 \times 6xy^3 \div (-2x^2y)^2 = 2x^3 \times 6xy^3 \div 4x^4y^2$$

累乗の部分を計算する

$(-2x^2y)^2$

$=(-2x^2y) \times (-2x^2y)$

$=(-2) \times (-2) \times x^2y \times x^2y$

$=4 \times x^4y^2$

$$= \frac{2x^3 \times 6xy^3}{4x^4y^2}$$

$$= \frac{\overset{1}{\cancel{2}} \times \overset{1}{\cancel{x}} \times \overset{1}{\cancel{x}} \times \overset{1}{\cancel{x}} \times \overset{3}{\cancel{6}} \times \overset{1}{\cancel{x}} \times \overset{1}{\cancel{y}} \times \overset{1}{\cancel{y}} \times y}{\underset{\underset{1}{\cancel{2}}}{\cancel{4}} \times \underset{1}{\cancel{x}} \times \underset{1}{\cancel{x}} \times \underset{1}{\cancel{x}} \times \underset{1}{\cancel{x}} \times \underset{1}{\cancel{y}} \times \underset{1}{\cancel{y}}} = \boldsymbol{3y}$$

50 2つの文字に代入する式の値

中2

問題

レベル ★★☆

式の値を求めなさい。

(1) $x=4, y=-2$ のとき, $2(5x+9y)-3(4x+7y)$

(2) $a=3, b=-5$ のとき, $6a^2 \div (-8ab) \times 4b^2$

解くためのヒント

式を計算してカンタンにしてから数を代入する。

解き方

(1) $2(5x+9y)-3(4x+7y)$

$=10x+18y-12x-21y$

$=-2x-3y$

$=-2\times 4-3\times(-2)$

$=-8+6$

$=\mathbf{-2}$

分配法則を使って，かっこをはずす

同類項をまとめる

$x=4$，$y=-2$ を代入する

負の数は（　）をつけて代入する

(2) $6a^2 \div (-8ab) \times 4b^2$

$=-\dfrac{6a^2\times 4b^2}{8ab}$

$=-3ab$

$=-3\times 3\times(-5)$

$=\mathbf{45}$

かける式を分子に，
わる式を分母にする

$-\dfrac{\overset{3}{\cancel{6}}\times\overset{1}{\cancel{a}}\times a\times\overset{1}{\cancel{4}}\times\overset{1}{\cancel{b}}\times b}{\underset{\underset{1}{\cancel{4}}}{\cancel{8}}\times\underset{1}{\cancel{a}}\times\underset{1}{\cancel{b}}}$

$a=3$，$b=-5$ を代入する

1つの文字に代入する式の値は P35

51 偶数や奇数の説明

中2

問題

レベル ★★☆

偶数（ぐうすう）と奇数（きすう）の和は奇数になることを説明しなさい。

解くためのヒント

m，nを整数とすると，偶数 → $2m$，奇数 → $2n+1$

解き方【説明】

手順1 偶数と奇数を文字を使って表す

m，n を整数とすると，

偶数は $\boldsymbol{2m}$，奇数は $\boldsymbol{2n+1}$ ← 奇数を文字mを使って，$2m+1$と表すと，2と3のように連続する偶数と奇数になる。そこで，単に偶数と奇数を表すときは，偶数と奇数でちがう文字を使うこと。

と表せる。

手順2 2つの数の和を文字式で表す

偶数と奇数の和は，

$$2m+(2n+1)$$
$$=2m+2n+1$$
$$=2(m+n)+1$$

手順3

ここで，$m+n$ は整数だから，$\underbrace{2(m+n)+1}_{2\times\text{整数}+1}$ は奇数である。

したがって，偶数と奇数の和は奇数になる。

! 2つの偶数・奇数の表し方

m，n を整数とすると，
- 2つの偶数は $\boldsymbol{2m}$，$\boldsymbol{2n}$
- 2つの奇数は $\boldsymbol{2m+1}$，$\boldsymbol{2n+1}$

52 倍数になることの説明

中2

問題

レベル ★★☆

3，4，5のように，連続する3つの整数の和は3の倍数になることを説明しなさい。

解くためのヒント

連続する3つの整数 → n，$n+1$，$n+2$

解き方【説明】

手順1 連続する3つの整数を文字を使って表す

連続する3つの整数は，

$\boldsymbol{n}$，$\boldsymbol{n+1}$，$\boldsymbol{n+2}$

と表せる。

手順2 3つの数の和を文字式で表す

この3つの整数の和は，

$n+(n+1)+(n+2)$

$=3n+3$

$=3(n+1)$

連続する3つの整数は，
まん中の数をnとして，
n−1，n，n+1
と表すこともできるよ。
n-2，n-1，n
でも
OK

手順3

ここで，$n+1$ は整数だから，$3(n+1)$（3×整数）は3の倍数である。

したがって，連続する3つの整数の和は3の倍数になる。

！ a の倍数の説明

a の倍数は，**a×（整数）の形の式**で表されます。
たとえば，3の倍数になることを説明するには，3×（整数）の形の式を導きます。

53 2けたの自然数の説明

中2

問題

レベル ★★☆

一の位が0でない2けたの自然数から，その自然数の十の位の数と一の位の数を入れかえた自然数をひくと，差が9の倍数になります。このことを説明しなさい。

解くためのヒント

2けたの自然数は，十の位の数を x，一の位の数をyとすると，$10x+y$ と表せる。

解き方 【説明】

手順1 2つの自然数を文字を使って表す

もとの自然数の十の位の数を x，一の位の数を y とすると，**もとの数は $10x+y$，位を入れかえた数は $10y+x$** と表せる。

手順2 2つの数の差を文字式で表す

この2つの自然数の差は，

$$(10x+y)-(10y+x)$$
$$=10x+y-10y-x$$
$$=9x-9y$$
$$=9(x-y)$$

手順3

ここで，$x-y$ は整数だから，$9(x-y)$（9×整数）は9の倍数である。

したがって，2つの自然数の差は9の倍数になる。

倍数になることの説明は  P59

▼3けたの自然数の表し方

3けたの自然数は，百の位の数を x，十の位の数を y，一の位の数を z とすると，$100x+10y+z$ と表すことができます。

54 等式の変形

中2

問題

レベル ★★☆

等式を〔　〕の中の文字について解きなさい。

(1) $2x+3y=12$ 〔x〕

(2) $S=\frac{1}{2}(a+b)h$ 〔a〕

解くためのヒント

方程式(ほうていしき)を解くやり方と同じように変形する。

解き方

等式を（ある文字）＝～ の形に変形することを，はじめの等式を，ある文字について解くといいます。

(1) $2x+3y=12$

$2x=-3y+12$　（$+3y$を移項(いこう)する）

$x=-\frac{3}{2}y+6$　（両辺を2でわる）

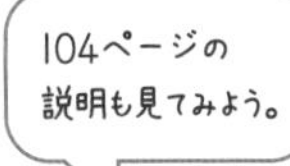

(2) $S=\frac{1}{2}(a+b)h$

$\frac{1}{2}(a+b)h=S$

$(a+b)h=2S$　（両辺に2をかける）

$a+b=\frac{2S}{h}$　（両辺をhでわる）

$a=\frac{2S}{h}-b$　（$+b$を移項する）

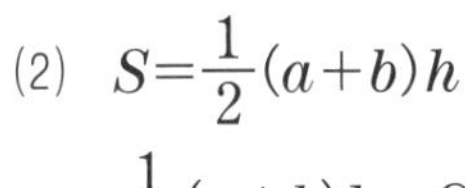

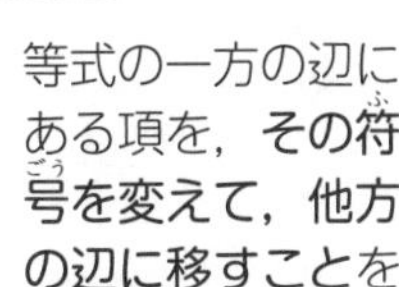

移項(いこう)

等式の一方の辺にある項を，その符(ふ)号(ごう)を変えて，他方の辺に移すことを移項といいます。

方程式の解き方は P104

55 単項式と多項式の乗除

中3

問題

レベル ★☆☆

(1) $3a(2a+7b)=?$

(2) $(8x^2-20xy)\div 4x=?$

解くためのヒント

分配法則を使って，単項式(たんこうしき)を多項式の各項にかける。

解き方

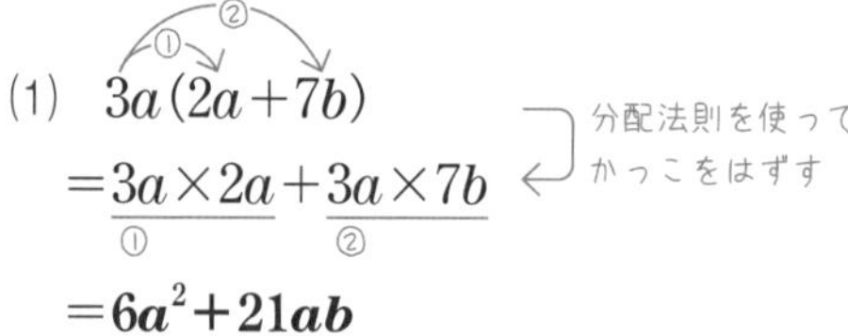

(1) $3a(2a+7b)$

$=\underset{①}{\underline{3a\times 2a}}+\underset{②}{\underline{3a\times 7b}}$

分配法則を使って，かっこをはずす

$=\mathbf{6a^2+21ab}$

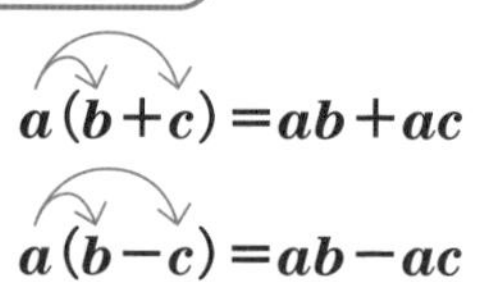

分配法則

$a(b+c)=ab+ac$

$a(b-c)=ab-ac$

(2) わる式を逆数にして，除法を乗法にします。

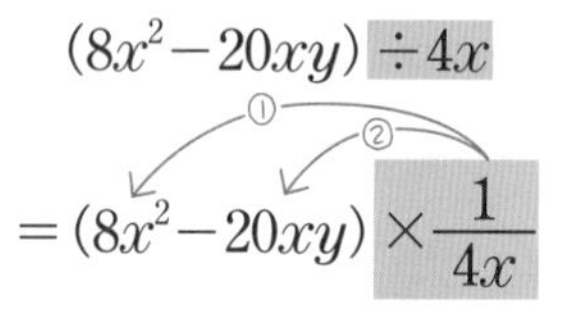

$(8x^2-20xy)\div 4x$

$=(8x^2-20xy)\times\frac{1}{4x}$

$4x=\frac{4x}{1}$より，逆数は$\frac{1}{4x}$

$=\underset{①}{\underline{8x^2\times\frac{1}{4x}}}\underset{②}{\underline{-20xy\times\frac{1}{4x}}}$

$=\frac{8x^2}{4x}-\frac{20xy}{4x}$

$\frac{\overset{2}{\cancel{8}}\times\overset{1}{\cancel{x}}\times x}{\underset{1}{\cancel{4}}\times\underset{1}{\cancel{x}}}-\frac{\overset{5}{\cancel{20}}\times\overset{1}{\cancel{x}}\times y}{\underset{1}{\cancel{4}}\times\underset{1}{\cancel{x}}}$

$=\mathbf{2x-5y}$

多項式と数との乗除は P51

56 多項式×多項式 の展開

中3

問題

レベル ★☆☆

$$(a+3)(b+6)=?$$

解くためのヒント

展開（てんかい）の基本公式　$(a+b)(c+d)=\underset{①}{\underline{ac}}+\underset{②}{\underline{ad}}+\underset{③}{\underline{bc}}+\underset{④}{\underline{bd}}$

解き方

展開の基本公式を使って，①から④の順にかけていきます。

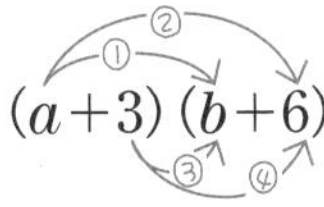

$$=\underset{①}{\underline{\boldsymbol{ab}}}+\underset{②}{\underline{\boldsymbol{6a}}}+\underset{③}{\underline{\boldsymbol{3b}}}+\underset{④}{\underline{\boldsymbol{18}}}$$

▼展開とは？

単項式と多項式，または多項式どうしの積の形の式を，単項式の和の形で表すことを式を展開するといいます。

こんなときは 展開した式に同類項がある

問題 $(x+4)(2x-3)=?$

解き方

展開した式に同類項があるときは，それらをまとめます。

$$(x+4)(2x-3)=2x^2-3x+8x-12$$

$-3x+8x=(-3+8)x=5x$

$$=\boldsymbol{2x^2+5x-12}$$

同類項のまとめ方は P49

57 $(x+a)(x+b)$の展開

中3

問題

レベル ★★☆

$$(x+2)(x+4)=?$$

解くためのヒント

乗法公式① $(x+■)(x+●)=x^2+(■+●)x+■×●$
(■+●: 和　■×●: 積)

解き方

公式①の■に2を，●に4をあてはめて計算します。

$$(x+2)(x+4)$$
$$=x^2+(2+4)x+2\times4$$
(2+4: 和　2×4: 積)

$(x+■)(x+●)=x^2+(■+●)x+■×●$

$$=\boldsymbol{x^2+6x+8}$$

公式を忘れたら

展開の基本公式を使って展開できます。 展開の基本公式は P63

$$(x+2)(x+4)=x^2+4x+2x+8=\boldsymbol{x^2+6x+8}$$

こんなときは 式の中に負の数がある

問題 $(x+2)(x-4)=?$

解き方

$(x+2)\{x+(-4)\}$とみて，公式①にあてはめます。

$$(x+2)(x-4)=x^2+\{2+(-4)\}x+2\times(-4)=\boldsymbol{x^2-2x-8}$$

58 $(x+a)^2$の展開

中3

問題

レベル ★★☆

$$(x+5)^2=?$$

解くためのヒント

乗法公式② $(x+■)^2=x^2+2\times■\times x+■^2$（$2\times■$：2倍，$■^2$：2乗）

解き方

公式②の■に5をあてはめて計算します。

$$(x+5)^2$$
$$=x^2+2\times5\times x+5^2$$

（2×5：2倍，5^2：2乗）　$(x+■)^2=x^2+2\times■\times x+■^2$

$$=\boldsymbol{x^2+10x+25}$$

▼公式②を忘れてもだいじょうぶ！

公式①を使って展開できます。

$$(x+5)^2=(x+5)(x+5)$$
$$=x^2+(5+5)x+5\times5$$
$$=\boldsymbol{x^2+10x+25}$$

$(x+■)(x+●)=x^2+(■+●)x+■\times●$

乗法公式①は P64

また，展開の基本公式を使っても展開できます。

$$(x+5)^2=(x+5)(x+5)$$
$$=x^2+5x+5x+25$$
$$=\boldsymbol{x^2+10x+25}$$

$(a+b)(c+d)=ac+ad+bc+bd$

展開の基本公式は P63

59 $(x-a)^2$の展開

中3

問題

レベル ★★☆

$$(x-8)^2=?$$

解くためのヒント

乗法公式③　$(x-■)^2=x^2-2\times■\times x+■^2$

2倍　2乗

解き方

公式③の■に8をあてはめて計算します。

$$(x-8)^2$$
$$=x^2-2\times8\times x+8^2$$

← $(x-■)^2=x^2-2\times■\times x+■^2$

2倍　2乗

↑ ここは－

$$=\boldsymbol{x^2-16x+64}$$

▼公式②を使って展開できる！

－■を＋(－■)と考えれば，公式②を使って展開できます。

$$(x-8)^2=\{x+(-8)\}^2$$

← －8を＋(－8)とみる

$$=x^2+2\times(-8)\times x+(-8)^2$$

← $(x+■)^2=x^2+2\times■\times x+■^2$

$$=\boldsymbol{x^2-16x+64}$$

乗法公式②は P65

展開の基本公式でもできるよ!
ヒャホー

展開の基本公式を使って，

$(x-8)^2=(x-8)(x-8)$

$=x^2-8x-8x+64$

$=x^2-16x+64$

と展開できるよ。

60 $(x+a)(x-a)$の展開

中3

問題

レベル ★★☆

$$(x+6)(x-6)=?$$

解くためのヒント

乗法公式④　$(x+■)(x-■)=x^2-■^2$
2乗

解き方

公式④の■に6をあてはめて計算します。

$$(x+6)(x-6)$$
$$=x^2-6^2$$

2乗

$$=\boldsymbol{x^2-36}$$

$(x+■)(x-■)=x^2-■^2$

▼公式①を使って展開できる！

$(x+6)(x-6)=x^2+\{6+(-6)\}x+6\times(-6)=x^2+0\times x-36=\boldsymbol{x^2-36}$

$(x+■)(x+●)=x^2+(■+●)x+■\times●$

こんなときは くふうすれば公式が使える

問題 $(x+9)(9-x)=?$

解き方

$(x+9)$を$(9+x)$とすれば，公式④を使って展開できます。

$$(x+9)(9-x)=(9+x)(9-x)$$
$$=9^2-x^2$$
$$=\boldsymbol{81-x^2}$$

$(x+■)(x-■)=x^2-■^2$

数と式　方程式　関数　図形　確率・統計

61 乗法公式を使った展開

中3

問題

レベル ★★★

(1) $(x+3y)(x+7y)=?$

(2) $(-a+4b)(-a-4b)=?$

解くためのヒント

各項(こう)を1つの文字とみて，乗法公式にあてはめる。

解き方

(1) $3y$ を■，$7y$ を●とみて，公式①にあてはめて計算します。

$$(x+3y)(x+7y)$$
$$=x^2+(\underbrace{3y+7y}_{\text{和}})x+\underbrace{3y\times 7y}_{\text{積}}$$
$$=\boldsymbol{x^2+10xy+21y^2}$$

$(x+■)(x+●)$
$=x^2+(■+●)x+■\times●$

(2) $-a$ を x，$4b$ を■とみて，公式④にあてはめて計算します。

$$(-a+4b)(-a-4b)$$
$$=(-a)^2-(4b)^2$$
$$=\boldsymbol{a^2-16b^2}$$

$(x+■)(x-■)=x^2-■^2$

乗法公式は暗記しておこう。

因数分解で使うよー。

乗法公式

① $\boldsymbol{(x+a)(x+b)=x^2+(a+b)x+ab}$

② $\boldsymbol{(x+a)^2=x^2+2ax+a^2}$

③ $\boldsymbol{(x-a)^2=x^2-2ax+a^2}$

④ $\boldsymbol{(x+a)(x-a)=x^2-a^2}$

62 乗法公式を使った計算

中3

問題

レベル ★★★

(1) $(x+4)^2+(x+5)(x-5)=?$

(2) $(x+2)(x-9)-(x-3)^2=?$

解くためのヒント

乗法部分を展開 → 同類項をまとめる。

解き方

(1) $(x+4)^2+(x+5)(x-5)$

$(x+4)^2$ → $x^2+2\times4\times x+4^2$, $(x+5)(x-5)$ → x^2-5^2 乗法部分を公式を使って展開

$=x^2+8x+16+x^2-25$

同類項をまとめる

$=\mathbf{2x^2+8x-9}$

(2) $(x+2)(x-9)-(x-3)^2$

$(x+2)(x-9)$ → $x^2+\{2+(-9)\}x+2\times(-9)$, $(x-3)^2$ → $x^2-2\times3\times x+3^2$ 乗法部分を公式を使って展開

$=x^2-7x-18-(x^2-6x+9)$

－(　)の形の計算では，展開した式をかっこでくくっておく

$=x^2-7x-18-x^2+6x-9$

同類項をまとめる

$=\mathbf{-x-27}$

▼うしろの項の符号(ふごう)の変え忘れに注意！

$-(x^2-6x+9)$ → $=-x^2-6x+9$ 誤

$-(x^2-6x+9)$ → $=-x^2+6x-9$ 正

数と式　方程式　関数　図形　確率・統計

63 共通因数をくくり出す

中3

問題

レベル ★☆☆

$5ax+15bx$ を因数分解しなさい。

解くためのヒント

因数分解の基本は，共通因数をくくり出す。

解き方

$5ax+15bx$

$=5\times a\times x+3\times 5\times b\times x$ （共通因数：5，x）

共通因数があるか調べる

$=\boldsymbol{5x(a+3b)}$

共通因数をくくり出す

▼共通因数はすべてくくり出す！

右のように，多項式の中に共通因数が残っていては，因数分解したことになりません。

$5(ax+3bx)$

$x(5a+15b)$

こんなときは 項が3つの多項式

問題 $4x^2y-8xy^2+6xy$ を因数分解しなさい。

解き方

$4x^2y-8xy^2+6xy$

$=2\times 2\times x\times x\times y-2\times 4\times x\times y\times y+2\times 3\times x\times y$

$=\boldsymbol{2xy(2x-4y+3)}$ ← 共通因数をくくり出す

64 $(x+a)(x+b)$ の公式の利用

中3

問題

レベル ★★☆

x^2+5x+6 を因数分解しなさい。

解くためのヒント

$x^2+(■+●)x+■\times●=(x+■)(x+●)$

（$■+●$：和，$■\times●$：積）

解き方

和が5，積が6となる2つの数の組を見つけます。

右のように，積が6になる2つの数の組は4組あります。

このうち，和が5になるのは，

2と3

だから，

$x^2+5x+6=(x+2)(x+3)$

積が6	和が5
1と6	×
−1と−6	×
2と3	○
−2と−3	×

積が6になる2つの数の組を求めて，その中から和が5になる組を求める

乗法公式①は P64

こんなときは 式の中に負の符号（ふごう）がある

問題 x^2-5x-6 を因数分解しなさい。

解き方

和が−5，積が−6となる2つの数は，右の表より，1と−6だから，

$x^2-5x-6=(x+1)(x-6)$

積が−6	和が−5
−1と6	×
1と−6	○
−2と3	×
2と−3	×

65 $(x+a)^2$の公式の利用

中3

問題

レベル ★★☆

$x^2+8x+16$ を因数分解しなさい。

解くためのヒント

$x^2+2\times■\times x+■^2=(x+■)^2$

2倍　　2乗

解き方

$x^2+8x+16$ ← まず 16 がある数の2乗になっているか調べる

次に 8 がある数の2倍になっているか調べる

$=x^2+2\times4\times x+4^2$

$=(x+4)^2$

$x^2+2\times■\times x+■^2=(x+■)^2$

$x^2+●x+■$の形の式では，まず■に着目！■がある数の2乗になっていたら，平方の公式が使えるか考えよう。

乗法公式②は P65

こんなときは ▲x^2＋●xy＋■y^2の形の式

問題 $9x^2+12xy+4y^2$ を因数分解しなさい。

解き方

▲x^2＋●xy＋■y^2 の形の式で，▲，■がある数の 2 乗になっていたら，上の公式が使えるか考えます。

$9x^2+12xy+4y^2$

$=(3x)^2+2\times2y\times3x+(2y)^2$

$=(3x+2y)^2$

$3x$，$2y$を1つの文字とみる

66 $(x-a)^2$の公式の利用

中3

問題

レベル ★★☆

$x^2-14x+49$ を因数分解しなさい。

解くためのヒント

$x^2-2\times■\times x+■^2=(x-■)^2$

2倍　　2乗

解き方

$x^2-14x+49$ ← まず□がある数の2乗になっているか調べる

次に□がある数の2倍になっているか調べる

$=x^2-2\times7\times x+7^2$

$=(x-7)^2$

$x^2-2\times■\times x+■^2=(x-■)^2$

乗法公式③は P66

式の中に分数がある

問題 $a^2-\frac{2}{3}a+\frac{1}{9}$ を因数分解しなさい。

解き方

$\frac{1}{9}=\left(\frac{1}{3}\right)^2$，$2\times\frac{1}{3}\times a=\frac{2}{3}a$ より，上の公式を利用できます。

$$a^2-\frac{2}{3}a+\frac{1}{9}=a^2-2\times\frac{1}{3}\times a+\left(\frac{1}{3}\right)^2$$
$$=\left(a-\frac{1}{3}\right)^2$$

数と式　方程式　関数　図形　確率・統計

67 $(x+a)(x-a)$の公式の利用

中3

問題

レベル ★★☆

x^2-81 を因数分解しなさい。

解くためのヒント

$x^2-■^2=(x+■)(x-■)$

2乗

解き方

平方の差の形の式は，和と差の積に因数分解できます。

$$x^2-81$$
$$=x^2-9^2$$
$$=(x+9)(x-9)$$

$x^2-■^2=(x+■)(x-■)$

平方の和の形の式を
$x^2+81=(x+9)(x-9)$
としないように注意。

乗法公式④は P67

こんなときは ■a^2－●b^2の形の式

問題 $25a^2-\dfrac{b^2}{4}$ を因数分解しなさい。

解き方

$25a^2=(5a)^2$，$\dfrac{b^2}{4}=\left(\dfrac{b}{2}\right)^2$ より，上の公式を利用できます。

$$25a^2-\frac{b^2}{4}=(5a)^2-\left(\frac{b}{2}\right)^2$$

←$5a$，$\dfrac{b}{2}$を1つの文字とみる

$$=\left(5a+\frac{b}{2}\right)\left(5a-\frac{b}{2}\right)$$

68 くくり出してから公式を利用

中3

問題

レベル ★★★

因数分解しなさい。

(1) $3x^2-21x+30$

(2) a^3b-ab^3

解くためのヒント

共通因数をくくり出す → 公式を利用する。

解き方

まず共通因数をくくり出してから，さらに公式を使って因数分解します。

(1) $3x^2-21x+30$

$3\times x^2$　$3\times 7x$　3×10

共通因数3をくくり出す

$=3(x^2-7x+10)$

かっこの中を因数分解する

$x^2+(■+●)x+■\times●=(x+■)(x+●)$

$=3(x-2)(x-5)$

(2) a^3b-ab^3

$ab\times a^2$　$ab\times b^2$

共通因数abをくくり出す

$=ab(a^2-b^2)$

$x^2-■^2=(x+■)(x-■)$

$=ab(a+b)(a-b)$

公式を利用した因数分解に慣れてくると，すぐに公式にあてはめようとしがちだね。でも，ちょっとまって！
共通因数を見つけたら，まず共通因数をくくり出そう！

数と式
方程式
関数
図形
確率・統計

69 1つの文字におきかえて

中3

問題

レベル ★★★

$$(x+2)^2+3(x+2)-28$$

を因数分解しなさい。

解くためのヒント

式の中の共通部分を1つの文字におきかえる。

解き方

$x+2$ を M とおいて，公式を利用します。

$$(x+2)^2+3(x+2)-28$$
$$=M^2+3M-28$$
$$=(M+7)(M-4)$$
$$=\{(x+2)+7\}\{(x+2)-4\}$$
$$=\boldsymbol{(x+9)(x-2)}$$

$x+2$ を M とおく

$x^2+(■+●)x+■\times●=(x+■)(x+●)$

M を $x+2$ にもどす

こんなときは 共通部分をつくって

問題 $a^2-ab-ac+bc$ を因数分解しなさい。

解き方

前の2つの項（こう）の共通因数 a と，うしろの2つの項の共通因数 c をくくり出します。

$$a^2-ab-ac+bc=a(a-b)-c(a-b)$$
$$=aM-cM$$
$$=M(a-c)$$
$$=\boldsymbol{(a-b)(a-c)}$$

$a-b$ を M とおく

共通因数 M をくくり出す

M を $a-b$ にもどす

70 数の計算への利用

中3

問題

レベル ★★★

くふうして計算しなさい。

(1) 99^2　　(2) 75^2-25^2

解くためのヒント

式を変形して，乗法公式や因数分解を利用する。

解き方

(1) **99＝100－1 と変形して，乗法公式を利用**します。

99^2

$=(100-1)^2$　　← $99=100-1$

$=100^2-2\times1\times100+1^2$　　← 乗法公式を利用して計算 $(x-■)^2=x^2-2\times■\times x+■^2$

$=10000-200+1$

$=9801$

(2) 式が 2 乗の差の形になっているので，**因数分解を利用して計算**します。

75^2-25^2

$=(75+25)(75-25)$　　← 因数分解を利用して計算 $x^2-■^2=(x+■)(x-■)$

$=100\times50$

$=5000$

このように，乗法公式や因数分解を利用すると，数の計算がカンタンになる場合があるよ。

71 乗法公式を利用する式の値 中3

問題

レベル ★★★

$x=-5$ のとき，$(x-7)^2-(x-4)(x-6)$ の値を求めなさい。

解くためのヒント

乗法公式を利用して，式をカンタンにしてから数を代入する。

解き方

まず，**乗法部分を展開して同類項（どうるいこう）をまとめて，**式をカンタンにします。

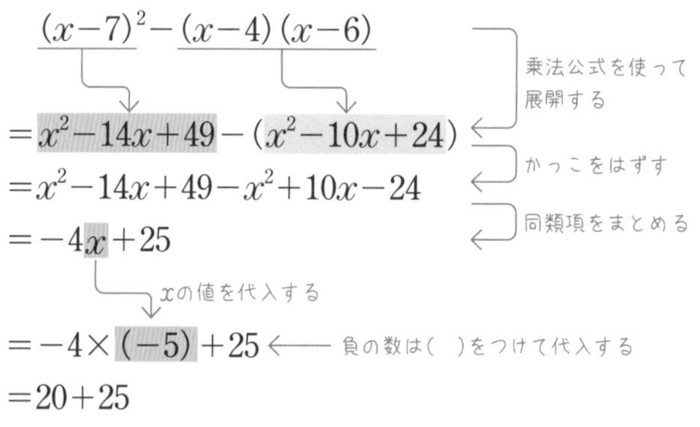

$$(x-7)^2-(x-4)(x-6)$$
$$=x^2-14x+49-(x^2-10x+24)$$
$$=x^2-14x+49-x^2+10x-24$$
$$=-4x+25$$
$$=-4\times(-5)+25$$
$$=20+25$$
$$=45$$

－(　)のかっこをはずすときは，かっこの中の各項の符号（ふごう）の変化に注意しよう。

▼うしろの項の符号の変え忘れに注意

$-(x^2-10x+24)$ → $=-x^2-10x+24$ 誤

$-(x^2-10x+24)$ → $=-x^2+10x-24$ 正

代入と式の値は P35

72 因数分解を利用する式の値

中3

問題

レベル ★★★

$x=104$ のとき，$x^2-8x+16$ の値を求めなさい。

解くためのヒント

式を因数分解してから数を代入する。

解き方

$x^2-8x+16$
$=(x-4)^2$　← 因数分解する
$=(104-4)^2$　← xの値を代入する
$=100^2$
$=10000$

式を因数分解しないで代入すると，計算がタイヘンだよ。
ん〜

こんなときは　文字が2つある式の値

問題 $a=6.4$，$b=3.6$ のとき，a^2-b^2 の値を求めなさい。

解き方

式を因数分解してから代入すると，計算がカンタンになります。

$a^2-b^2=(a+b)(a-b)$　← 因数分解する
$=(6.4+3.6)(6.4-3.6)$　← $a=6.4$，$b=3.6$を代入する
$=10\times2.8$
$=28$

2つの文字に代入する式の値は P57

73 連続する整数の証明

中3

問題

レベル ★★☆

連続する2つの整数で，大きいほうの整数の2乗から小さいほうの整数の2乗をひいた差は，もとの2つの整数の和に等しいことを証明しなさい。

解くためのヒント

連続する整数の2乗の差 → $(n+1)^2-n^2$

解き方【証明】

手順1 2つの整数を文字式で表す

小さいほうの整数を n とすると，大きいほうの整数は $n+1$ と表せる。

手順2 2つの整数の2乗の差を文字式で表す

2 つの整数の 2 乗の差は，

$$(n+1)^2-n^2$$
$$=n^2+2n+1-n^2$$
$$=2n+1$$
$$=n+(n+1)$$

$(x+■)^2=x^2+2\times■\times x+■^2$

← 連続する2つの整数の和の形の式を導く

手順3

$n+(n+1)$ はもとの 2 つの整数の和である。

したがって，連続する 2 つの整数で，大きいほうの整数の 2 乗から小さいほうの整数の 2 乗をひいた差は，もとの 2 つの整数の和に等しい。

連続する3つの整数は P59

74 連続する奇数の証明

中3

問題

レベル ★★☆

連続する2つの奇数(きすう)で，大きいほうの奇数の2乗から小さいほうの奇数の2乗をひいた差は8の倍数になることを証明しなさい。

解くためのヒント

連続する奇数の2乗の差 → $(2n+3)^2-(2n+1)^2$

解き方【証明】

手順1 2つの奇数を文字式で表す

小さいほうの奇数を $2n+1$ とすると，大きいほうの奇数は $2n+3$ と表せる。

奇数の表し方は P58

手順2 2つの奇数の2乗の差を文字式で表す

2つの奇数の2乗の差は，

$$
\begin{aligned}
&(2n+3)^2-(2n+1)^2\\
&=4n^2+12n+9-(4n^2+4n+1)\\
&=4n^2+12n+9-4n^2-4n-1\\
&=8n+8\\
&=8(n+1)
\end{aligned}
$$

$(x+■)^2=x^2+2\times■\times x+■^2$

符号(ふごう)の変化に注意

$8(n+1)$ ← 8×(整数)の形の式を導く

手順3

ここで，$n+1$ は整数だから，$8(n+1)$ は8の倍数である。したがって，連続する2つの奇数で，大きいほうの奇数の2乗から小さいほうの奇数の2乗をひいた差は8の倍数になる。

倍数になることの説明は P59

75 平方根の求め方

中3

問題

レベル ★☆☆

平方根(へいほうこん)を求めなさい。

(1) 16　　(2) $\frac{9}{25}$　　(3) 0.36

解くためのヒント

aの平方根は2乗するとaになる数である。

解き方

正の数 a の平方根は正の数と負の数の 2 つがあり，その絶対値は等しくなります。

(1) $4^2=16$，$(-4)^2=16$ だから，

16の平方根は，**4と−4**

↑ 4と−4をまとめて±4と表すこともできる

(2) $\left(\frac{3}{5}\right)^2=\frac{9}{25}$，$\left(-\frac{3}{5}\right)^2=\frac{9}{25}$ だから，← $5^2=25$，$3^2=9$

$\frac{9}{25}$ の平方根は，$\boldsymbol{\frac{3}{5}}$**と**$\boldsymbol{-\frac{3}{5}}$

(3) $0.6^2=0.36$，$(-0.6)^2=0.36$ だから，

0.36の平方根は，**0.6と−0.6**

正の分数や，正の小数についても，平方根は2つあるよ。

▼0の平方根は？　負の数の平方根は？

2 乗して 0 になる数は 0 だけなので，**0 の平方根は 0** です。

正の数も負の数も 2 乗すると正の数になるので，**負の数の平方根はありません。**

76 平方根の表し方

中3

問題

レベル ★☆☆

3の平方根を求めなさい。

解くためのヒント

aの平方根 → $\sqrt{a}$と$-\sqrt{a}$の2つ。

解き方

3の平方根は，「■^{2}=3」の■にあてはまる数ですが，このような整数，小数，分数はありません。

このようなときは，根号(こんごう)$\sqrt{\ }$を使って表します。

$\sqrt{a}$は「ルートa」と読みます。

3の平方根のうち，

正のほうを$\sqrt{3}$，負のほうを$-\sqrt{3}$ ←― まとめて$\pm\sqrt{3}$と表すこともできる

と表します。

こんなときは 根号を使わない表し方

問題 次の数を根号を使わないで表しなさい。

(1) $-\sqrt{49}$　　(2) $\sqrt{(-5)^2}$

解き方

$\sqrt{\ }$の中の数がある数の2乗になっているときは，$\sqrt{\ }$をはずして表すことができます。

(1) $-\sqrt{49}$は49の平方根のうちの負のほうを表す。

$-\sqrt{49}=-\sqrt{7^2}=\mathbf{-7}$ ←― $\sqrt{\ }$の中が7の2乗

(2) $\sqrt{(-5)^2}=\sqrt{25}=\sqrt{5^2}=\mathbf{5}$ ←― $\sqrt{\ }$の中が5の2乗

77 平方根の性質

中3

問題

レベル ★★★

$\sqrt{50-2a}$ が自然数になるような，自然数 a の値をすべて求めなさい。

解くためのヒント

$\sqrt{\ }$ の中が(自然数)^2 になるような a の値を求める。

解き方

$50-2a$ は50より小さい自然数になるから，50より小さい自然数で，自然数の 2 乗になる数を求めると，

1，4，9，16，25，36，49

また，$50-2a$ は偶数(ぐうすう)になるから，
偶数－偶数＝偶数

4，16，36

になります。

これより，

$50-2a=4$ のとき，$a=23$

$50-2a=16$ のとき，$a=17$

$50-2a=36$ のとき，$a=7$

答 7，17，23

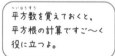

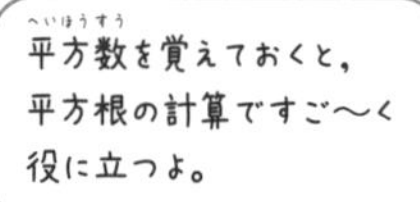

平方数(へいほうすう)を覚えておくと，
平方根の計算ですご～く
役に立つよ。

▼平方数とは？

整数の 2 乗の形で表される数を平方数といいます。

平方数には，次のようなものがあります。

$1^2=1$，$2^2=4$，$3^2=9$，$4^2=16$，$5^2=25$，$6^2=36$，$7^2=49$，$8^2=64$，$9^2=81$，$10^2=100$

78 正の平方根の大小

中3

問題 レベル ★★☆

各組の数の大小を不等号を使って表しなさい。

(1) $\sqrt{5}$, $\sqrt{6}$　　(2) $\sqrt{17}$, 4

解くためのヒント

a, bが正の数のとき，$a<b$ ならば $\sqrt{a}<\sqrt{b}$

解き方

(1) $5<6$だから，$\sqrt{5}<\sqrt{6}$ ←― $\sqrt{\ }$の中の数の大小を比べる

(2) $\sqrt{\ }$のついた数と$\sqrt{\ }$のつかない数の大小は，$\sqrt{\ }$のつかない数を$\sqrt{\ }$のついた数で表して比べます。

4を$\sqrt{\ }$を使って表すと，$4=\sqrt{16}$ ←― $4=\sqrt{4^2}=\sqrt{16}$

$17>16$だから，$\sqrt{17}>\sqrt{16}$ ←― $\sqrt{\ }$の中の数の大小を比べる

これより，$\sqrt{17}>4$

こんなときは 3つの数の大小

問題 3，$\sqrt{10}$，$\sqrt{7}$の大小を不等号を使って表しなさい。

解き方

3を$\sqrt{\ }$を使って表すと，$3=\sqrt{3^2}=\sqrt{9}$ ←― 整数を$\sqrt{\ }$のついた数で表す

$7<9<10$だから，$\sqrt{7}<\sqrt{9}<\sqrt{10}$ ←― $\sqrt{\ }$の中の数の大小を比べる

これより，$\sqrt{7}<3<\sqrt{10}$

3つ以上の数の大小の表し方は P11

79 負の平方根の大小

中3

問題

レベル ★★☆

各組の数の大小を不等号を使って表しなさい。

(1) $-\sqrt{11}$, $-\sqrt{13}$　　(2) $-\sqrt{26}$, -5

解くためのヒント

a, bが正の数のとき，$a<b$ ならば $-\sqrt{a}>-\sqrt{b}$

解き方

(1) $11<13$だから，←── $\sqrt{\ }$ の中の数の大小を比べる

$\sqrt{11}<\sqrt{13}$

負の数は，絶対値が大きいほど小さいから，

$-\sqrt{11}>-\sqrt{13}$

↑ 不等号の向きが逆になる

このように，負の平方根は，$\sqrt{\ }$ の中の数が大きくなるほど小さくなります。

(2) 5を$\sqrt{\ }$ を使って表すと，

$5=\sqrt{5^2}=\sqrt{25}$ ←── 整数を$\sqrt{\ }$ のついた数で表す

$26>25$だから，←── $\sqrt{\ }$ の中の数の大小を比べる

$\sqrt{26}>\sqrt{25}$

負の数は，絶対値が大きいほど小さいから，

$-\sqrt{26}<-\sqrt{25}$

↑ 不等号の向きが逆になる

これより，$-\sqrt{26}<-5$

負の数の大小は P11

80 根号の中の数を求める

中3

問題

レベル ★★☆

$2<\sqrt{n}<3$ にあてはまる自然数 n の値をすべて求めなさい。

解くためのヒント

$■<\sqrt{n}<●$ を $■^2<n<●^2$ として考える。

解き方

2, $\sqrt{n}$, 3 をそれぞれ2乗しても大小関係は変わりません。

そこで，それぞれの数を2乗して，$\sqrt{\ }$ をはずします。

$2<\sqrt{n}<3$

$2^2<(\sqrt{n})^2<3^2$ ←それぞれの数を2乗する

$4<n<9$ ← $\sqrt{\ }$ をはずす

この式にあてはまる自然数 n の値は，**5，6，7，8**

こんなときは 小数 $<\sqrt{n}<$ 小数

問題 $1.5<\sqrt{n}<2.5$ にあてはまる自然数 n の値をすべて求めなさい。

解き方

$1.5<\sqrt{n}<2.5$

$1.5^2<(\sqrt{n})^2<2.5^2$ ←それぞれの数を2乗する

$2.25<n<6.25$ ← $\sqrt{\ }$ をはずす

この式にあてはまる自然数 n の値は，**3，4，5，6**

81 有理数と無理数

中3

問題

レベル ★☆☆

有理数(ゆうりすう)と無理数(むりすう)に分けなさい。

$$-6,\ 0.7,\ \sqrt{3},\ -\sqrt{49},\ \frac{\sqrt{25}}{3},\ -\sqrt{\frac{10}{2}}$$

解くためのヒント

分数$\frac{a}{b}$（a，bは整数，$b \neq 0$）の形で表すことができれば有理数，できなければ無理数。

解き方

それぞれの数を，**分数の形で表すことができるか調べます。**

$-6=-\frac{6}{1}$ ← 整数は分母を1とする分数で表せる

$0.7=\frac{7}{10}$ ← 小数は分母を10，100などとする分数で表せる

$\sqrt{3}=1.7320508\cdots$ ← どこまでも続く小数となり，分数で表せない

$-\sqrt{49}=-7=-\frac{7}{1}$ ← $49=7^2$だから，$\sqrt{49}=7$

$\frac{\sqrt{25}}{3}=\frac{5}{3}$ ← $25=5^2$だから，$\sqrt{25}=5$

$-\sqrt{\frac{10}{2}}=-\sqrt{5}=-2.2360679\cdots$

√ がついていても無理数とはかぎらないよ。√49=7のように，√ がとれて有理数になる場合があるね。

答 有理数…-6，0.7，$-\sqrt{49}$，$\frac{\sqrt{25}}{3}$

無理数…$\sqrt{3}$，$-\sqrt{\frac{10}{2}}$

82 近似値の真の値の範囲

中3

問題

レベル ★★★

ある数nを20でわり，商の小数第1位を四捨五入したら8になりました。このような数nのうちでもっとも小さい数を求めなさい。

解くためのヒント

小数第1位を四捨五入して8になる数aの値の範囲（はんい）→$7.5 \leqq a < 8.5$

解き方

手順1 nを20でわった値は$\dfrac{n}{20}$と表せます。

$\dfrac{n}{20}$の小数第1位を四捨五入すると8になるから，

$\dfrac{n}{20}$の値の範囲は，

$7.5 \leqq \dfrac{n}{20} < 8.5$ 図で表すと→

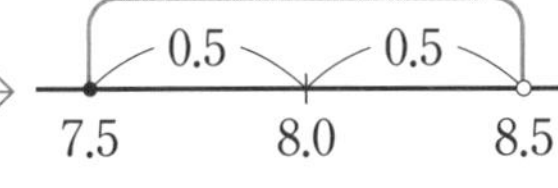

手順2 これより，$\dfrac{n}{20}$のもっとも小さい値は7.5になります。

したがって，$\dfrac{n}{20}=7.5$

$n=7.5\times20=$**150**

▼近似値（きんじち）とは？

長さや重さなどの測定値は，どんなに精密にはかっても真の値をよみとっているとはかぎりません。このように真の値ではないが真の値に近い値を近似値といいます。また，近似値と真の値の差を誤差（ごさ）といいます。

83 有効数字の表し方

中3

問題

レベル ★★☆

次の近似値の有効数字が(　)内のけた数であるとき，それぞれの近似値を，

(整数部分が1けたの数)×(10の累乗(るいじょう))

の形で表しなさい。

(1) 25800m(4けた)　(2) 37450kg(3けた)

解くためのヒント

有効数字(ゆうこうすうじ)を整数部分が1けたの数で表す。

解き方

(1) 有効数字は4けただから，

2，5，8，0

整数部分が1けたの数で表す

これより，**2.580**$\times 10^4$**m**

この0も有効数字なので，必ず書くこと

(2) 有効数字は3けただから，まずはじめに，**37450kg を四捨五入して，百の位までの概数(がいすう)で表します。**

37500kg

有効数字は，3，7，5

整数部分が1けたの数で表す

これより，**3.75**$\times 10^4$**kg**

有効数字を3，7，4と考えて，3.74×10^4kgとしてはいけないよ。

▼有効数字とは？

近似値を表す数字のうち，信頼(しんらい)できる数字を有効数字といい，その数字の個数を有効数字のけた数といいます。有効数字をはっきりさせたいときは，整数部分が1けたの数と10の累乗との積の形で表します。

84 根号がついた数の乗法

中3

問題

レベル ★☆☆

(1) $\sqrt{2}\times\sqrt{7}=?$

(2) $\sqrt{3}\times(-\sqrt{12})=?$

解くためのヒント

平方根の積 $\sqrt{a}\times\sqrt{b}=\sqrt{a\times b}$

解き方

根号がついた数の乗法は，$\sqrt{\ }$ の中の数の積を求め，その積に $\sqrt{\ }$ をつけます。

(1) $\sqrt{2}\times\sqrt{7}=\sqrt{2\times7}=\sqrt{14}$

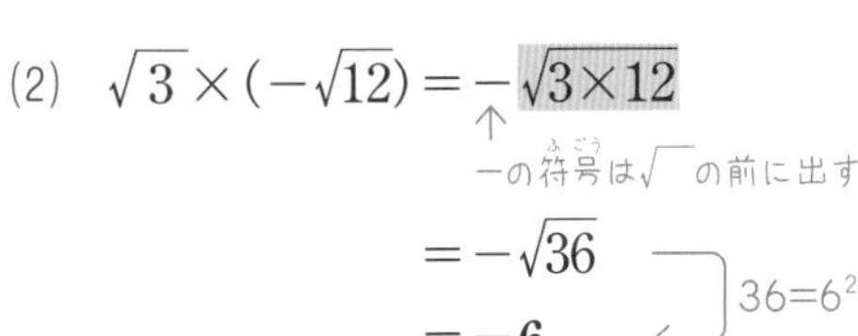

(2) $\sqrt{3}\times(-\sqrt{12})=-\sqrt{3\times12}$

↑ −の符号(ふごう)は $\sqrt{\ }$ の前に出す

$=-\sqrt{36}$

$=-6$

$36=6^2$

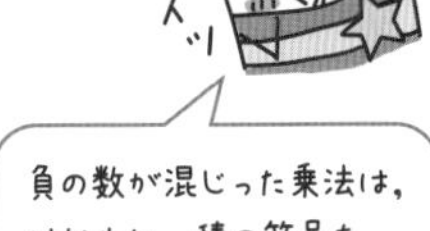

負の数が混じった乗法は，はじめに，積の符号を決めてから計算しよう。

2つの数の乗法は P16

こんなときは 3つの平方根の乗法

問題 $-\sqrt{5}\times\sqrt{7}\times(-\sqrt{2})=?$

解き方

すべての根号の中の数の積に $\sqrt{\ }$ をつけます。

$-\sqrt{5}\times\sqrt{7}\times(-\sqrt{2})=+\sqrt{5\times7\times2}=\sqrt{70}$

↑ $\sqrt{a}\times\sqrt{b}\times\sqrt{c}=\sqrt{a\times b\times c}$

3つの数の乗法は P18

85 根号がついた数の除法

中3

問題

レベル ★☆☆

(1) $\sqrt{35} \div \sqrt{5} = ?$

(2) $-\sqrt{48} \div \sqrt{3} = ?$

解くためのヒント

平方根の商　$\sqrt{a} \div \sqrt{b} = \sqrt{\dfrac{a}{b}}$

解き方

根号がついた数の除法は，$\sqrt{}$ の中の数の商を求め，その商に $\sqrt{}$ をつけます。

(1)　$\sqrt{35} \div \sqrt{5} = \sqrt{\dfrac{35}{5}} = \sqrt{7}$

約分

(2)　$-\sqrt{48} \div \sqrt{3} = -\sqrt{\dfrac{48}{3}} = -\sqrt{16} = -4$

商の符号(ふごう)を決めて，$\sqrt{}$ の前に出す

2つの数の除法は P21

こんなときは 根号の中に分数がある除法

問題 $\sqrt{6} \div \sqrt{\dfrac{3}{5}} = ?$

解き方

$\sqrt{6} \div \sqrt{\dfrac{3}{5}} = \sqrt{6 \div \dfrac{3}{5}} = \sqrt{6 \times \dfrac{5}{3}} = \sqrt{10}$

逆数にしてかける

86 根号がついた数の変形

中3

問題

レベル ★☆☆

$5\sqrt{3}$ を，$\sqrt{■}$ の形に表しなさい。

解くためのヒント

$\sqrt{\ }$ の外の数を $\sqrt{\ }$ の中へ → $a\sqrt{b}=\sqrt{a^2b}$ ← $\sqrt{\ }$ の中の数を $\sqrt{\ }$ の外へ

解き方

$\sqrt{\ }$ の外の数を2乗して，$\sqrt{\ }$ の中に入れることができます。

$$5\sqrt{3}$$
$$=\sqrt{5^2}\times\sqrt{3}$$
（2乗して $\sqrt{\ }$ がついた数にする）
$$=\sqrt{25}\times\sqrt{3}$$
$$=\sqrt{25\times3}$$
（$\sqrt{a}\times\sqrt{b}=\sqrt{ab}$）
$$=\sqrt{75}$$

こんなときは ●$\sqrt{■}$ の形への変形

問題 $\sqrt{180}$ を，●$\sqrt{■}$ の形に表しなさい。

解き方

$\sqrt{\ }$ の中の数を，$●^2\times■$ の形にして，$●^2$ の部分を $\sqrt{\ }$ の外に出すことができます。

$$\sqrt{180}$$
$$=\sqrt{2^2\times3^2\times5}$$
（180を素因数分解する）
$$=\sqrt{2^2}\times\sqrt{3^2}\times\sqrt{5}$$
$$=2\times3\times\sqrt{5}$$
（$●^2$ の部分を外へ）
$$=6\sqrt{5}$$

2) 180
2) 90
3) 45
3) 15
　 5

素因数分解は P30

87 $a\sqrt{b}$の形にする乗法

中3

問題

レベル ★★☆

$$\sqrt{18}\times\sqrt{24}=?$$

解くためのヒント

根号のついた数を$a\sqrt{b}$の形にして計算する。

解き方

$$\sqrt{18}\times\sqrt{24}$$
$$=\sqrt{2\times3^2}\times\sqrt{2^2\times6}$$
$$=3\sqrt{2}\times2\sqrt{6}$$
$$=3\times2\times\sqrt{2}\times\sqrt{6}$$
$$=6\times\sqrt{12}$$
$$=6\times2\sqrt{3}$$
$$=12\sqrt{3}$$

$a\sqrt{b}$の形

← $\sqrt{\ }$の中の数をできるだけカンタンな数にして答える

▼先に$\sqrt{\ }$の中の数をかけると…

$\sqrt{18}\times\sqrt{24}=\sqrt{18\times24}=\sqrt{432}$

432を素因数分解すると，$432=2^4\times3^3$

これより，

$\sqrt{432}=\sqrt{2^4\times3^3}=\sqrt{2^4\times3^2\times3}$

$=2^2\times3\times\sqrt{3}=4\times3\times\sqrt{3}=12\sqrt{3}$

こんなときは 平方根の積の形に分ける計算

問題 $\sqrt{30}\times\sqrt{70}=?$

解き方

$\sqrt{■}$を，$\sqrt{●}\times\sqrt{▲}$の形に分解して計算します。

$$\sqrt{30}\times\sqrt{70}$$
$$=\sqrt{2}\times\sqrt{3}\times\sqrt{5}\times\sqrt{2}\times\sqrt{5}\times\sqrt{7}$$
$$=2\times5\times\sqrt{3}\times\sqrt{7}$$
$$=10\sqrt{21}$$

平方根の積の形で表す

88 根号がついた数の乗除

中3

問題

レベル ★★☆

$$4\sqrt{3}\times\sqrt{10}\div2\sqrt{6}=?$$

解くためのヒント

$\sqrt{\ }$ のついた数を分解して約分する。

解き方

$\sqrt{\ }$ の中の数が同じならば，**文字式の計算と同じように約分できます。**

$$4\sqrt{3}\times\sqrt{10}\div2\sqrt{6}$$

かける数を分子に，わる数を分母にする

$$=\frac{4\sqrt{3}\times\sqrt{10}}{2\sqrt{6}}$$

$\sqrt{10}=\sqrt{2}\times\sqrt{5}$
$\sqrt{6}=\sqrt{2}\times\sqrt{3}$
に分解

$$=\frac{\overset{2}{\cancel{4}}\times\sqrt{3}\times\sqrt{2}\times\sqrt{5}}{\underset{1}{\cancel{2}}\times\sqrt{2}\times\sqrt{3}}$$

$\sqrt{2}$，$\sqrt{3}$ で約分できる

$$=2\sqrt{5}$$

▼$\sqrt{\ }$ のついている数とついていない数に分けて計算

$$4\sqrt{3}\times\sqrt{10}\div2\sqrt{6}$$

かける数を分子に，わる数を分母にする

$$=\frac{4}{2}\times\frac{\sqrt{3}\times\sqrt{10}}{\sqrt{6}}$$

$$=\frac{4}{2}\times\sqrt{\frac{3\times10}{6}}$$

$\sqrt{\ }$ のついた数をひとまとまりにして約分する

$$=2\times\sqrt{5}$$

$$=2\sqrt{5}$$

数と式　方程式　関数　図形　確率・統計

89 分母の有理化

中3

問題

レベル ★★☆

分母を有理化(ゆうりか)しなさい。

(1) $\dfrac{10}{\sqrt{5}}$　　(2) $\dfrac{9}{2\sqrt{3}}$

解くためのヒント

分母の有理化　$\dfrac{a}{\sqrt{b}}=\dfrac{a\times\sqrt{b}}{\sqrt{b}\times\sqrt{b}}=\dfrac{a\sqrt{b}}{b}$

解き方

分母に$\sqrt{\ }$がある数は，**分母と分子に分母の$\sqrt{\ }$のついた数をかけて，**分母に$\sqrt{\ }$がない形で表すことができます。

(1) $\dfrac{10}{\sqrt{5}}=\dfrac{10\times\sqrt{5}}{\sqrt{5}\times\sqrt{5}}=\dfrac{10\sqrt{5}}{5}=\mathbf{2\sqrt{5}}$　← 分母と分子に$\sqrt{5}$をかける

(2) $\dfrac{9}{2\sqrt{3}}=\dfrac{9\times\sqrt{3}}{2\sqrt{3}\times\sqrt{3}}=\dfrac{9\times\sqrt{3}}{2\times3}=\dfrac{9\sqrt{3}}{6}=\mathbf{\dfrac{3\sqrt{3}}{2}}$　← 分母と分子に$\sqrt{3}$をかける

こんなときは　分母を$a\sqrt{b}$に変形する有理化

問題 $\dfrac{5}{\sqrt{8}}$の分母を有理化しなさい。

解き方

$\dfrac{5}{\sqrt{8}}=\dfrac{5}{2\sqrt{2}}=\dfrac{5\times\sqrt{2}}{2\sqrt{2}\times\sqrt{2}}=\dfrac{5\times\sqrt{2}}{2\times2}=\mathbf{\dfrac{5\sqrt{2}}{4}}$

90 根号がついた数の加減①

中3

問題

レベル ★☆☆

(1) $3\sqrt{5}+4\sqrt{5}=?$

(2) $6\sqrt{3}-2\sqrt{3}=?$

解くためのヒント

加法 $■\sqrt{a}+●\sqrt{a}=(■+●)\sqrt{a}$

減法 $■\sqrt{a}-●\sqrt{a}=(■-●)\sqrt{a}$

解き方

$\sqrt{\ }$ の部分が同じ数は，文字式の同類項（どうるいこう）と同じように，1つにまとめることができます。

(1) $3\sqrt{5}+4\sqrt{5}$
$=(3+4)\sqrt{5}$ ← $■\sqrt{a}+●\sqrt{a}=(■+●)\sqrt{a}$
$=\mathbf{7\sqrt{5}}$

(2) $6\sqrt{3}-2\sqrt{3}$
$=(6-2)\sqrt{3}$ ← $■\sqrt{a}-●\sqrt{a}=(■-●)\sqrt{a}$
$=4\sqrt{3}$

$\sqrt{5}$をaとみると，3a+4aと同じように計算できるよ。

$3\sqrt{5}$ → 3a

同類項のまとめ方は P49

問題 $2\sqrt{7}+\sqrt{7}-5\sqrt{7}=?$

解き方

$2\sqrt{7}+\sqrt{7}-5\sqrt{7}=(2+1-5)\sqrt{7}=\mathbf{-2\sqrt{7}}$ ← $2a+a-5a=(2+1-5)a$ と同じように計算

91 根号がついた数の加減② 中3

問題

レベル ★★☆

(1) $\sqrt{8}+\sqrt{18}=?$

(2) $\sqrt{24}-\sqrt{54}=?$

解くためのヒント

$\sqrt{a^2b}=a\sqrt{b}$を利用して，$\sqrt{\ }$ の中をできるだけ小さい自然数にする。

解き方

(1) $\sqrt{8}+\sqrt{18}$

$=2\sqrt{2}+3\sqrt{2}$

$=(2+3)\sqrt{2}$

$=\mathbf{5\sqrt{2}}$

$\sqrt{8}=\sqrt{2^2\times2}$
$\sqrt{18}=\sqrt{3^2\times2}$

(2) $\sqrt{24}-\sqrt{54}$

$=2\sqrt{6}-3\sqrt{6}$

$=(2-3)\sqrt{6}$

$=\mathbf{-\sqrt{6}}$

$\sqrt{24}=\sqrt{2^2\times6}$
$\sqrt{54}=\sqrt{3^2\times6}$

$\sqrt{\ }$ の中の数がちがうので，
一見，まとめられないように
見えるね。
でも，変形して$\sqrt{\ }$ の中の数を
カンタンにすると…。

こんなときは 加減の混じった計算

問題 $3\sqrt{5}-4\sqrt{3}+\sqrt{27}-\sqrt{20}=?$

解き方

まず，$\sqrt{27}$，$\sqrt{20}$ を $a\sqrt{b}$ の形で表します。

$3\sqrt{5}-4\sqrt{3}+\sqrt{27}-\sqrt{20}$

$=3\sqrt{5}-4\sqrt{3}+3\sqrt{3}-2\sqrt{5}$

$=\underline{3\sqrt{5}-2\sqrt{5}}\ \underline{-4\sqrt{3}+3\sqrt{3}}=\mathbf{\sqrt{5}-\sqrt{3}}$

$\sqrt{27}=\sqrt{3^2\times3}$
$\sqrt{20}=\sqrt{2^2\times5}$

92 根号がついた数の四則計算

中3

問題

レベル ★★★

$$\sqrt{50}+\sqrt{6}(\sqrt{3}-\sqrt{12})=?$$

解くためのヒント

かっこの中 → 乗除 → 加減 の順に計算する。

解き方

( )の中 → 乗法 → 加法 の順に計算します。

$$\begin{aligned}&\sqrt{50}+\sqrt{6}(\sqrt{3}-\sqrt{12})\\=&5\sqrt{2}+\sqrt{6}(\sqrt{3}-2\sqrt{3})\\=&5\sqrt{2}+\sqrt{6}\times(-\sqrt{3})\\=&5\sqrt{2}+(-\sqrt{18})\\=&5\sqrt{2}-3\sqrt{2}\\=&2\sqrt{2}\end{aligned}$$

$\sqrt{50}=\sqrt{5^2\times2}$, $\sqrt{12}=\sqrt{2^2\times3}$

かっこの中を計算

乗法を計算

減法を計算

計算の順序は P27

かっこの中がまとまらないとき

問題 $\sqrt{48}+\sqrt{2}(\sqrt{8}-\sqrt{6})=?$

解き方

かっこの中がまとまらないときは, **分配法則 $a(b+c)=ab+ac$** を使ってかっこをはずします。

$$\begin{aligned}&\sqrt{48}+\sqrt{2}(\sqrt{8}-\sqrt{6})\\=&4\sqrt{3}+\sqrt{2}(2\sqrt{2}-\sqrt{6})\\=&4\sqrt{3}+4-\sqrt{12}\\=&4\sqrt{3}+4-2\sqrt{3}=2\sqrt{3}+4\end{aligned}$$

$\sqrt{48}=\sqrt{4^2\times3}$, $\sqrt{8}=\sqrt{2^2\times2}$

$\sqrt{2}\times2\sqrt{2}-\sqrt{2}\times\sqrt{6}$

93 根号をふくむ式の乗法①

中3

問題

レベル ★★☆

(1) $(\sqrt{5}+1)(\sqrt{5}+2)=?$

(2) $(\sqrt{6}-4)^2=?$

解くためのヒント

$\sqrt{}$ のついた数を1つの文字とみて，乗法公式を利用する。

解き方

(1) $\sqrt{5}$をxとみて，乗法公式$(x+■)(x+●)$を利用します。

$$(\sqrt{5}+1)(\sqrt{5}+2)$$
$$=(\sqrt{5})^2+(1+2)\sqrt{5}+1\times 2$$
$$=5+3\sqrt{5}+2$$
$$=\mathbf{7+3\sqrt{5}}$$

$(x+■)(x+●)$
$=x^2+(■+●)x+■\times●$

乗法公式①は P64

(2) $\sqrt{6}$をxとみて，乗法公式$(x-■)^2$を利用します。

$$(\sqrt{6}-4)^2$$
$$=(\sqrt{6})^2-2\times 4\times\sqrt{6}+4^2$$
$$=6-8\sqrt{6}+16$$
$$=\mathbf{22-8\sqrt{6}}$$

$(x-■)^2$
$=x^2-2\times■\times x+■^2$

乗法公式③は P66

▼公式を忘れたら，基本の公式 $(a+b)(c+d)=ac+ad+bc+bd$ で展開

$$(\sqrt{5}+1)(\sqrt{5}+2)=\sqrt{5}\times\sqrt{5}+\sqrt{5}\times 2+1\times\sqrt{5}+1\times 2$$
$$=5+2\sqrt{5}+\sqrt{5}+2$$
$$=\mathbf{7+3\sqrt{5}}$$

展開の基本公式は P63

94 根号をふくむ式の乗法②

中3

問題

レベル ★★★

(1) $(\sqrt{12}+\sqrt{18})^2=?$

(2) $(2\sqrt{5}+\sqrt{28})(\sqrt{20}-2\sqrt{7})=?$

解くためのヒント

$a\sqrt{b}$の形にして，乗法公式を利用する。

解き方

(1) $\sqrt{12}$，$\sqrt{18}$を$a\sqrt{b}$の形にして，**乗法公式$(x+■)^2$を利用**します。

$(\sqrt{12}+\sqrt{18})^2$

$=(2\sqrt{3}+3\sqrt{2})^2$

$=(2\sqrt{3})^2+2\times3\sqrt{2}\times2\sqrt{3}+(3\sqrt{2})^2$

$=12+12\sqrt{6}+18$

$=\mathbf{30+12\sqrt{6}}$

$\sqrt{12}=\sqrt{2^2\times3}$
$\sqrt{18}=\sqrt{3^2\times2}$

$(x+■)^2$
$=x^2+2\times■\times x+■^2$

乗法公式②は 

(2) $\sqrt{28}$，$\sqrt{20}$を$a\sqrt{b}$の形にして，**乗法公式$(x+■)(x-■)$を利用**します。

$(2\sqrt{5}+\sqrt{28})(\sqrt{20}-2\sqrt{7})$

$=(2\sqrt{5}+2\sqrt{7})(2\sqrt{5}-2\sqrt{7})$

$=(2\sqrt{5})^2-(2\sqrt{7})^2$

$=20-28$

$=\mathbf{-8}$

$\sqrt{28}=\sqrt{2^2\times7}$
$\sqrt{20}=\sqrt{2^2\times5}$

$(x+■)(x-■)=x^2-■^2$

乗法公式④は 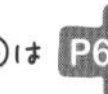

95 平方根のある式の値

中3

問題

レベル ★★★

$x=\sqrt{6}-5$ のとき，$x^2+10x+25$ の値を求めなさい。

解くためのヒント

代入する式を $(x+■)^2$ の形に変形してから代入する。

解き方

与(あた)えられた式に x の値を代入することもできますが，ひとくふうすると計算がカンタンになります。

$x^2+10x+25=(x+5)^2$ ←― 代入する式を $(x+■)^2$ の形に変形

この式に $x=\sqrt{6}-5$ を代入すると，

$(x+5)^2=(\sqrt{6}-5+5)^2=(\sqrt{6})^2=\mathbf{6}$

▼別の考え方

$x=\sqrt{6}-5$ より，$x+5=\sqrt{6}$

両辺を 2 乗すると，$(x+5)^2=(\sqrt{6})^2$

$x^2+10x+25=\mathbf{6}$

因数分解を利用する式の値は  P79

こんなときは くふうして $(x+■)^2$ の形に変形

問題 $x=3-\sqrt{2}$ のとき，x^2-6x+4 の値を求めなさい。

解き方

まず，代入する式を $(x+■)^2+●$ の形に変形します。

$x^2-6x+4=x^2-6x+9-5=(x-3)^2-5$

この式に $x=3-\sqrt{2}$ を代入すると，

$(x-3)^2-5=(3-\sqrt{2}-3)^2-5=(-\sqrt{2})^2-5=2-5=\mathbf{-3}$

方程式

1 方程式の解き方①

中1

問題

レベル ★☆☆

$6x-5=13$ を解きなさい。

解くためのヒント

左辺の数の項(こう)を右辺に移項する。

解き方

数の項を右辺に移項し，$ax=b$ の形に整理します。

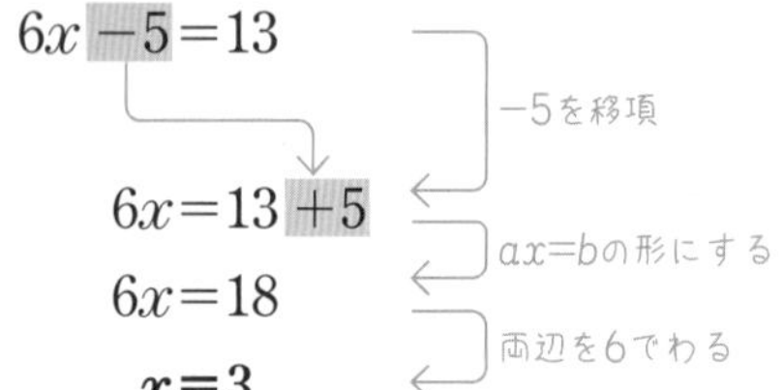

$$6x-5=13$$
（-5 を移項）
$$6x=13+5$$
（$ax=b$ の形にする）
$$6x=18$$
（両辺を6でわる）
$$x=3$$

▼移項とは？

等式の一方の辺にある項を，その符号(ふごう)を変えて，他方の辺に移すことを移項といいます。

等式の性質

$A=B$ ならば，
① $A+C=B+C$
② $A-C=B-C$
③ $A\times C=B\times C$
④ $A\div C=B\div C\ (C\neq 0)$

方程式を解く基本は，等式の性質を使って，方程式を $x=$数の形に変形することだよ。

▼等式の性質を使った方程式の解き方

$$6x-5=13$$
$$6x-5+5=13+5$$ ← 両辺に5をたす
$$6x=18$$
$$6x\div 6=18\div 6$$ ← 両辺を6でわる
$$x=3$$

2 方程式の解き方②

中1

問題 レベル ★★☆

$8x+3=5x-9$ を解きなさい。

解くためのヒント

移項 → $ax=b$の形に整理 → 両辺をaでわる。

解き方

数の項を右辺に，文字の項を左辺に移項し，$ax=b$ の形に整理します。

$$8x+3=5x-9$$
$$8x-5x=-9-3$$
$$3x=-12$$
$$x=-4$$

+3を右辺に，5xを左辺に移項

$ax=b$の形に整理

両辺を3でわる

移項するときは，項の符号が変わることに注意しよう。

▼1次方程式とは？

移項して整理すると，$ax=b$ の形に変形できる方程式を1次方程式といいます。

こんなときは 解が分数になる

問題 $2x-5=9x-7$ を解きなさい。

$$2x-5=9x-7$$
$$2x-9x=-7+5$$
$$-7x=-2$$
$$x=\frac{2}{7}$$

−5，9xを移項

$ax=b$の形に整理

両辺を−7でわる

解が分数になることもある

3 かっこのある方程式

中1

問題

レベル ★★★

方程式を解きなさい。

(1) $7(x+3)=2x-9$

(2) $5x-9=-3(x-5)$

解くためのヒント

分配法則 $a(b+c)=ab+ac$ を使って，かっこをはずす。

解き方

(1) $7(x+3)=2x-9$ ← かっこをはずす

$7x+21=2x-9$ ← +21，2xを移項

$7x-2x=-9-21$ ← $ax=b$の形にする

$5x=-30$ ← 両辺を5でわる

$x=-6$

(2) $5x-9=-3(x-5)$ ← かっこをはずす

$5x-9=-3x+15$ ← −9，−3xを移項

$5x+3x=15+9$ ← $ax=b$の形にする

$8x=24$ ← 両辺を8でわる

$x=3$

$-3(x-5)$

$=-3x-15$ 誤

$=-3x+15$ 正

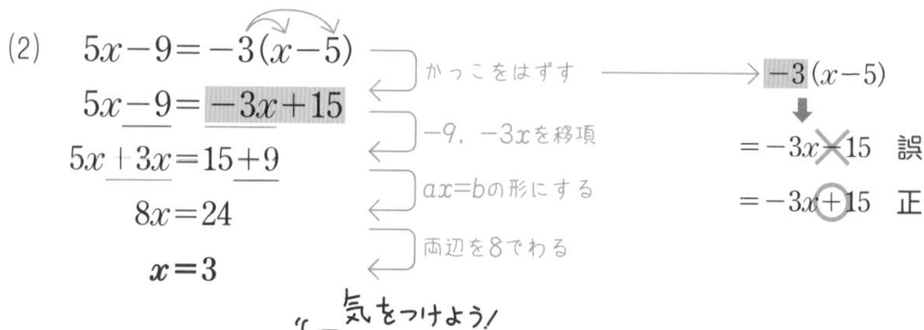

気をつけよう！
−■(　)のかっこをはずすときは，うしろの項の符号の変え忘れに注意してね。

4 小数をふくむ方程式

中1

問題 レベル ★★★

$0.3x-0.7=0.6x+2$ を解きなさい。

解くためのヒント

両辺に10をかけて，係数を整数に直す。

解き方

等式の性質「等式の両辺に同じ数をかけても，等式は成り立つ」を利用して，小数を整数にします。

$$0.3x-0.7=0.6x+2$$
$$(0.3x-0.7)\times10=(0.6x+2)\times10$$
両辺に10をかける
$$3x-7=6x+20$$
−7，6xを移項
$$3x-6x=20+7$$
ax=bの形にする
$$-3x=27$$
両辺を−3でわる
$$x=-9$$

こんなときは 小数第2位までの小数をふくむ

問題 $0.2x-0.05=0.15x+0.35$ を解きなさい。

解き方

両辺に100をかけて，係数を整数に直します。

$$0.2x-0.05=0.15x+0.35$$
$$(0.2x-0.05)\times100=(0.15x+0.35)\times100$$
両辺に100をかける
$$20x-5=15x+35$$
−5，15xを移項
$$20x-15x=35+5$$
$$5x=40$$
$$x=8$$

5 分数をふくむ方程式

中1

問題

レベル ★★★

$$\frac{2}{3}x-2=\frac{1}{4}x+3$$ を解きなさい。

解くためのヒント

両辺に分母の最小公倍数をかけて，係数を整数に直す。

解き方

$$\frac{2}{3}x-2=\frac{1}{4}x+3$$

$$\left(\frac{2}{3}x-2\right)\times 12=\left(\frac{1}{4}x+3\right)\times 12$$

3と4の最小公倍数12をかけて，分母をはらう

$$8x-24=3x+36$$

−24，3xを移項（いこう）

$$8x-3x=36+24$$

ax=bの形にする

$$5x=60$$

両辺を5でわる

$$x=12$$

最小公倍数の求め方は P31

こんなときは 分子が $x+$●の形

問題 $$\frac{x+2}{3}=\frac{x-4}{5}$$ を解きなさい。

解き方

$$\frac{x+2}{3}=\frac{x-4}{5}$$

$$\frac{x+2}{3}\times 15=\frac{x-4}{5}\times 15$$

3と5の最小公倍数15をかける

$$5(x+2)=3(x-4)$$

$$5x+10=3x-12$$

$$5x-3x=-12-10$$

$$2x=-22$$

$$x=-11$$

6 比例式の解き方

中1

問題

レベル ★★☆

比例式(ひれいしき)で，xの値を求めなさい。

(1) $x:12=3:4$

(2) $28:8=(x-3):6$

解くためのヒント

比例式の性質 $a:b=c:d$ ならば $ad=bc$ を利用する。

解き方

(1) $x:12=3:4$

$a:b=c:d$ならば$ad=bc$

$x\times4=12\times3$

$x=9$

▼比例式とは？

比 $a:b$ と $c:d$ が等しいことを表す等式 $a:b=c:d$ を比例式といいます。

(2) $28:8=(x-3):6$ ← $x-3$をひとまとまりとみる

$a:b=c:d$ならば$ad=bc$

$28\times6=8(x-3)$

両辺を8でわる

$\dfrac{28\times6}{8}=x-3$

$\dfrac{28\times6}{8}=21$

$x-3=21$

$x=24$

7 方程式の解と係数

中1

問題

レベル ★★★

xについての方程式 $4x+a=ax+24$ の解が3であるとき，aの値を求めなさい。

解くためのヒント

方程式に解を代入して，aについての方程式をつくる。

解き方

手順1 方程式に解を代入する

$4x+a=ax+24$ に $x=3$ を代入します。

$4\times3+a=a\times3+24$

手順2 aについての方程式を解く

$12+a=3a+24$

$-2a=12$

$\boldsymbol{a=-6}$

$a=-6$のとき，もとの方程式は，
$4x-6=-6x+24$
これを解くと，$10x=30$，$x=3$
たしかに解は3になるね。

こんなときは 方程式に分数をふくむ

問題 xについての方程式 $\frac{x-2a}{3}=-x-a$ の解が-2であるとき，aの値を求めなさい。

解き方

$\frac{x-2a}{3}=-x-a$ に $x=-2$ を代入

$\frac{-2-2a}{3}=-(-2)-a$

$\frac{-2-2a}{3}=2-a$

両辺に3をかけると，

$-2-2a=3(2-a)$

$-2-2a=6-3a$

$\boldsymbol{a=8}$

8 整数の問題

中1

問題

レベル ★★☆

92をある正の整数でわったら，商が7で，余りが8になりました。ある正の整数を求めなさい。

解くためのヒント

わられる数＝わる数×商＋余り

解き方

手順1　ある正の整数を x とします。

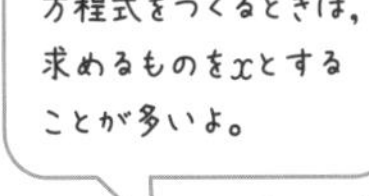

方程式をつくるときは，
求めるものをxとする
ことが多いよ。

方程式をつくる

わられる数＝わる数×商＋余り

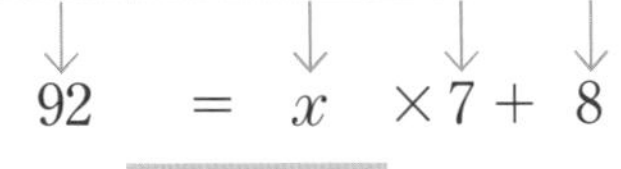

$$92 = x \times 7 + 8$$

$$92=7x+8$$

左辺と右辺を入れかえる

手順3　方程式を解く

$$7x+8=92$$

$$7x=84$$

$$x=12$$

解の検討をする

x は正の整数だから，これは問題にあっています。

解を求めたら，求めるものが何であったか確認して答えを決める

 12

▼わる数と余りの大小

わり算では，わる数＞余りになります。

つまり，上の問題では，ある正の整数は 8 より大きい整数になります。

9 余ったり不足したりする問題

中1

問題

レベル ★★☆

子どもたちに鉛筆(えんぴつ)を配ります。1人に3本ずつ配ると7本余り，4本ずつ配ると8本不足します。子どもの人数と鉛筆の本数を求めなさい。

解くためのヒント

鉛筆の本数は，{ 1人分の本数×人数＋余った本数
1人分の本数×人数−不足した本数

解き方

手順1 子どもの人数を x 人とします。

手順2 鉛筆の本数を2通りの式で表す

- 3本ずつ配ったときの鉛筆の本数は，$3x+7$(本)
- 4本ずつ配ったときの鉛筆の本数は，$4x-8$(本)

▼鉛筆の本数を図で表すと

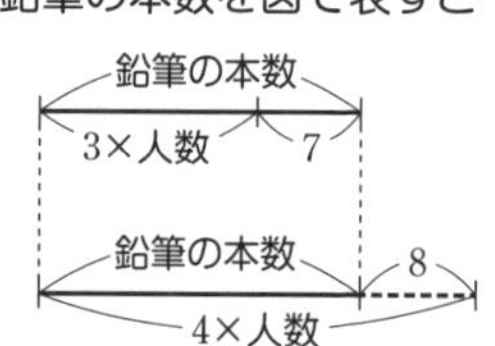

手順3 方程式をつくり，解く

方程式は，$3x+7=4x-8$

$3x-4x=-8-7$

$-x=-15$

$x=15$

鉛筆の本数は，$3\times15+7=52$(本)

手順4 解の検討をする

子どもの人数，鉛筆の本数は自然数だから，これらは問題にあっています。

答 子どもの人数…**15人**，鉛筆の本数…**52本**

10 割引きの問題

中1

問題

レベル ★★★

ある品物を，原価の50％増しの定価をつけて販売したが売れなかったので，定価の2割引きにして3600円で売りました。品物の原価を求めなさい。

解くためのヒント

x 円の a％増しの値段 → $x\times\left(1+\frac{a}{100}\right)$（円）

y 円の b 割引きの値段 → $y\times\left(1-\frac{b}{10}\right)$（円）

解き方

手順1 この品物の原価を x 円とします。

手順2 定価と売り値をxの式で表す

定価は，$x\times\left(1+\frac{50}{100}\right)=1.5x$（円） ← $x\times(1+0.5)=1.5x$ でもよい

（$\left(1+\frac{50}{100}\right)$：50％増し）

売り値は，$1.5x\times\left(1-\frac{2}{10}\right)=1.2x$（円） ← $1.5x\times(1-0.2)=1.2x$ でもよい

（$\left(1-\frac{2}{10}\right)$：2割引き）

手順3 方程式をつくり，解く

方程式は，$1.2x=3600$

$x=3000$

（$1.2x\div1.2=3600\div1.2$）

手順4 解の検討をする

値段は自然数だから，これは問題にあっています。

答 3000円

個数，人数，金額などを求める問題では，答えは自然数になるから，小数や分数じゃダメだよ。

割合の表し方は P45

数と式　方程式　関数　図形　確率・統計

11 加減法を使った解き方

中2

問題

レベル ★☆☆

連立方程式（れんりつほうていしき）を解きなさい。

(1) $\begin{cases} 3x+y=7 \\ 2x-y=3 \end{cases}$　(2) $\begin{cases} 2x-y=11 \\ 2x+3y=-9 \end{cases}$

解くためのヒント

加減法（かげんほう） → 左辺どうし，右辺どうしをたしたりひいたりして，1つの文字を消去する。

解き方

(1)

$$\begin{array}{rrl} & 3x+y=7 & \cdots\cdots① \\ +) & 2x-y=3 & \cdots\cdots② \\ \hline & 5x \quad =10 & \\ & x=2 & \end{array}$$

▼2元1次方程式（げんじほうていしき）とは？

$3x+y=7$ のように，2つの文字をふくむ方程式を2元1次方程式といいます。

①に $x=2$ を代入して，← ②に $x=2$ を代入してもよい

$3\times2+y=7$，$6+y=7$，$y=1$

答 $x=2$，$y=1$

(2)

$$\begin{array}{rrl} & 2x-\ y=11 & \cdots\cdots① \\ -) & 2x+3y=-9 & \cdots\cdots② \\ \hline & -4y=20 & \\ & y=-5 & \end{array}$$

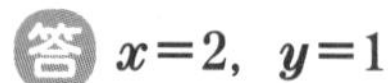

係数の絶対値が同じなら，そのままたしたりひいたりして，xまたはyを消去できるね。

①に $y=-5$ を代入して，

$2x-(-5)=11$，$2x+5=11$，$2x=6$，$x=3$

答 $x=3$，$y=-5$

12 係数をそろえる加減法①

中2

問題

レベル ★★☆

$$\begin{cases} 9x+4y=7 \cdots\cdots ① \\ 3x+2y=5 \cdots\cdots ② \end{cases}$$ を解きなさい。

解くためのヒント

一方の式を何倍かして，係数の絶対値をそろえる。

解き方

②の両辺を 2 倍して，y の係数の絶対値を 4 にそろえます。

$$\begin{array}{lrl} ① & 9x+4y & =7 \\ ②\times2 & -)\ 6x+4y & =10 \\ \hline & 3x \quad & =-3 \end{array}$$

①−②×2で，yを消去

$$x=-1$$

②に $x=-1$ を代入して，

$3\times(-1)+2y=5$，$-3+2y=5$，$2y=8$，$y=4$

答 $x=-1$，$y=4$

▼xの係数の絶対値をそろえると

②の両辺を 3 倍して，x の係数の絶対値を 9 にそろえて，x を消去することもできます。

$$\begin{array}{lrl} ① & 9x+4y & =7 \\ ②\times3 & -)\ 9x+6y & =15 \\ \hline & -2y & =-8 \end{array}$$

①−②×3で，xを消去

$$y=4$$

②に $y=4$ を代入して，$3x+2\times4=5$，$3x+8=5$，$3x=-3$，$x=-1$

13 係数をそろえる加減法②

中2

問題

レベル ★★☆

$$\begin{cases} 5x+2y=3 & \cdots\cdots ① \\ 4x-3y=30 & \cdots\cdots ② \end{cases}$$ を解きなさい。

解くためのヒント

両方の式を何倍かして，係数の絶対値を最小公倍数にそろえる。

解き方

①の両辺を3倍，②の両辺を2倍して，**y の係数の絶対値を2と3の最小公倍数6にそろえます。**

最小公倍数の求め方は P31

$$\begin{array}{lrl} ①\times 3 & 15x+6y & =9 \\ ②\times 2 & +)\ 8x-6y & =60 \\ \hline & 23x & =69 \end{array}$$

①×3+②×2で，yを消去

$x=3$

①に $x=3$ を代入して，

$5\times3+2y=3$，$15+2y=3$，$2y=-12$，$y=-6$

答 $x=3$，$y=-6$

▼**xの係数の絶対値をそろえると**

①の両辺を4倍，②の両辺を5倍して，x の係数の絶対値を20にそろえて，x を消去することもできます。

$$\begin{array}{lrl} ①\times 4 & 20x+8y & =12 \\ ②\times 5 & -)\ 20x-15y & =150 \\ \hline & 23y & =-138 \end{array}$$

$y=-6$

計算がカンタンになるほうの文字を消去しよう。

14 代入法を使った解き方

中2

問題

レベル ★★☆

連立方程式を解きなさい。

(1) $\begin{cases} 4x+3y=7 \\ y=2x+9 \end{cases}$　(2) $\begin{cases} x=3y-5 \\ 5x-7y=-1 \end{cases}$

解くためのヒント

代入法(だいにゅうほう) → 一方の式を他方の式に代入して，1つの文字を消去する。

解き方

それぞれの連立方程式の上の式を①，下の式を②とします。

(1) ①に②を代入して，y を消去します。

$$4x+3(2x+9)=7$$
← $2x+9$に(　)をつけて代入

$$4x+6x+27=7$$
$$10x=-20$$
かっこをはずして整理

$$x=-2$$

②に $x=-2$ を代入して，

$$y=2\times(-2)+9=-4+9=5$$

答 $x=-2$，$y=5$

(2) ②に①を代入して，x を消去します。

$$5(3y-5)-7y=-1$$
← $3y-5$に(　)をつけて代入

$$15y-25-7y=-1$$
$$8y=24$$
かっこをはずして整理

$$y=3$$

①に $y=3$ を代入して，

$$x=3\times3-5=9-5=4$$

答 $x=4$，$y=3$

15 かっこのある連立方程式

中2

問題

レベル ★★★

$$\begin{cases} 6x+5y=40 & \cdots\cdots ① \\ 4(x-2y)=7y-10 & \cdots\cdots ② \end{cases}$$

を解きなさい。

解くためのヒント

かっこをはずして，$ax+by=c$ の形に整理する。

解き方

②のかっこをはずして整理します。

$4(x-2y)=7y-10$

$4x-8y=7y-10$　（分配法則を使って，かっこをはずす）

$4x-15y=-10$　……③　（$ax+by=c$ の形に整理）

これより，①と③を連立方程式として解きます。

①×3　　$18x+15y=120$

③　　$+)\ 4x-15y=-10$

　　　$22x=110$　（①×3+③で，yを消去）

　　　$x=5$

①に $x=5$ を代入して，

$6\times5+5y=40$，$30+5y=40$，$5y=10$，$y=2$

答 $x=5$，$y=2$

かっこのある方程式は P106

16 小数をふくむ連立方程式

中2

問題 レベル ★★★

$$\begin{cases} 5x+2y=-6 & \cdots\cdots ① \\ 0.9x+0.8y=2 & \cdots\cdots ② \end{cases}$$

を解きなさい。

解くためのヒント

両辺に10をかけて，係数を整数に直す。

解き方

②の両辺に10をかけて，係数を整数に直します。

$(0.9x+0.8y)\times 10=2\times 10$ ← 数の項（こう）へのかけ忘れに注意

$9x+8y=20 \quad \cdots\cdots ③$

これより，①と③を連立方程式として解きます。

①×4　$20x+8y=-24$

③　$-)\ 9x+8y=20$

$11x=-44$ （①×4−③で，yを消去）

$x=-4$

①に $x=-4$ を代入して，

$5\times(-4)+2y=-6,\ -20+2y=-6,\ 2y=14,\ y=7$

答 $x=-4,\ y=7$

小数第2位までの小数をふくむ方程式では，方程式の両辺に100をかけるんだよ。

小数をふくむ方程式は P107

数と式　方程式　関数　図形　確率・統計

17 分数をふくむ連立方程式

中2

問題

レベル ★★★

$$\begin{cases} 4x+3y=-3 & \cdots\cdots① \\ \dfrac{3}{4}x-\dfrac{1}{6}y=6 & \cdots\cdots② \end{cases}$$

を解きなさい。

解くためのヒント

両辺に分母の最小公倍数をかけて，係数を整数に直す。

解き方

②の両辺に4と6の最小公倍数12をかけます。

$$\left(\frac{3}{4}x-\frac{1}{6}y\right)\times 12=6\times 12$$

$$9x-2y=72 \quad \cdots\cdots③$$

分母をはらう

最小公倍数の求め方は P31

これより，①と③を連立方程式として解きます。

$$\begin{array}{lrcl} ①\times 2 & 8x+6y & = & -6 \\ ③\times 3 & +)\ 27x-6y & = & 216 \\ \hline & 35x & = & 210 \end{array}$$

①×2+③×3で，yを消去

$$x=6$$

①に $x=6$ を代入して，

$4\times 6+3y=-3$， $24+3y=-3$， $3y=-27$， $y=-9$

答 $x=6$， $y=-9$

分数をふくむ方程式は  P108

18 $A=B=C$の形の連立方程式

中2

問題　レベル★★★

$$2x+7y=-6x-5y=8$$

を解きなさい。

解くためのヒント

$\begin{cases}A=B\\A=C\end{cases}$ $\begin{cases}A=B\\B=C\end{cases}$ $\begin{cases}A=C\\B=C\end{cases}$ のいずれかの組み合わせにして解く。

解き方

$\begin{cases}A=C\\B=C\end{cases}$ の形の連立方程式にして解きます。

$$\begin{cases}2x+7y=8 & \cdots\cdots①\\-6x-5y=8 & \cdots\cdots②\end{cases}$$

$$\begin{array}{lrl}①\times3 & 6x+21y=24 & \\ ② & +)\ -6x-\ \ 5y=8 & \\ \hline & 16y=32 & \\ & y=2 & \end{array}$$

①×3＋②で，xを消去

①に $y=2$ を代入して，

$2x+7\times2=8$，$2x+14=8$，$2x=-6$，$x=-3$

答 $x=-3$，$y=2$

▼どの組み合わせを使えばいいの？

$■x+●y=□x+○y=$数 の形の式は，$\begin{cases}■x+●y=数\\□x+○y=数\end{cases}$ の組み合わせで解くと，とちゅうの計算がカンタンになります。

19 連立方程式の解と係数

中2

問題

レベル ★★★

連立方程式 $\begin{cases} ax+by=5 & \cdots\cdots① \\ bx+ay=-2 & \cdots\cdots② \end{cases}$ の解が

$x=3$，$y=-4$であるとき，a，bの値を求めなさい。

解くためのヒント

それぞれの方程式に解を代入して，a，bについての方程式をつくる。

解き方

手順1 方程式に解を代入する

①，②に $x=3$，$y=-4$ を代入します。

$$\begin{cases} 3a-4b=5 & \cdots\cdots③ \\ 3b-4a=-2 & \cdots\cdots④ \end{cases}$$

手順2 a，bについての連立方程式を解く

③，④を **a，b についての連立方程式とみて解きます。**

$$\begin{array}{lrcl} ③\times3 & 9a-12b & = & 15 \\ ④\times4 & +)\ -16a+12b & = & -8 \\ \hline & -7a & = & 7 \end{array}$$

③×3+④×4で，bを消去

$$a=-1$$

③に $a=-1$ を代入して，

$3\times(-1)-4b=5$，$-3-4b=5$，$-4b=8$，$b=-2$

答 $a=-1$，$b=-2$

方程式の解と係数は P110

20 代金と個数の問題

中2

問題

レベル ★★☆

1個400円のケーキと1個250円のプリンを合わせて12個買ったら，代金の合計が3600円でした。それぞれ何個ずつ買ったか求めなさい。

解くためのヒント

ケーキの個数＋プリンの個数＝12（個）
ケーキの代金＋プリンの代金＝3600（円）

解き方

手順1 ケーキを x 個，プリンを y 個買ったとします。

求めるものを x，y とする

手順2 連立方程式をつくる

個数の関係から，$x+y=12$ ……①

ケーキの個数＋プリンの個数＝12

代金の関係から，$400x+250y=3600$ ……②

ケーキの代金＋プリンの代金＝3600

手順3 連立方程式を解く

①，②を連立方程式として解くと，

$x=4$，$y=8$

①×400　$400x+400y=4800$
②　$-)\ 400x+250y=3600$
$150y=1200$
$y=8$

①に $y=8$ を代入して，$x+8=12$，$x=4$

手順4 解の検討をする

ケーキとプリンの個数は自然数だから，これらは問題にあっています。

答 ケーキ… **4** 個，プリン… **8** 個

代金の表し方は P42

21 速さの問題

中2

問題

レベル ★★☆

自転車で，AからBを通り11kmはなれたCまで行きました。AからBまでは時速9km，BからCまでは時速6kmで走って，全体で1時間30分かかりました。AからBまでの道のりとBからCまでの道のりを求めなさい。

解くためのヒント

$$\begin{cases} \text{A, B間の道のり}+\text{B, C間の道のり}=11\text{(km)} \\ \text{A, B間の時間}+\text{B, C間の時間}=1\dfrac{30}{60}\text{(時間)} \end{cases}$$

解き方

手順1　Aから B までの道のりを x km，B から C までの道のりを y km とします。

手順2 連立方程式をつくる

道のりの関係から，$x+y=11$ ……①

時間の関係から，$\dfrac{x}{9}+\dfrac{y}{6}=1\dfrac{30}{60}$ ……②

（$\dfrac{x}{9}$, $\dfrac{y}{6}$：時間＝道のり÷速さ　$1\dfrac{30}{60}$：時間の単位で表す）

手順3 連立方程式を解く

①，②を連立方程式として解くと，

$x=6$，$y=5$

②×18　$2x+3y=27$
①×2　$-)\ 2x+2y=22$
$y=5$
①に$y=5$を代入して，$x+5=11$，$x=6$

手順4 解の検討をする

道のりは正の数だから，これらは問題にあっています。

答 A から B まで… **6 km**，B から C まで… **5 km**

速さの表し方は P43

22 増加と減少の問題

中2

問題

レベル ★★★

ある学校の今年度の入学者は247人です。これは昨年度に比べて，男子は10%増加し，女子は8%減少し，全体では2人増加しました。この学校の今年度の男子と女子の入学者数を求めなさい。

解くためのヒント

x人のa%の増加 → $x\times\left(1+\frac{a}{100}\right)$(人)

y人のb%の減少 → $y\times\left(1-\frac{b}{100}\right)$(人)

解き方

手順1 昨年度の男子の入学者数を x 人，女子の入学者数を y 人とします。 ← 割合の基準となっている昨年度の人数をx，yとする

手順2 連立方程式をつくる

$x+y=247-2$ ……① ← 昨年度の入学者数の合計

$\frac{110}{100}x+\frac{92}{100}y=247$ ……② ← 今年度の入学者数の合計

（$\frac{110}{100}x$ ↑ 10%増加した人数，$\frac{92}{100}y$ ↑ 8%減少した人数）

手順3 連立方程式を解く

①，②を連立方程式として解くと，

$x=120$，$y=125$ ← 昨年度の男女の入学者数（これを答えとしないように注意）

手順4 今年度の男女の入学者数を求める

今年度の男子は，$120\times\frac{110}{100}=132$(人)

今年度の女子は，$125\times\frac{92}{100}=115$(人)

← 人数は自然数だから，これらは問題にあっている

答 男子…132人，女子…115人

23 平方根の考え方を使った解き方

中3

問題

レベル ★☆☆

$3x^2=75$ を解きなさい。

解くためのヒント

$ax^2=b$ —両辺をaでわる→ $x^2=\frac{b}{a}$ —平方根を求める→ $x=\pm\sqrt{\frac{b}{a}}$

解き方

$x^2=$■の形に変形して，2乗すると■になる数を求めます。

$3x^2=75$ 　両辺を3でわる

$x^2=25$ 　25の平方根を求める

$x=\pm\sqrt{25}$

$\boldsymbol{x=\pm 5}$

2次方程式(じほうていしき)の解はふつう2つある

正の数aの平方根は，$+\sqrt{a}$と$-\sqrt{a}$の2つあるよ。

平方根の求め方は P82

こんなときは $(x+●)^2=$■の形の方程式

問題 $(x+4)^2=3$ を解きなさい。

解き方

$(x+●)^2=$■の形の方程式は，$x+●$をひとまとまりとみます。

$(x+4)^2=3$ 　$x+4$をMとおく

$M^2=3$ 　3の平方根を求める

$M=\pm\sqrt{3}$ 　Mをもとにもどす

$x+4=\pm\sqrt{3}$ 　+4を移項(いこう)

$\boldsymbol{x=-4\pm\sqrt{3}}$

▼2次方程式

$ax^2+bx+c=0\ (a\neq 0)$ の形に変形できる方程式を2次方程式といいます。

24 解の公式を使った解き方

中3

問題

レベル ★★☆

$3x^2+5x+1=0$ を解きなさい。

解くためのヒント

$ax^2+bx+c=0\ (a\neq0)$ の解 → $x=\dfrac{-b\pm\sqrt{b^2-4ac}}{2a}$

解き方

解の公式に，$a=3$，$b=5$，$c=1$ をあてはめて計算します。

$$x=\frac{-5\pm\sqrt{5^2-4\times3\times1}}{2\times3}$$
$$=\frac{-5\pm\sqrt{25-12}}{6}$$
$$=\frac{-5\pm\sqrt{13}}{6}$$

解の公式を使えば，どんな2次方程式でも解くことができる。けれど，計算が複雑でミスしやすいので，その過程をていねいに計算すること！

こんなときは　x の係数が偶数（ぐうすう）

問題　$x^2-4x-3=0$ を解きなさい。

解き方

x の係数が偶数のとき，解は約分できます。

$$x=\frac{-(-4)\pm\sqrt{(-4)^2-4\times1\times(-3)}}{2\times1}$$
$$=\frac{4\pm\sqrt{16+12}}{2}=\frac{4\pm\sqrt{28}}{2}=\frac{\overset{2}{\cancel{4}}\pm\overset{1}{\cancel{2}}\sqrt{7}}{\underset{1}{\cancel{2}}}=2\pm\sqrt{7}$$

数と式 方程式 関数 図形 確率・統計

25 因数分解を使った解き方①

中3

問題

レベル ★★☆

方程式を解きなさい。

(1) $x^2-8x=0$

(2) $x^2-4x-12=0$

解くためのヒント

$AB=0$ ならば $A=0$ または $B=0$ を利用する。

解き方

(1) 左辺を因数分解して，$x(x+■)=0$ の形にします。

$x^2-8x=0$

$x(x-8)=0$ ← 共通因数xをくくり出す

$x=0$ または $x-8=0$ ← $AB=0$ならば$A=0$または$B=0$

$x=0$，$x=8$

両辺をxでわって，$x-8=0$，$x=8$としてはダメ！

(2) 左辺を因数分解して，$(x+■)(x+●)=0$ の形にします。

$x^2-4x-12=0$

$(x+2)(x-6)=0$ ← $x^2+(■+●)x+■×●=(x+■)(x+●)$

$x+2=0$ または $x-6=0$ ← $AB=0$ならば$A=0$または$B=0$

$x=-2$，$x=6$

因数分解のしかたは P71

26 因数分解を使った解き方②

中3

問題

レベル ★★☆

$x^2+14x+49=0$ を解きなさい。

解くためのヒント

$(x+■)^2=0$ の解は，$x=-■$ の1つだけである。

解き方

方程式 $(x+■)^2=0$ を成り立たせる x の値は $x=-■$ です。

このように，2次方程式では**解が1つだけの場合があります。**

$$x^2+14x+49=0$$

$$(x+7)^2=0$$

$x^2+2\times■\times x+■^2=(x+■)^2$

$$x+7=0$$

$$\boldsymbol{x=-7}$$

因数分解のしかたは P72

こんなときは $x^2-■^2=0$ の形の方程式

問題 $x^2-16=0$ を解きなさい。

解き方

$$x^2-16=0$$

$$(x+4)(x-4)=0$$

$x^2-■^2=(x+■)(x-■)$

$x+4=0$ または $x-4=0$

$$\boldsymbol{x=\pm4}$$

因数分解のしかたは P74

▼平方根の考え方を使った解き方

$x^2-16=0$，$x^2=16$，$x=\pm\sqrt{16}$，$\boldsymbol{x=\pm4}$ ← 16の平方根を求める

27 かっこのある2次方程式

中3

問題

レベル ★★★

方程式を解きなさい。

(1) $(x+2)(x-7)=10$

(2) $(x+3)^2=5(x+2)$

解くためのヒント

かっこをはずして，$ax^2+bx+c=0$ の形に整理する。

解き方

(1) $(x+2)(x-7)=10$

乗法公式を使って，かっこをはずす

$x^2-5x-14=10$

$ax^2+bx+c=0$の形に整理

$x^2-5x-24=0$

左辺を因数分解

$(x+3)(x-8)=0$

$x+3=0$または$x-8=0$

$\boldsymbol{x=-3,\ x=8}$

(2) $(x+3)^2=5(x+2)$

乗法公式，分配法則を使って，かっこをはずす

$x^2+6x+9=5x+10$

$ax^2+bx+c=0$の形に整理

$x^2+x-1=0$

解の公式を利用

$$x=\frac{-1\pm\sqrt{1^2-4\times1\times(-1)}}{2\times1}$$

$$=\frac{-1\pm\sqrt{1+4}}{2}$$

$$=\boldsymbol{\frac{-1\pm\sqrt{5}}{2}}$$

かっこのある方程式は P106

28 分数をふくむ2次方程式

中3

問題

レベル ★★★

$\dfrac{1}{8}x^2+\dfrac{3}{4}x-2=0$ を解きなさい。

解くためのヒント

両辺に**分母の最小公倍数をかけて，**係数を整数に直す。

解き方

$$\frac{1}{8}x^2+\frac{3}{4}x-2=0$$

両辺に8と4の最小公倍数8をかける

$$\left(\frac{1}{8}x^2+\frac{3}{4}x-2\right)\times 8=0\times 8$$

分母をはらう

$$x^2+6x-16=0$$

左辺を因数分解

$$(x+8)(x-2)=0$$

$x+8=0$ または $x-2=0$

$$\boldsymbol{x=-8,\ x=2}$$

分数をふくむ方程式は  P108

こんなときは 小数をふくむ2次方程式

問題 $0.4x^2-1.6x=2$ を解きなさい。

解き方

両辺に10をかけて，係数を整数に直します。

$$0.4x^2-1.6x=2$$

$$(0.4x^2-1.6x)\times 10=2\times 10$$

$$4x^2-16x=20$$

$$4x^2-16x-20=0$$

両辺を4でわる

$$x^2-4x-5=0$$

$$(x+1)(x-5)=0$$

$$\boldsymbol{x=-1,\ x=5}$$

29 2次方程式の解と係数

中3

問題

レベル ★★★

2次方程式 $x^2+ax+20=0$ の解の1つが-4であるとき，aの値と他の解を求めなさい。

解くためのヒント

方程式に解を代入して，aについての方程式をつくる。

解き方

手順1 方程式に解を代入する

$x^2+ax+20=0$ に $x=-4$ を代入します。

$(-4)^2+a\times(-4)+20=0$ ← 負の数はかっこをつけて代入

手順2 aについての方程式を解く

$$16-4a+20=0$$
$$-4a=-36$$
$$a=9$$

手順3 方程式を完成させる

a の値は 9 だから，もとの方程式は，

$x^2+9x+20=0$

手順4 もとの方程式を解く

$(x+4)(x+5)=0$

$x=-4,\ x=-5$

他の解は-4以外の解だから，$x=-5$

答 $\boldsymbol{a=9}$，他の解 $\boldsymbol{x=-5}$

方程式の解と係数は P110

30 連続する自然数の問題

中3

問題

レベル ★★★

連続する3つの自然数があります。大きいほうの2つの数の積は，3つの数の和の2倍に等しくなります。この3つの自然数を求めなさい。

解くためのヒント

連続する3つの自然数を x，$x+1$，$x+2$ として，方程式をつくる。

解き方

手順1 連続する3つの自然数を x，$x+1$，$x+2$ とします。

手順2 方程式をつくる

大きいほうの2つの数の積＝3つの数の和の2倍

$$(x+1)(x+2)=2\{x+(x+1)+(x+2)\}$$

手順3 方程式を解く

$$x^2+3x+2=6x+6$$

$$x^2-3x-4=0$$

$$(x+1)(x-4)=0$$

$$x=-1,\ x=4$$

手順4 解の検討をする

x は自然数だから，$x=-1$ は問題にあいません。

$x=4$ のとき，連続する3つの自然数は，4，5，6となり，これらは問題にあっています。

答 4，5，6

2次方程式は，一般（いっぱん）に解が2つ。2つの解のうち，一方は問題にあっているが，もう一方は問題にあっていないこともあるよ。必ず解の検討をして答えを決めるようにしよう。

連続する3つの整数は P59

31 動く点の問題

中3

問題

レベル ★★★

右の図の正方形ABCDで，
点Pは辺AB上をAからBまで，
点Qは辺BC上をBからCまで
同じ速さで動きます。
△PBQの面積が16cm²になる
のは，点PがAから何cm動いたときですか。

解くためのヒント

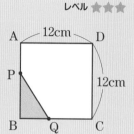

AP=$x$cmとして，△PBQの面積をxを使った式で表す。

解き方

手順1 △PBQの面積をxで表す

AP=$x$cm とします。

PB=AB−AP だから，

PB=$12-x$(cm)

BQ=AP だから，

BQ=$x$cm

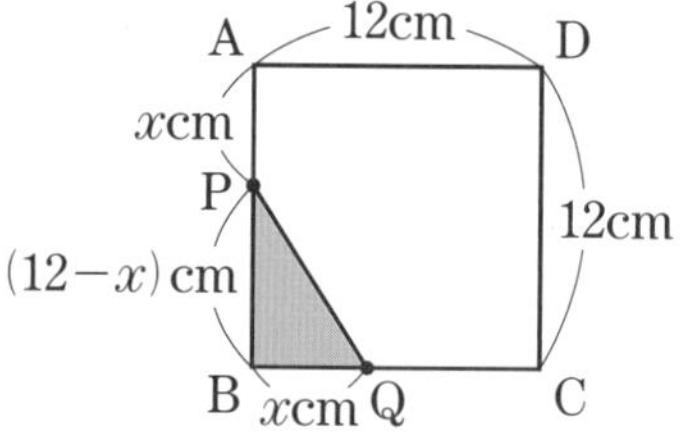

これより，$\triangle PBQ=\frac{1}{2}x(12-x)$

手順2 方程式をつくり，解く

△PBQ=16cm² だから，

$$\frac{1}{2}x(12-x)=16$$

これを解くと，$x=4$，$x=8$

両辺に2をかけて，
$x(12-x)=32$
$12x-x^2=32$
$x^2-12x+32=0$
$(x-4)(x-8)=0$

手順3 解の検討をする

$0<x<12$ だから，どちらも問題にあっています。

答 **4 cm，8 cm**

1 関数の意味

中1

問題

レベル ★★☆

ある数xの絶対値をyとするとき，yはxの関数(かんすう)ですか。また，xはyの関数ですか。

解くためのヒント

xの値を決めると，yの値が1つに決まる → 関数である。

解き方

ともなって変わる2つの数量x，yがあって，**xの値を決めると，それにともなって，yの値がただ1つに決まるとき，yはxの関数である**といいます。

手順1 具体的な例で考える

xを2とする →絶対値yは2

xを-3とする→絶対値yは3

↓

手順2 関数になるかを判断

xの値を決めると，yの値がただ1つに決まる。

↓

yはxの関数である。

手順3 具体的な例で考える

絶対値yを4とする→xは4と-4　　xの値は2つある

↓

yの値を決めても，xの値がただ1つに決まらない。

↓

手順4 関数になるかを判断

xはyの関数ではない。

▼変数(へんすう)とは？　定数(ていすう)とは？

上のx，yのように，いろいろな値をとる文字を変数といいます。
また，決まった数や，決まった数を表す文字を定数といいます。

絶対値は P10

2 対称な点の座標

中1

問題

レベル ★★☆

点A(2, 3)について，次の点の座標（ざひょう）を求めなさい。

(1) x軸（じく）について対称（たいしょう）な点B

(2) y軸について対称な点C

(3) 原点について対称な点D

解くためのヒント

カンタンな図をかいて，符号（ふごう）に注意して座標をよみとる。

解き方

右の図から，点B, C, Dの座標をよみとります。

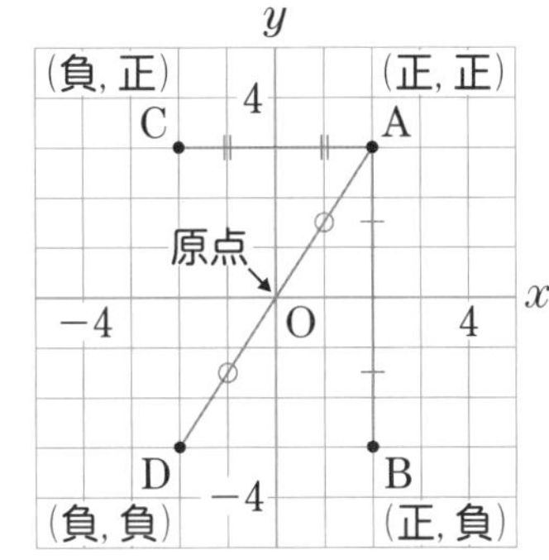

(1) **B(2, −3)**
　y座標の符号が変わる

(2) **C(−2, 3)**
　x座標の符号が変わる

(3) **D(−2, −3)**
　x, y座標の符号が変わる

▼x軸上，y軸上の点の座標

x軸上の点 → y座標は0
右の図で，A(2, 0)，B(−3, 0)
y軸上の点 → x座標は0
右の図で，C(0, 1)，D(0, −4)

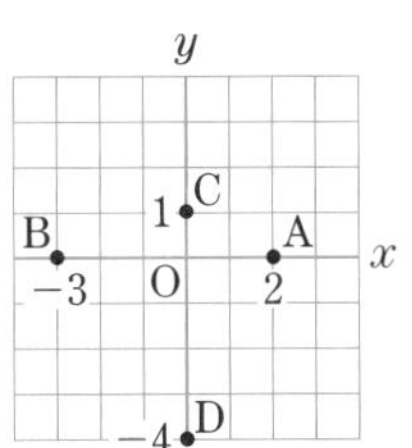

3 比例の式の求め方

中1

問題

レベル ★★☆

yはxに比例し，$x=3$のとき$y=12$です。$x=-2$のときのyの値を求めなさい。

解くための ヒント

yがxに比例 → $y=ax$とおいて，x，yの値を代入する。（a：比例定数（ひれいていすう））

解き方

手順1 比例の式を求める

yはxに比例するから，比例定数をaとすると，

$y=ax$ ← 比例の式

とおけます。

$x=3$のとき$y=12$だから，（x，yの値を代入）

$12=a\times3$

$a=4$

これより，式は，$y=4x$

手順2 yの値を求める

この式に$x=-2$を代入すると，

$y=4\times(-2)=\mathbf{-8}$

（負の数はかっこをつけて代入）

▼比例の式とグラフの関係

$y=4x$のグラフは，右の図のようになります。

$x=3$のとき$y=12$ということは？

→ グラフは点(3，12)を通ります。

$x=-2$のときのyの値は？

→ グラフ上で，x座標-2に対応するy座標で-8になります。

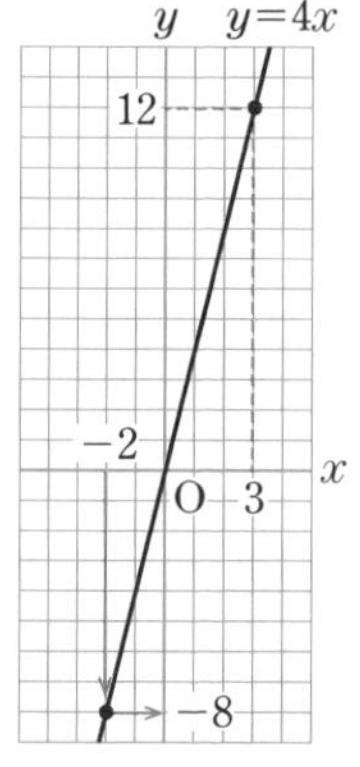

4 比例のグラフのかき方

中1

問題

レベル ★☆☆

$y=\frac{1}{2}x$ のグラフをかきなさい。

解くためのヒント

$y=ax$ のグラフ → 原点を通る直線である。

解き方

$y=ax$ のグラフは，原点以外にグラフが通る点を1つ見つけ，その点と原点を通る直線をひきます。

$x=$ 2 のとき，$y=\frac{1}{2}\times 2=$ 1

x座標，y座標がともに整数であるような点を見つける

グラフは点(2，1)を通ります。

これより，

原点(0，0)と点(2，1)を通る直線をひきます。

点(4，2)，(−2，−1)，(−4，−2)などをとってもよい

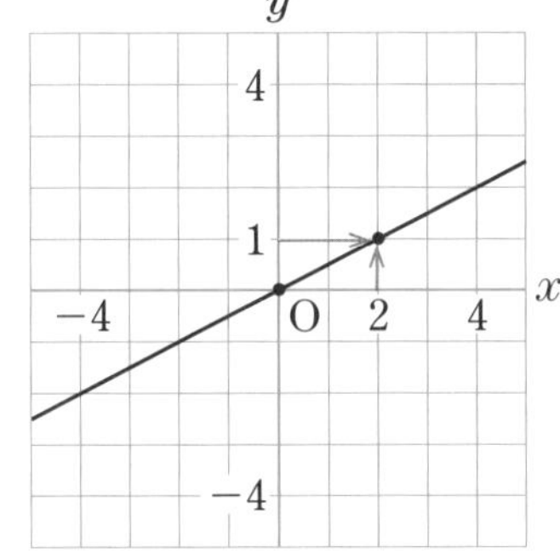

▼比例定数が負のとき

$y=-\frac{1}{2}x$ のグラフは，右の図のようになります。

このように，$y=ax$ のグラフは，

$a>0$ のとき，右上がり
$a<0$ のとき，右下がり

の直線になります。

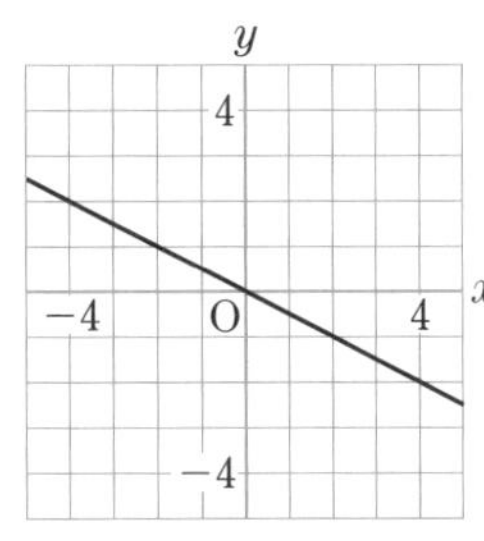

数と式 方程式 関数 図形 確率・統計

5 比例のグラフをよみとる

中1

問題

レベル ★★☆

右の比例のグラフについて，yをxの式で表しなさい。

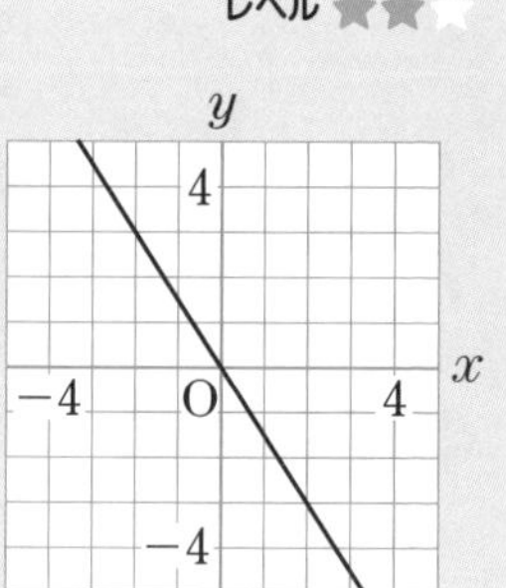

解くためのヒント

$y=ax$ にグラフが通る点の座標を代入する。

解き方

手順1 グラフが通る点のうち，x 座標，y 座標がはっきりよみとれる点を見つけます。

グラフは，点(2, −3)を通ります。 ← 点(−2, 3)も通るので，この値を代入してもよい

手順2 $y=ax$ に $x=2$，$y=-3$ を代入すると，

$$-3=a\times 2$$

$$a=-\frac{3}{2}$$

これより，グラフの式は，

$$y=-\frac{3}{2}x$$

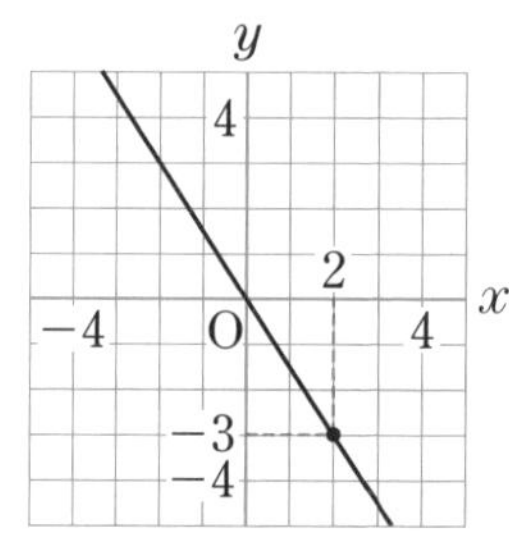

▼原点の座標を代入してはダメ！

$y=ax$ に $x=0$，$y=0$ を代入しても，a の値を求めることはできません。
a の値を求めるには，グラフが通る点のうち原点以外の点の座標を代入します。

6 比例の変域

中1

問題

レベル ★★☆

$y=-2x$ で，xの変域（へんいき）が $2 \leqq x \leqq 4$ のときのyの変域を求めなさい。

解くためのヒント

$y=ax$ で，$a<0$ のとき，xの値が増加するとyの値は減少する。

解き方

$y=-2x$ のグラフは，右の図のようになります。

$2 \leqq x \leqq 4$ に対応する y の値を調べると，

$x=2$ のとき，y は最大値-4

$x=4$ のとき，y は最小値-8

をとります。

これより，y の変域は，

$-8 \leqq y \leqq -4$

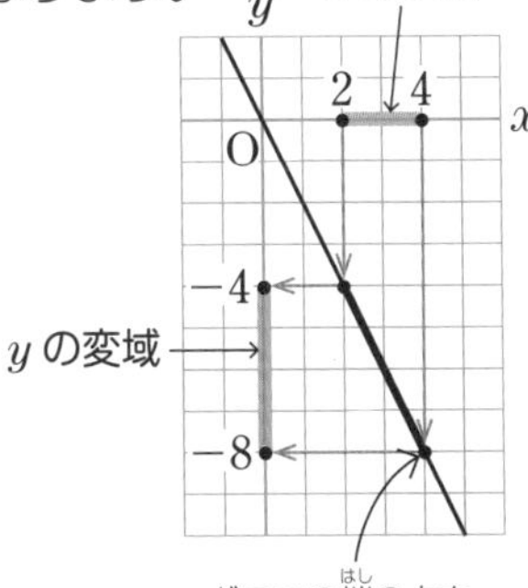

▼$y=ax$ で，$a>0$ のときのyの変域

$y=2x$ で，x の変域が $2<x<4$ のときの y の変域は？

右のグラフから，

$x=2$ のとき，y は4

$x=4$ のとき，y は8

← xの値が増加するとyの値も増加する

をとります。

これより，y の変域は，$4<y<8$

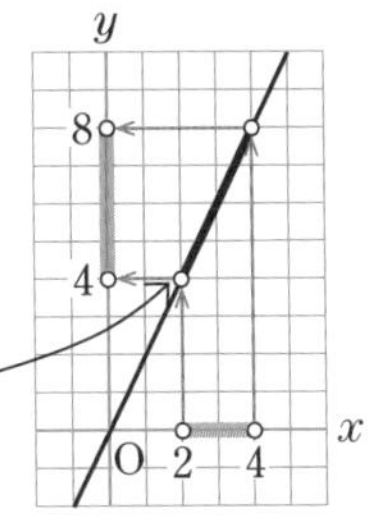

y
8
4
x
O
2
4
グラフの端の点をふくまないときは○で表す

数と式 / 方程式 / 関数 / 図形 / 確率・統計

7 反比例の式の求め方

中1

問題

レベル ★★☆

y は x に反比例し，$x=2$ のとき $y=9$ です。$x=-3$ のときの y の値を求めなさい。

解くためのヒント

y が x に反比例 → $y=\frac{a}{x}$（a：比例定数）とおいて，x，y の値を代入する。

解き方

手順1 反比例の式を求める

y は x に反比例するから，$\boldsymbol{y=\frac{a}{x}}$ とおけます。← 比例定数を a とする

$x=2$ のとき $y=9$ だから，$9=\frac{a}{2}$，$a=18$

これより，式は，$y=\frac{18}{x}$

手順2 y の値を求める

この式に $x=-3$ を代入すると，$y=\frac{18}{-3}=\boldsymbol{-6}$

こんなときは x や y の値が分数

問題 y は x に反比例し，$x=-6$ のとき $y=\frac{2}{3}$ です。y を x の式で表しなさい。

解き方

比例定数を a とすると，$\boldsymbol{xy=a}$ とおけます。← 反比例の関係を表すもう1つの式

$x=-6$ のとき $y=\frac{2}{3}$ だから，$a=-6\times\frac{2}{3}=-4$

これより，式は，$\boldsymbol{y=-\frac{4}{x}}$

8 反比例のグラフのかき方

中1

問題

レベル ★★

$y=\dfrac{6}{x}$ のグラフをかきなさい。

解くためのヒント

$y=\dfrac{a}{x}$ のグラフ → 原点について対称(たいしょう)な2つのなめらかな曲線。この曲線を**双曲線**(そうきょくせん)という。

解き方

手順1 対応表をつくる

x の値に対応する y の値を求めます。

x	…	-6	-3	-2	-1	0	1	2	3	6	…
y	…	-1	-2	-3	-6	×	6	3	2	1	…

手順2 点をとる

表の x，y の値の組を座標とする点をとります。

手順3 グラフをかく

とった点を通るなめらかな2つの曲線をかきます。

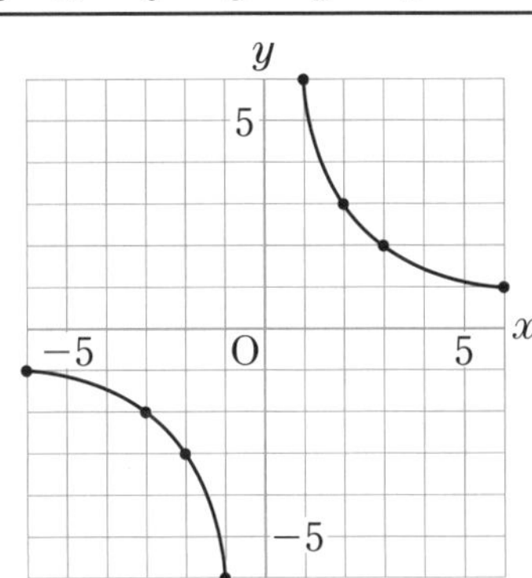

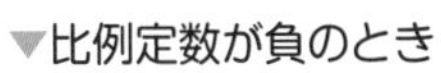

$y=-\dfrac{6}{x}$ のグラフは，右の図のようになります。

このように，$y=\dfrac{a}{x}$ のグラフは，

$a>0$ のとき，ⅠとⅢ，$a<0$ のとき，ⅡとⅣの部分にあります。

Ⅰの部分を第1象限(しょうげん)といい，以下順に第2象限，第3象限，第4象限といいます。

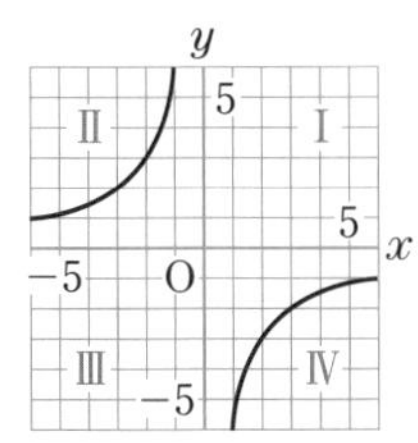

9 反比例のグラフをよみとる

中1

問題

レベル ★★☆

右の反比例のグラフについて，yをxの式で表しなさい。

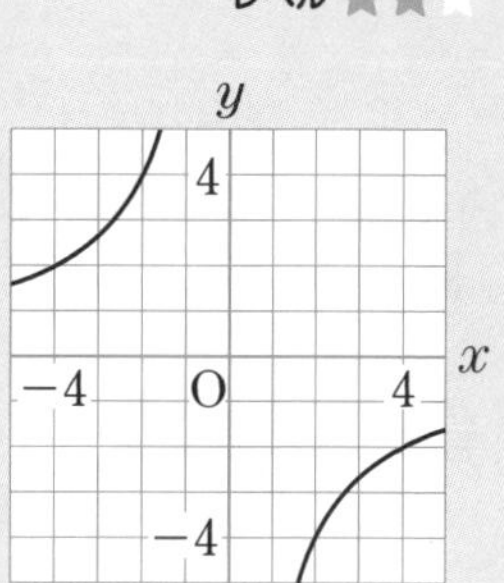

解くためのヒント

$y=\frac{a}{x}$ にグラフが通る点の座標を代入する。

解き方

手順1 グラフが通る点のうち，**x 座標，y 座標がはっきりよみとれる点**を見つけます。

グラフは点$(2,\ -4)$を通ります。 ← 点$(4,\ -2)$なども通るので，これらの値を代入してもよい

手順2 $y=\frac{a}{x}$ に $x=2,\ y=-4$ を代入すると，

$$-4=\frac{a}{2}$$

$$a=-8$$

これより，グラフの式は，

$$\boldsymbol{y=-\frac{8}{x}}$$

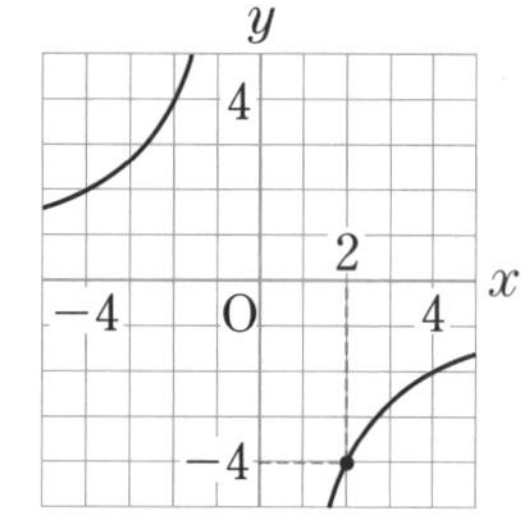

10 反比例の変域

中1

問題

レベル ★★★

$y=\dfrac{12}{x}$ で，xの変域が $3 \leqq x \leqq 6$ のときのyの変域を求めなさい。

解くためのヒント

カンタンなグラフをかいて，xの変域に対応するyの変域をよみとる。

解き方

x の変域は $x>0$ なので，この範囲(はんい)で $y=\dfrac{12}{x}$ のグラフをかくと，下の図のようになります。

$3 \leqq x \leqq 6$ に対応する y の値を調べると，

$x=3$ のとき，y は最大値 4

$x=6$ のとき，y は最小値 2

をとります。

これより，y の変域は，

$\boldsymbol{2 \leqq y \leqq 4}$

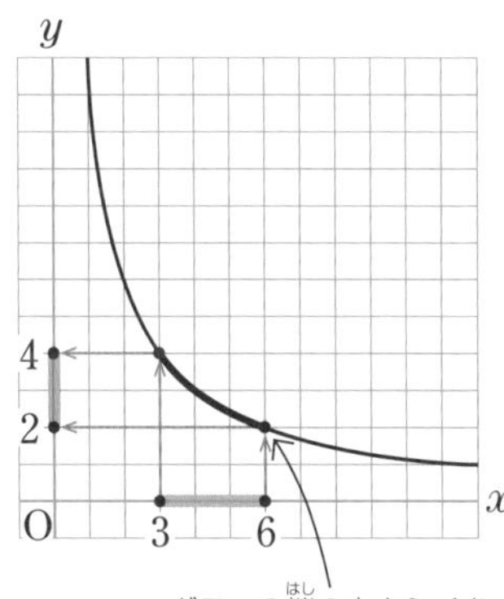

グラフの端(はし)の点をふくむときは●で表す

グラフから，xの値が増加すると，yの値は減少することがわかるね。だから，xの値が小さいほどyの値は大きくなり，xの値が大きいほどyの値は小さくなるんだよ。

11 反比例のグラフ上の点

中1

問題

レベル ★★★

反比例 $y=\dfrac{6}{x}$ のグラフ上の点のうち，x 座標，y 座標がともに整数である点は全部で何個あるか求めなさい。

解くためのヒント

x 座標が6の約数であれば，y 座標は整数になる。

解き方

$y=\dfrac{6}{x}$ で，**x の値が 6 の約数になるとき y の値は整数になります。**

このような x の値は，1，2，3，6 です。

x の値に対応する y の値を求めると，

$x=1$ のとき $y=6$，$x=2$ のとき $y=3$，

$x=3$ のとき $y=2$，$x=6$ のとき $y=1$

つまり，x 座標，y 座標がともに正の整数であるような点の座標は，

(1，6)，(2，3)，(3，2)，(6，1) →

の 4 個です。

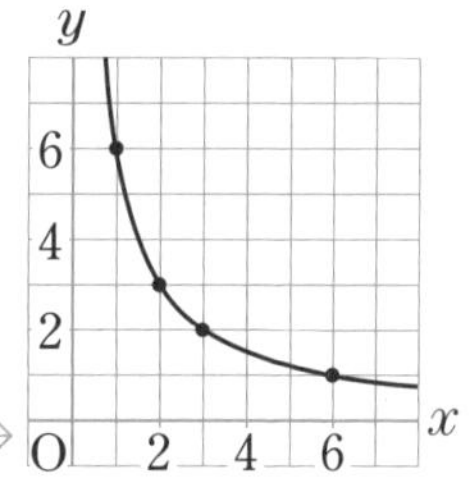

同じように，x 座標，y 座標がともに負の整数であるような点も 4 個あります。

→ (−1，−6)，(−2，−3)，(−3，−2)，(−6，−1) →

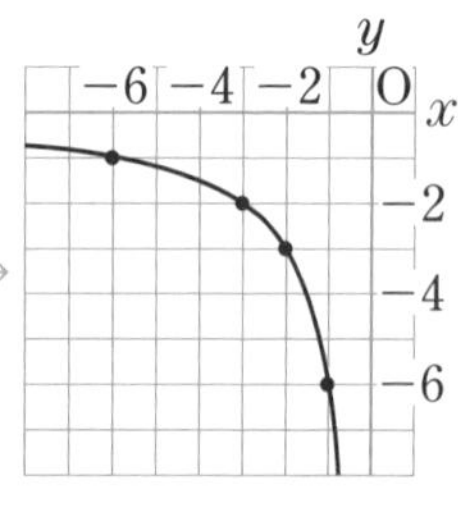

これより，求める点は全部で **8 個**。

12 比例と反比例のグラフ

中1

問題

レベル ★★★

右の図のように，比例 $y=\frac{2}{3}x$ のグラフと反比例 $y=\frac{a}{x}$ のグラフが点Aで交わっています。点Aの x 座標が6のとき，a の値を求めなさい。

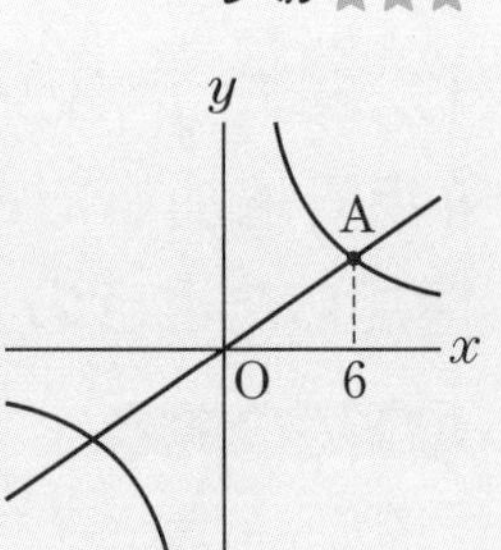

解くためのヒント

点Aの x 座標，y 座標の値の組は，$y=\frac{2}{3}x$，$y=\frac{a}{x}$ のどちらの式に代入しても成り立つ。

解き方

手順1 点Aの座標を求める

点Aは $y=\frac{2}{3}x$ のグラフ上の点だから，その y 座標は，

$$y=\frac{2}{3}\times6=4$$

これより，A(6, 4)

手順2 a の値を求める

また，点Aは $y=\frac{a}{x}$ のグラフ上の点でもあります。

だから，この式に $x=6$，$y=4$ を代入して，

$$4=\frac{a}{6}$$

$$a=24$$

13 変化の割合

中2

問題

レベル ★☆☆

1次関数(じかんすう) $y=3x-2$ について，x の値が-1から4まで増加したときの変化の割合と，x の値が8増加したときの y の増加量を求めなさい。

解くためのヒント

変化(へんか)の割合(わりあい)$=\dfrac{y\text{の増加量}}{x\text{の増加量}}$（一定）

解き方

x の増加量は，$4-(-1)=5$

y の増加量は，$\underline{3\times4-2}-\underline{\{3\times(-1)-2\}}=10-(-5)=15$

（$x=4$ のときの y の値）（$x=-1$ のときの y の値）

これより，変化の割合は，$\dfrac{15}{5}=3$ ← $\dfrac{y\text{の増加量}}{x\text{の増加量}}$

1次関数 $y=ax+b$ の変化の割合は一定で，x の係数 a に等しくなります。

y の増加量を求めるときは，

y の増加量＝変化の割合×x の増加量 ← 変化の割合$=\dfrac{y\text{の増加量}}{x\text{の増加量}}$

を利用します。

x の値が8増加したときの y の増加量は，

$3\times8=\mathbf{24}$ ← 変化の割合×x の増加量

14 傾きと切片から式を求める

中2

問題

レベル ★★☆

直線 $y=2x$ に平行で，点(0, 4)を通る直線の式を求めなさい。

解くためのヒント

傾き(かたむ) a，切片(せっぺん) b の直線の式 → $y=ax+b$

解き方

平行な直線の傾きは等しいから，

傾きは 2

点(0, 4)を通るから，

切片は 4

↑ グラフと y 軸(じく)との交点の y 座標

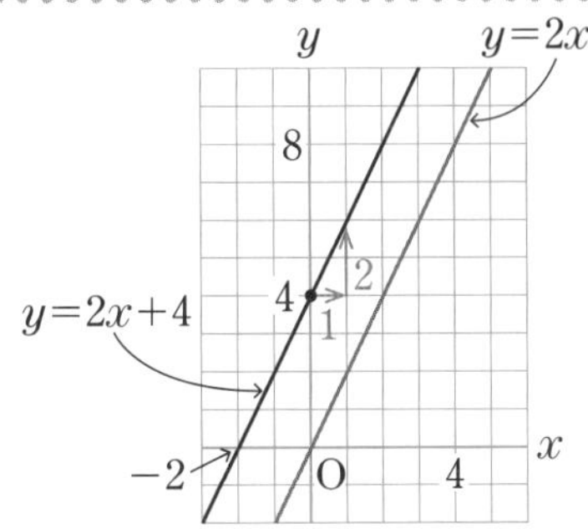

これより，直線の式は，

$y=2x+4$

↑傾き　↑切片

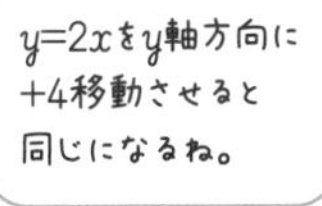

y=2xをy軸方向に
+4移動させると
同じになるね。

こんなときは　1次関数の式を求める

問題 変化の割合が1で，$x=0$ のとき $y=-3$ である1次関数の式を求めなさい。

解き方

変化の割合は 1 だから，グラフの傾きは 1 ← 変化の割合はグラフの傾きと同じ

$x=0$ のとき $y=-3$ だから，グラフの切片は -3

これより，1 次関数の式は，$y=x-3$

15 傾きと1点から式を求める

中2

問題

レベル ★★☆

傾き(かたむ)きが$\frac{1}{2}$で，点(6，−2)を通る直線の式を求めなさい。

解くためのヒント

y=(傾き)×$x+b$ とおいて，直線が通る点の座標を代入する。

解き方

直線の傾きは$\frac{1}{2}$だから，直線の式は $\boldsymbol{y=\frac{1}{2}x+b}$ とおけます。

y=(傾き)×$x+b$

この直線が点(6，−2)を通るから，

直線の式にx=6，y=−2を代入

$$-2=\frac{1}{2}\times 6+b$$

$$b=-5$$

これより，直線の式は，

$$\boldsymbol{y=\frac{1}{2}x-5}$$

$y=\frac{1}{2}x-5$のグラフは，右のようになるよ。たしかに，傾きが$\frac{1}{2}$で，点(6，−2)を通る直線だね。

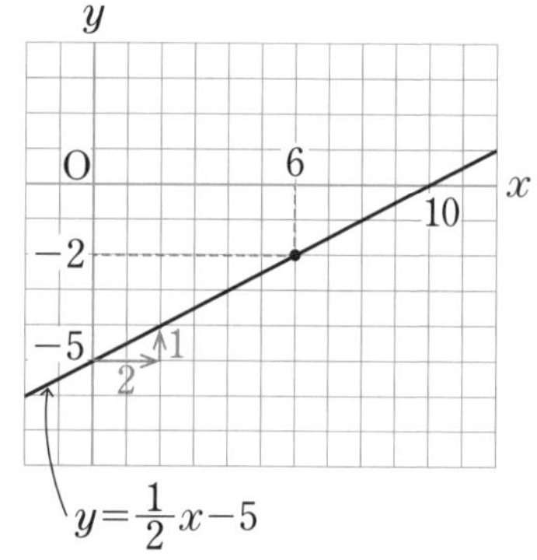

16 2点から式を求める

中2

問題　レベル ★★☆

2点(−1，9)，(3，−3)を通る直線の式を求めなさい。

解くためのヒント

$y=ax+b$ とおいて，2点の x 座標，y 座標を代入

→ a，b についての連立方程式をつくる。

解き方

直線の式は $y=ax+b$ とおけます。

この直線が点(−1，9)を通るから，

$9=-a+b$ ……①

また，この直線は点(3，−3)を通るから，

$-3=3a+b$ ……②

①，②を連立方程式として解くと，

$a=-3$，$b=6$ ←

② $3a+b=-3$

① $-)\ -a+b=9$

$4a\quad=-12$

$a=-3$

これより，直線の式は，

$y=-3x+6$

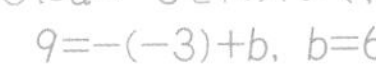

①に $a=-3$ を代入して，

$9=-(-3)+b$，$b=6$

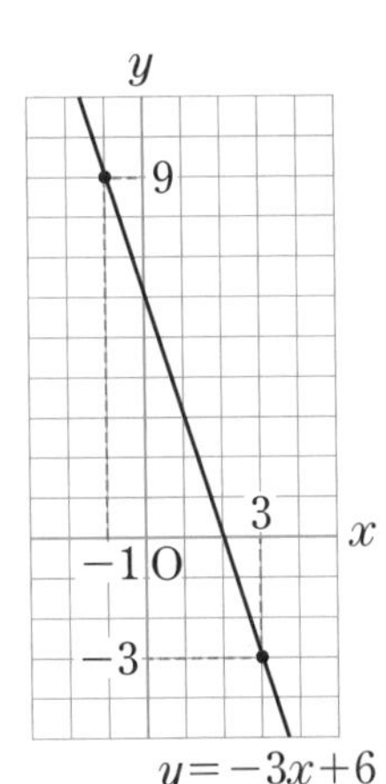

傾きを求める解き方

2点(−1，9)，(3，−3)を通る直線の傾きは，

$$\frac{-3-9}{3-(-1)}=\frac{-12}{4}=-3$$

図に表すと →

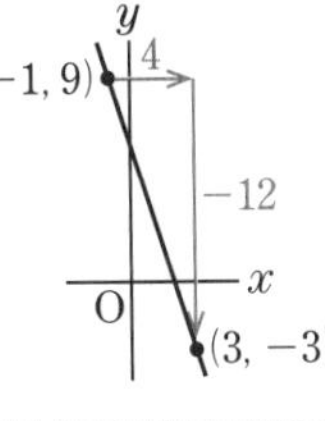

直線の式を $y=-3x+b$ とおいて，点(−1，9)の座標を代入すると，$9=-3\times(-1)+b$，$b=6$

直線の式は，$y=-3x+6$

17 傾きと切片からグラフをかく

中2

問題

レベル ★★☆

1次関数$y=2x+3$のグラフをかきなさい。

解くためのヒント

$y=ax+b$ のグラフ → 切片がb，傾き(かたむ)きがaの直線である。

解き方

手順1　切片が3だから，点(0，3)をとります。

手順2　傾きが2だから，点(0，3)から右へ1，上へ2進んだ点(1，5)をとります。

手順3　この2点を通る直線をひきます。

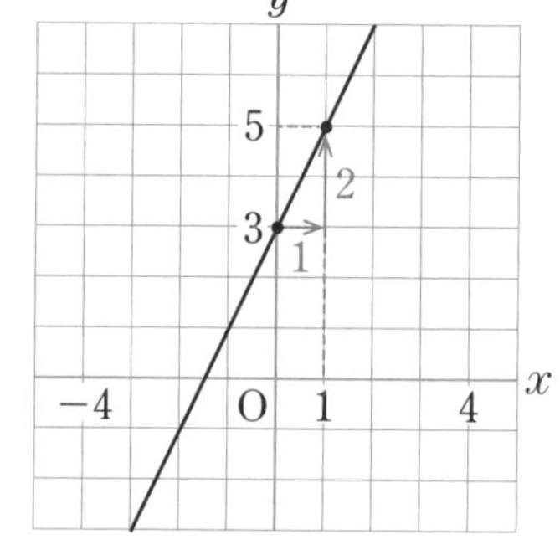

こんなときは 傾きが負のグラフ

問題　1次関数$y=-2x+3$のグラフをかきなさい。

解き方

切片が3だから，点(0，3)をとります。

傾きが−2だから，点(0，3)から右へ1，下へ2進んだ点(1，1)をとります。

2点(0，3)，(1，1)を通る直線をひきます。

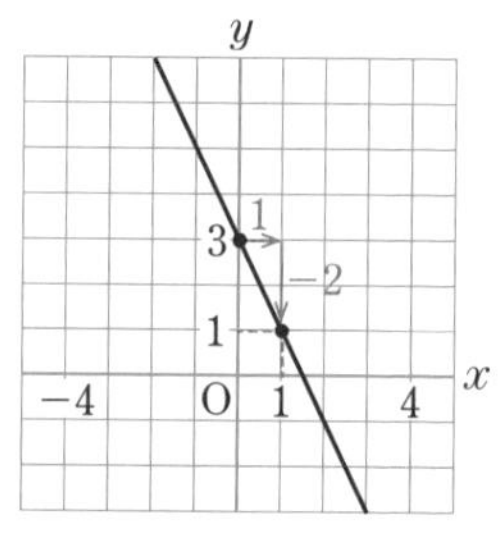

18 2点を見つけてグラフをかく

中2

問題

レベル ★★☆

1次関数$y=\frac{1}{3}x+\frac{7}{3}$のグラフをかきなさい。

解くためのヒント

x座標，y座標がともに整数である点を2つ見つける。

解き方

手順1 1次関数$y=\frac{1}{3}x+\frac{7}{3}$において，

$x=2$のとき$y=3$

$y=\frac{2}{3}+\frac{7}{3}=\frac{9}{3}=3$

だから，グラフは

点(2，3)を通ります。

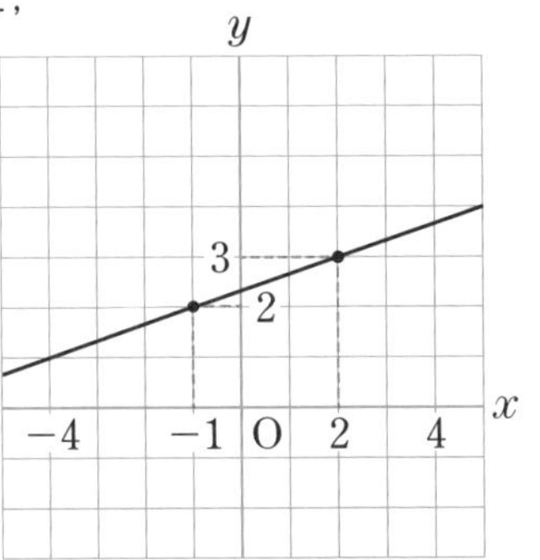

手順2 $x=-1$のとき$y=2$

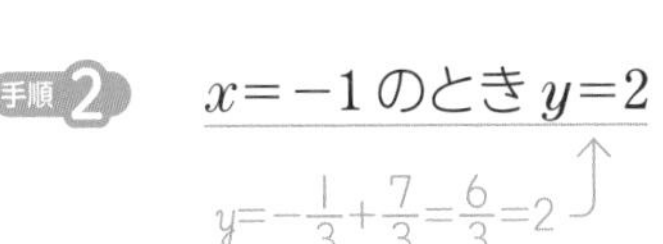

$y=-\frac{1}{3}+\frac{7}{3}=\frac{6}{3}=2$

だから，グラフは

点(−1，2)を通ります。

手順3 この2点を通る直線をひきます。

たとえば，$x=5$のとき$y=4$だから，グラフは点(5，4)も通るよ。また，$x=-4$のとき$y=1$だから，グラフは点(−4，1)も通るね。

▼ともに整数となるx，yの値の見つけ方

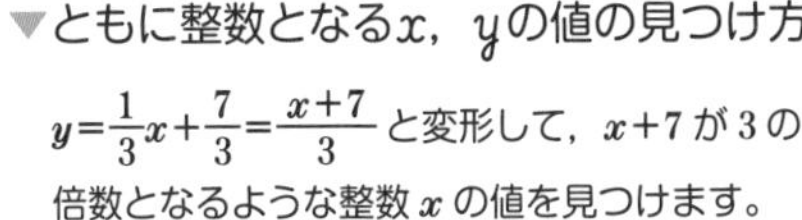

$y=\frac{1}{3}x+\frac{7}{3}=\frac{x+7}{3}$と変形して，$x+7$が3の倍数となるような整数$x$の値を見つけます。

19 1次関数のグラフをよみとる

中2

問題

レベル ★★☆

右の図の直線(1)，(2)の式をそれぞれ求めなさい。

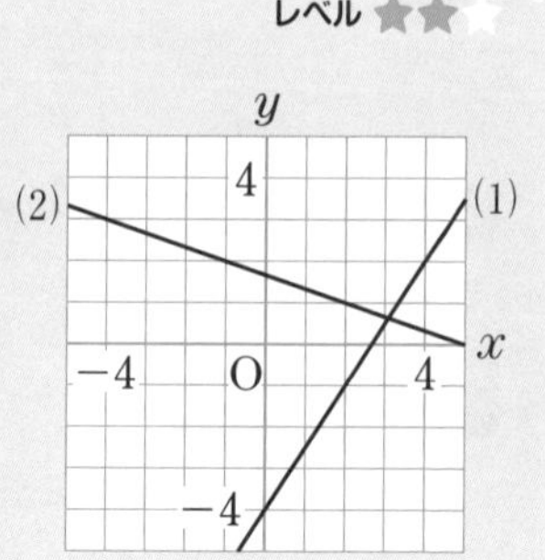

解くためのヒント

グラフが通る2点の座標をよみとり，
- 傾き（かたむ），切片を求める。
- $y=ax+b$ に代入する。

解き方

(1)　グラフは2点$(0,\ -4)$，$(2,\ -1)$を通るから，

切片は -4，傾きは $\dfrac{3}{2}$

直線の式は，$\boldsymbol{y=\dfrac{3}{2}x-4}$

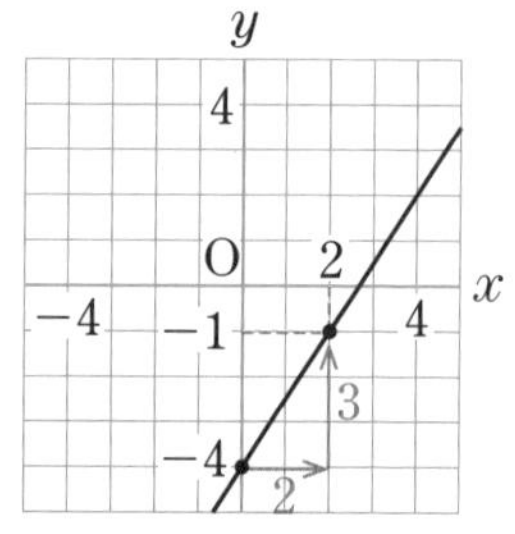

(2)　グラフは2点$(-1,\ 2)$，$(2,\ 1)$を通るから，$\boldsymbol{y=ax+b}$ **にこの点の座標を代入**すると，

$$\begin{cases} 2=-a+b \\ 1=2a+b \end{cases} \xrightarrow{\text{連立方程式として解く}} a=-\frac{1}{3},\quad b=\frac{5}{3}$$

直線の式は，$\boldsymbol{y=-\dfrac{1}{3}x+\dfrac{5}{3}}$

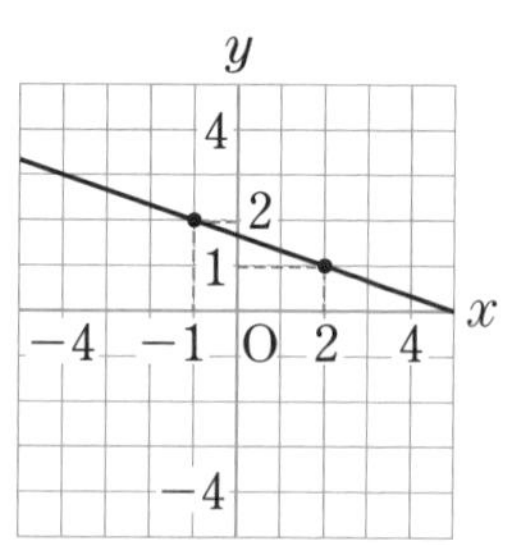

20 1次関数の変域

中2

問題

レベル ★★

1次関数 $y=\frac{1}{2}x+2$ で，x の変域が $2 \leqq x \leqq 6$ のときの y の変域を求めなさい。

解くためのヒント

x の変域 → グラフ上の線分 → y の変域 の順に考える。

解き方

$y=\frac{1}{2}x+2$ のグラフは，右下の図のようになります。

x の変域は x 軸(じく)上の ▬ の部分

↓ x の変域をグラフ上に移す

グラフ上の太線の部分

↓ y 軸上に移す

y の変域は y 軸上の ▬ の部分

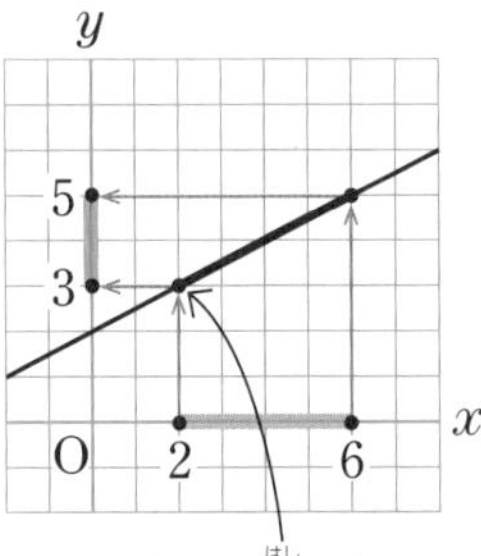

グラフの端(はし)の点をふくむときは●で表す

$x=2$ のとき $y=3$，$x=6$ のとき $y=5$
だから，y の変域は，$3 \leqq y \leqq 5$

▼ $y=ax+b$ で，$a<0$ のときの変域

1次関数 $y=-\frac{1}{2}x+5$ で，x の変域が $2<x<6$ のときの y の変域は，右の図のように，

$2<y<4$

になります。

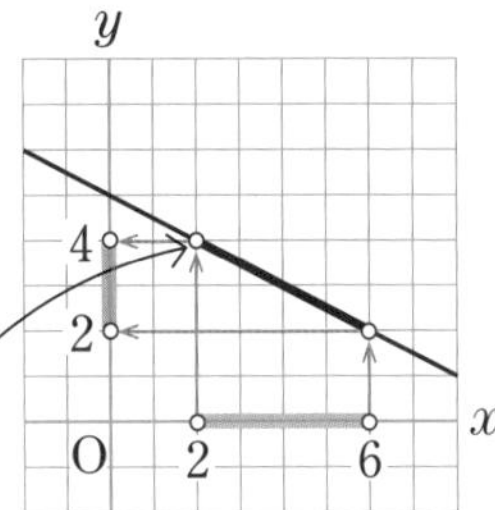

グラフの端の点をふくまないときは○で表す

21 方程式のグラフのかき方

中2

問題

レベル ★★☆

2元1次方程式 $3x+2y=6$ のグラフをかきなさい。

解くためのヒント

$ax+by=c$ を等式の変形を使って，$y=■x+●$ の形に変形する。

解き方

$3x+2y=6$ を y について解くと，

$2y=-3x+6$

$$y=-\frac{3}{2}x+3$$

等式の変形は P61

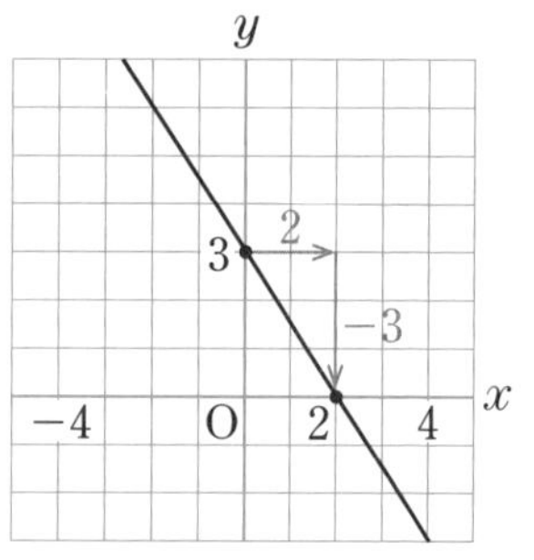

これより，グラフは，

切片が 3，傾(かたむ)きが $-\frac{3}{2}$

の直線になります。

2元1次方程式は P114

▼座標軸(ざひょうじく)との交点を求めてグラフをかく

方程式 $3x+2y=6$ は，
- $x=0$ のとき $y=3$ → $(0,\ 3)$ …y 軸との交点
- $y=0$ のとき $x=2$ → $(2,\ 0)$ …x 軸との交点

これより，2点 $(0,\ 3)$，$(2,\ 0)$ を通る直線をひきます。

！ $y=k$，$x=h$ のグラフ

(1) $y=2$ のグラフは，点 $(0,\ 2)$ を通り，x 軸に平行な直線。

(2) $x=-3$ のグラフは，点 $(-3,\ 0)$ を通り，y 軸に平行な直線。

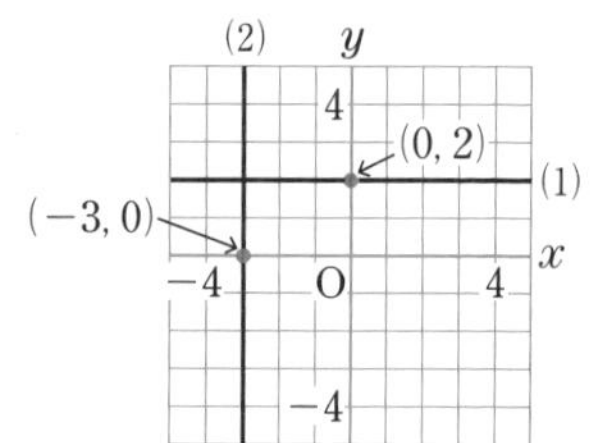

22 2直線の交点の座標

中2

問題

次の2直線の交点の座標を求めなさい。

$y=2x-4$ ……①

$y=-x+1$ ……②

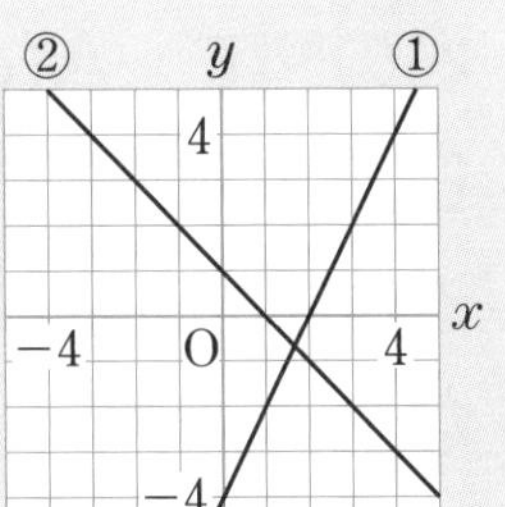

解くためのヒント

2直線の交点の座標 → 連立方程式の解である。

解き方

直線①と直線②の式を連立方程式とみて，これを解きます。

$$\begin{cases} y=2x-4 & \cdots\cdots① \\ y=-x+1 & \cdots\cdots② \end{cases}$$

これを解くと，

$2x-4=-x+1$ ← ①を②に代入

$3x=5$

$x=\frac{5}{3}$ ← xの値がx座標

②に$x=\frac{5}{3}$を代入して，

$y=-\frac{5}{3}+1=-\frac{2}{3}$ ← yの値がy座標

グラフからは，直線①と直線②の交点の座標をよみとることができないから…。

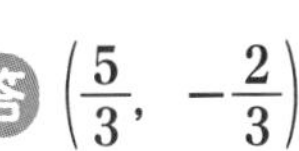

答 $\left(\frac{5}{3},\ -\frac{2}{3}\right)$

連立方程式の代入法は P117

23 直線と三角形の面積

中2

問題

レベル ★★★

右の図で，A(6, 7)，B(−4, 2)です。△OABの面積を求めなさい。

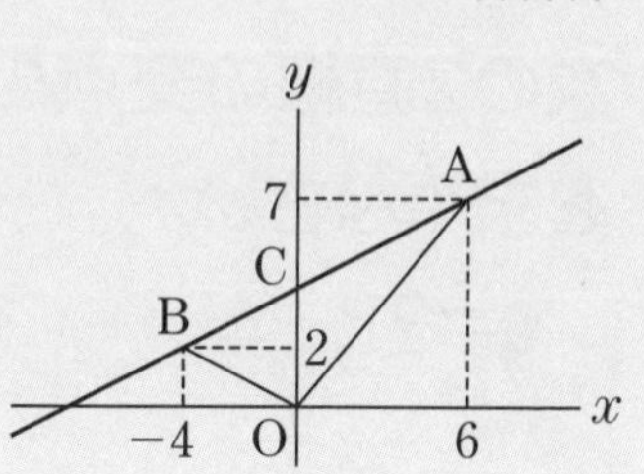

解くためのヒント

△OAC，△OBCの底辺をOCとみると，高さはそれぞれ点Aのx座標，点Bのx座標の絶対値である。

解き方

手順1 直線ABの式を求める

直線ABの式を$y=ax+b$とおくと，この直線は2点A(6, 7)，B(−4, 2)を通るから，

$$\begin{cases} 7=6a+b & \cdots\cdots ① \\ 2=-4a+b & \cdots\cdots ② \end{cases}$$

← x=6，y=7を代入
← x=−4，y=2を代入

①，②を連立方程式として解くと，$a=\frac{1}{2}$，$b=4$

これより，直線ABの式は，$y=\frac{1}{2}x+4$

手順2 線分OCの長さを求める

直線ABの切片は4だから，点Cの座標は(0, 4)

これより，OC=4

手順3 △OABの面積を求める

△OAB

$=$△OAC$+$△OBC

$=\frac{1}{2}\times4\times6+\frac{1}{2}\times4\times4$

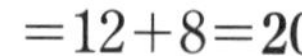
△OACの面積　△OBCの面積

$=12+8=20$

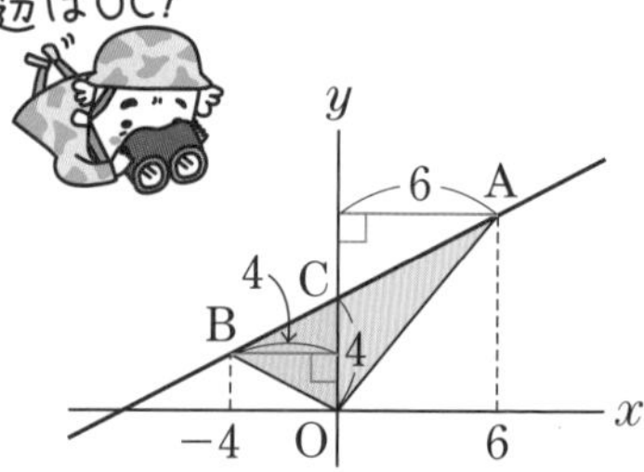

24 面積を2等分する直線の式

中2

問題

レベル ★★★

右の図のように，3点A(7，9)，B(0，6)，C(8，0)があります。点Aを通り△ABCの面積を2等分する直線の式を求めなさい。

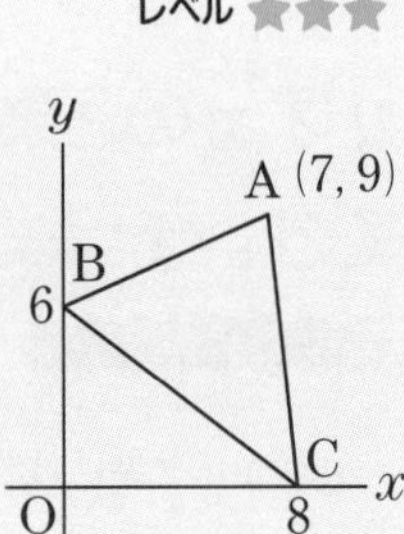

解くためのヒント

BM＝CM ならば △ABM＝△ACM

△ABMと△ACMの面積は等しい

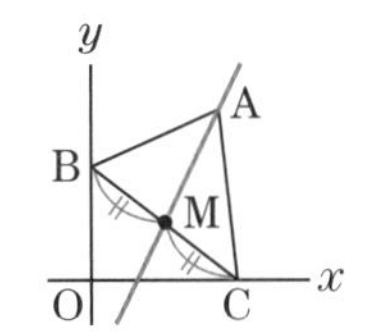

解き方

手順1 線分BCの中点の座標を求める

線分 BC の中点（ちゅうてん）を M とすると，その座標は，

$\left(\frac{8}{2},\ \frac{6}{2}\right)=(4,\ 3)$

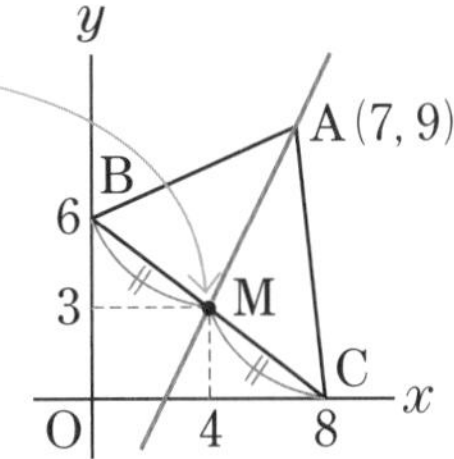

手順2 直線AMの式を求める

直線 AM の式を $y=ax+b$ とおくと，求める直線は 2 点 A(7，9)，M(4，3)を通るから，

$$\begin{cases} 9=7a+b & \cdots\cdots① \\ 3=4a+b & \cdots\cdots② \end{cases}$$

①，②を連立方程式として解くと，$a=2$，$b=-5$

これより，求める直線の式は，$\boldsymbol{y=2x-5}$

面積を2等分する直線は P217

25 $y=ax^2$の式の求め方

中3

問題

レベル ★★☆

yはxの2乗に比例し，$x=3$のとき$y=18$です。$x=-2$のときのyの値を求めなさい。

解くためのヒント

yがxの2乗に比例 → $y=ax^2$（a：比例定数）に，x，yの値を代入する。

解き方

手順1 式を求める

yはxの2乗に比例するから，比例定数をaとすると，

$\boldsymbol{y=ax^2}$

とおけます。

$x=3$のとき$y=18$だから，（x，yの値を代入）

$18=a\times3^2$

$a=2$

これより，式は，$y=2x^2$

手順2 yの値を求める

この式に$x=-2$を代入すると，

$y=2\times(-2)^2=\mathbf{8}$

（負の数はかっこをつけて代入）

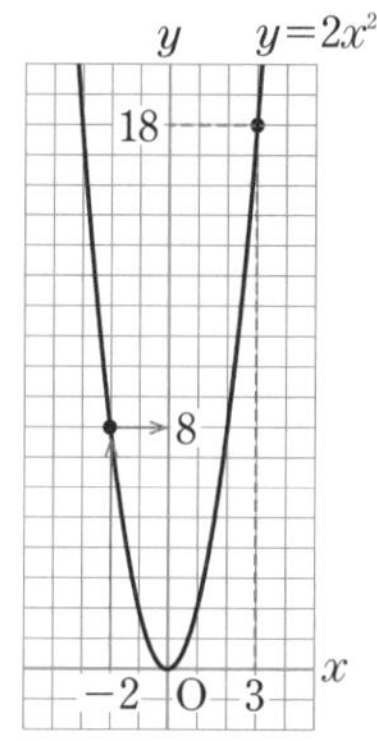

▼関数$y=ax^2$の式とグラフの関係

$y=2x^2$のグラフは，右の図のようになります。
$x=3$のとき$y=18$だから，グラフは点(3，18)を通ります。
$x=-2$のときのyの値は，x座標の-2に対応するy座標で8になります。

26 $y=ax^2$のグラフのかき方

中3

問題

レベル ★☆☆

$y=\frac{1}{2}x^2$ のグラフをかきなさい。

解くためのヒント

x, yの値の対応表をつくる → 点をとる → 点を通る放物線(ほうぶつせん)をかく。

解き方

手順1 対応表をつくる

x の値に対応する y の値を求めます。

x	…	-4	-3	-2	-1	0	1	2	3	4	…
y	…	8	$\frac{9}{2}$	2	$\frac{1}{2}$	0	$\frac{1}{2}$	2	$\frac{9}{2}$	8	…

手順2 点をとる

上の表の x, y の値の組を座標とする点をとります。

手順3 グラフをかく

とった点を通るなめらかな曲線をかきます。

↑ この曲線を放物線という

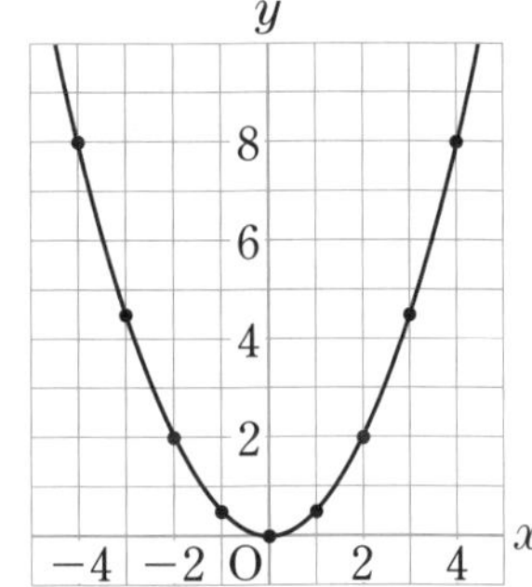

! $y=ax^2$のグラフの特徴

① 原点を通ります。

② y 軸(じく)を対称(たいしょう)の軸として，線対称(せんたいしょう)な形になります。

③ $a>0$ のとき → x 軸の上側にあり，上に開いた形になります。

$a<0$ のとき → x 軸の下側にあり，下に開いた形になります。

27 $y=ax^2$ のグラフの特徴

中3

問題

レベル ★★☆

右の図の㋐～㋓は，

① $y=2x^2$　② $y=-x^2$

③ $y=\frac{1}{2}x^2$　④ $y=-\frac{1}{2}x^2$

のいずれかのグラフです。
それぞれのグラフの式を，
①～④で答えなさい。

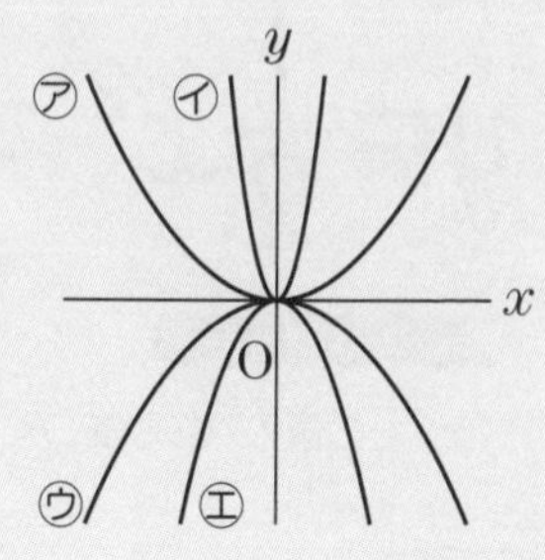

解くためのヒント

$y=ax^2$ のグラフでは，a の絶対値が大きくなるほど，グラフの開き方は小さくなる。

解き方

手順1 上に開いたグラフを判別

㋐と㋑の**グラフは上に開いているから，比例定数は正。**
これより，㋐と㋑の式は①か③
次に，グラフの開き方を比べると，㋑のほうが小さいから，比例定数の絶対値は㋑のほうが大きくなります。
以上より，㋐の式は③，㋑の式は①

手順2 下に開いたグラフを判別

㋒と㋓の**グラフは下に開いているから，比例定数は負。**
これより，㋒と㋓の式は②か④
同様に，グラフの開き方を比べると，㋓のほうが小さいから，比例定数の絶対値は㋓のほうが大きくなります。
以上より，㋒の式は④，㋓の式は②

28 $y=ax^2$のグラフをよみとる

中3

問題

レベル ★★☆

右の放物線について，
yをxの式で表しなさい。

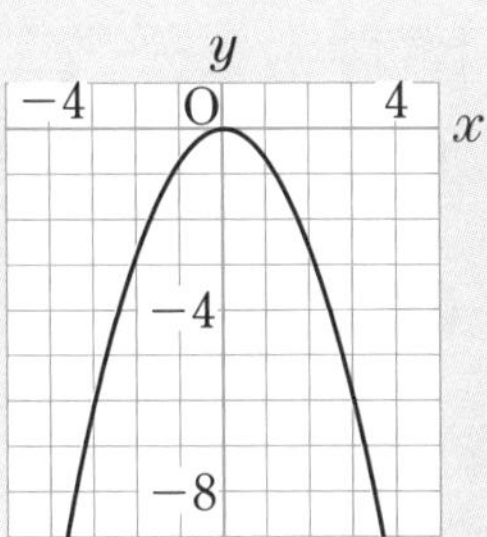

解くためのヒント

$y=ax^2$ にグラフが通る点の座標を代入する。

解き方

手順1　グラフは，

点(3,　−6)

を通ります。

x座標，y座標がはっきりよみとれる点を見つける

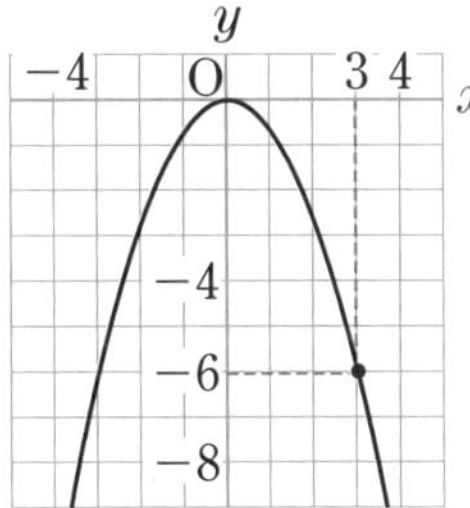

手順2　$y=ax^2$ に $x=3$，$y=-6$ を代入すると，

$$-6=a\times3^2$$

$$a=-\frac{2}{3}$$

これより，グラフの式は，

$$\boldsymbol{y=-\frac{2}{3}x^2}$$

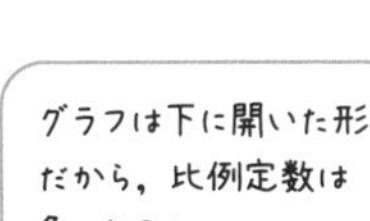

▼代入する点は？

代入する点は，x 座標，y 座標がともに整数である点を選びます。
上の問題では，点(−3，−6)の座標を代入して求めてもよいです。

数と式　方程式　関数　図形　確率・統計

29 $y=ax^2$ の変域

中3

問題

レベル ★★☆

関数 $y=x^2$ で，x の変域が $-3 \leqq x \leqq 2$ のときの y の変域を求めなさい。

解くためのヒント

グラフをかいて，y の最大値と最小値を見つける。

解き方

関数 $y=ax^2$ の変域を求めるときは，まずグラフをかきます。

関数 $y=x^2$ のグラフは，右の図のようになります。

右のグラフで，x の変域 $-3 \leqq x \leqq 2$ に対応するのは ▬ の部分です。

x の変域に対応する y の値を調べると，

$x=0$ のとき y は最小値 0 ← $x=2$ のとき y は最小値4 としないように

$x=-3$ のとき y は最大値 9

をとります。

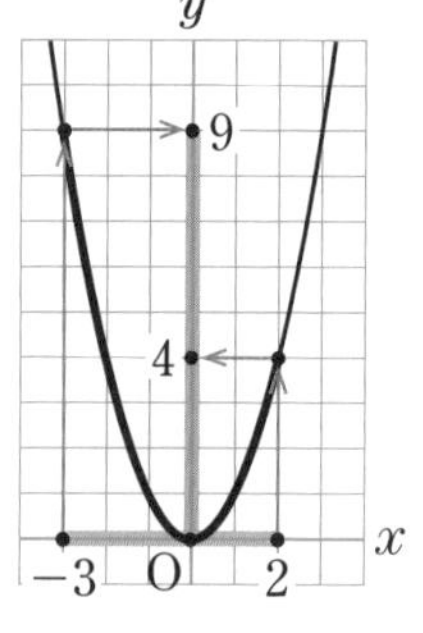

これより，y の変域は，$\underline{0 \leqq y \leqq 9}$

↑ y の最小値 $\leqq y \leqq$ y の最大値

1次関数の変域は

▼関数 $y=ax^2$ で，x の変域に0をふくむときの y の変域

● $a>0$ のとき，y の最小値は 0 になります。

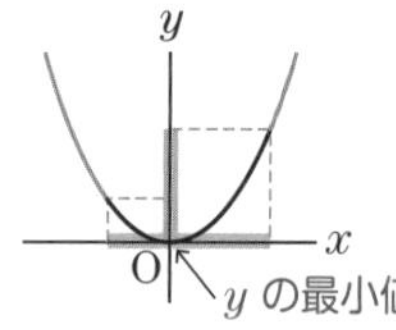

● $a<0$ のとき，y の最大値は 0 になります。

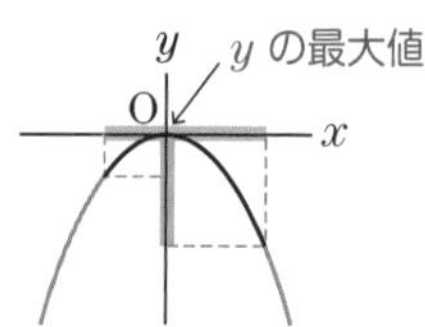

30 $y=ax^2$ の変化の割合

中3

問題

レベル ★★

関数 $y=\frac{1}{2}x^2$ で，x の値が2から4まで増加するときの変化の割合を求めなさい。

解くためのヒント

$$変化の割合=\frac{y の増加量}{x の増加量}$$ （一定ではない）

解き方

x の増加量は，$4-2=2$

$x=2$ のとき，$y=\frac{1}{2}\times2^2=2$

$x=4$ のとき，$y=\frac{1}{2}\times4^2=8$

だから，y の増加量は，$8-2=6$

これより，変化の割合は，

$\frac{6}{2}=3$ ← この変化の割合は，2点A(2，2)，B(4，8)を通る直線の傾きに等しい

直線ABの傾きは $\frac{8-2}{4-2}=3$

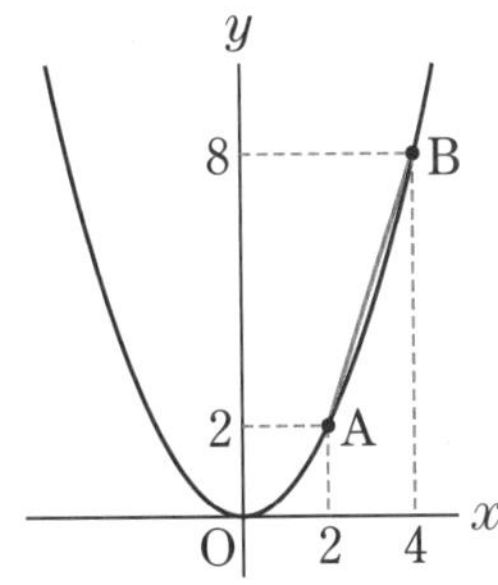

▼関数 $y=ax^2$ の変化の割合は一定ではない

関数 $y=\frac{1}{2}x^2$ で，x の値が4から6まで増加するときの変化の割合を求めて，上の変化の割合と比べてみましょう。

x の増加量は，$6-4=2$

y の増加量は，$\frac{1}{2}\times6^2-\frac{1}{2}\times4^2=18-8=10$

変化の割合は，$\frac{10}{2}=5$

これより，関数 $y=ax^2$ の変化の割合は一定ではないことがわかります。

1次関数の変化の割合は一定だね。だけど，関数 $y=ax^2$ の変化の割合は一定ではないよ。

1次関数の変化の割合は P148

数と式 方程式 関数 図形 確率・統計

31 変化の割合から式を求める

中3

問題

レベル ★★★

関数 $y=ax^2$ で，xの値が1から3まで増加するときの変化の割合が−4になりました。aの値を求めなさい。

解くためのヒント

変化の割合をaを使った式で表し，aについての方程式をつくる。

解き方

手順1 変化の割合をaで表す

x の増加量は，$3-1=2$

y の増加量は，

$$a\times 3^2-a\times 1^2=9a-a=8a$$

（$x=3$のときのyの値）（$x=1$のときのyの値）

これより，変化の割合は，

$$\frac{8a}{2}=4a \leftarrow \frac{y\text{の増加量}}{x\text{の増加量}}$$

▼1つの式に表して計算できる

$$\frac{a\times 3^2-a\times 1^2}{3-1}$$

$$=\frac{9a-a}{2}$$

$$=\frac{8a}{2}$$

$$=4a$$

手順2 aの値を求める

この変化の割合が−4になることから，

$$4a=-4$$

$$\boldsymbol{a=-1}$$

グラフを見るべし！

グラフで表すと，右の図のように，2点(1，a)，(3，$9a$)を通る直線の傾き（かたむき）が−4になるということだよ。

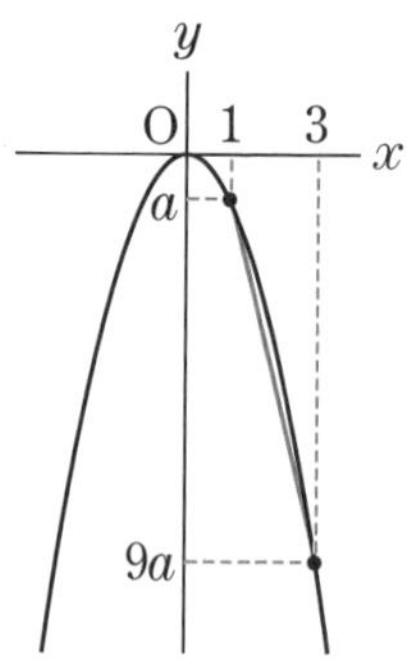

32 放物線と線分の長さ

中3

問題

レベル ★★★

右の図のように，放物線 $y=\frac{1}{3}x^2$ 上に2点A，Bがあり，x軸（じく）上に点Cがあります。AB=ACのとき，点Aの座標を求めなさい。ただし，点Aのx座標は正とします。

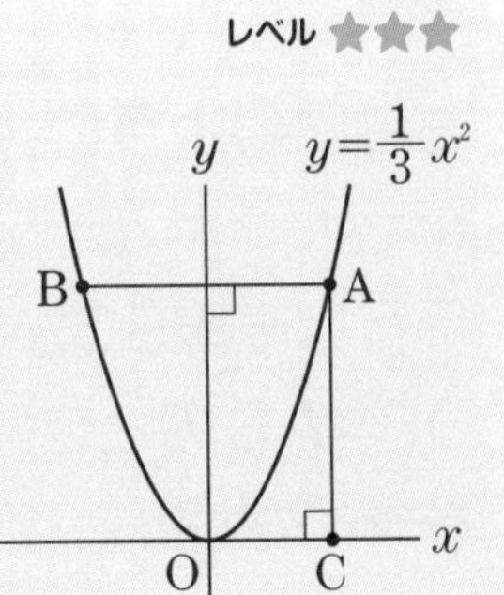

解くためのヒント

放物線 $y=ax^2$ 上の点は，$(t,\ at^2)$と表せる。

解き方

手順1 点Aは放物線 $y=\frac{1}{3}x^2$ 上の点だから，その座標は$\left(t,\ \frac{1}{3}t^2\right)$

x座標をtとする

手順2 線分ABの長さをtで表す

点Bのx座標は$-t$だから，

←点Aと点Bはy軸について対称（たいしょう）

$AB=t-(-t)=2t$

手順3 線分ACの長さをtで表す

ACの長さは点Aのy座標に等しいから，$AC=\frac{1}{3}t^2$

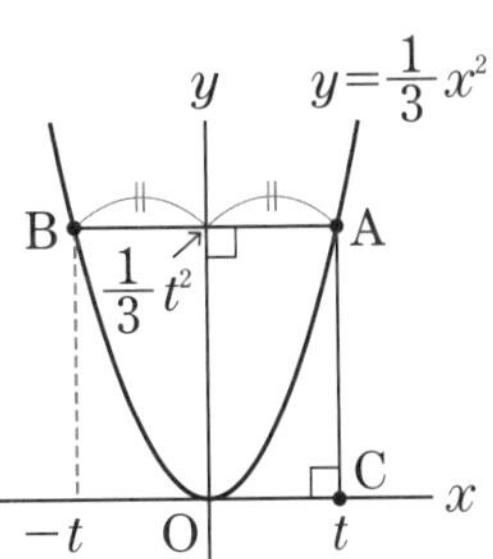

手順4 tについての方程式を解く

AB=ACより，$2t=\frac{1}{3}t^2$

これを解くと，$t=0$，$t=6$

$t>0$だから，$t=6$

点Aのy座標は，$\frac{1}{3}\times6^2=12$

答 A(6，12)

数と式 方程式 関数 図形 確率・統計

33 2つの放物線

中3

問題

レベル ★★★

右の図のように，放物線 $y=x^2$，$y=ax^2$ と x 軸(じく)に平行な直線BCがあります。OB=ACのとき，a の値を求めなさい。

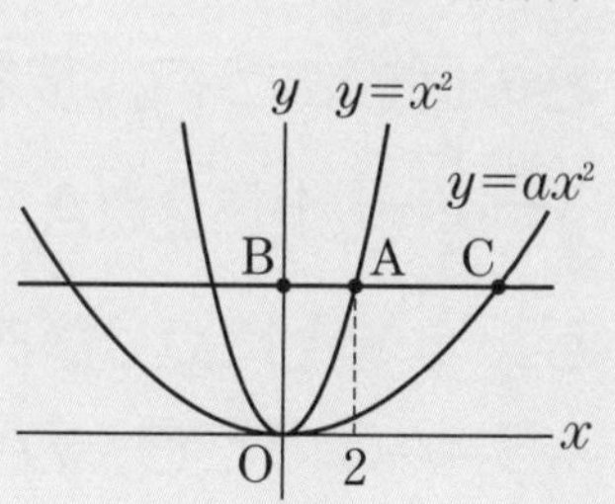

解くためのヒント

点Aの座標 → 点Cの座標 → a の値 の順に求める。

解き方

手順1 点Aの座標を求める

点Aは放物線 $y=x^2$ 上の点だから，y 座標は，$y=2^2=4$

これより，A(2, 4)

手順2 点Cの座標を求める

点Bの y 座標は4だから，

OB=4

OB=AC=4より，

BC=2+4=6

だから，点Cの x 座標は6

また，点Cの y 座標は4

これより，C(6, 4)

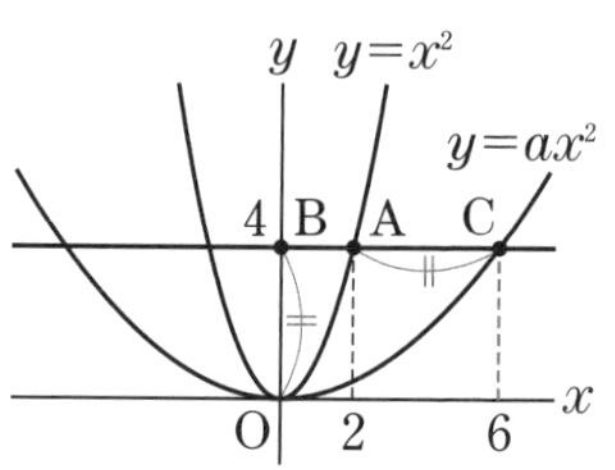

手順3 a の値を求める

放物線 $y=ax^2$ は点C(6, 4)を通るから，

$4=a\times6^2$，$\boldsymbol{a=\frac{1}{9}}$ ← $y=ax^2$ に $x=6$，$y=4$ を代入

34 放物線と直線の交点① 中3

問題　レベル ★★★

右の図のように，放物線 $y=ax^2$ と直線 $y=bx+c$ が2点A，Bで交わっています。a，b，cの値を求めなさい。

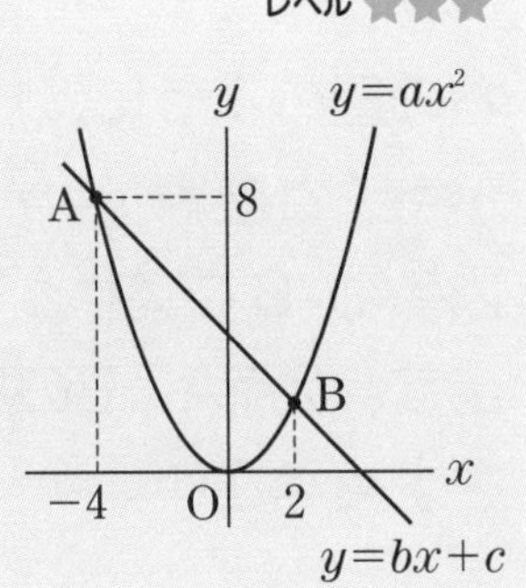

解くためのヒント

2点A，Bの x 座標，y 座標は，$y=ax^2$ と $y=bx+c$ のどちらの式も成り立たせる。

解き方

手順1 放物線の式を求める

放物線 $y=ax^2$ は点A$(-4,\ 8)$を通るから，

$8=a\times(-4)^2$ ←― $y=ax^2$ に $x=-4$，$y=8$ を代入

$\boldsymbol{a=\frac{1}{2}}$

手順2 点Bの座標を求める

放物線 $y=\frac{1}{2}x^2$ は点Bも通るから，その y 座標は，

$y=\frac{1}{2}\times2^2=2$

これより，B$(2,\ 2)$

手順3 直線の式を求める

直線 $y=bx+c$ は2点A$(-4,\ 8)$，B$(2,\ 2)$を通るから，

$$\begin{cases} 8=-4b+c & \cdots\cdots ① \\ 2=2b+c & \cdots\cdots ② \end{cases}$$

① ←― $x=-4$，$y=8$ を代入
② ←― $x=2$，$y=2$ を代入

①，②を連立方程式として解くと，$\boldsymbol{b=-1}$，$\boldsymbol{c=4}$

直線の式の求め方は P151

35 放物線と直線の交点②

中3

問題

レベル ★★★

右の図のように，放物線 $y=x^2$ と直線 $y=x+6$ が2点A，Bで交わっています。2点A，Bの座標を求めなさい。

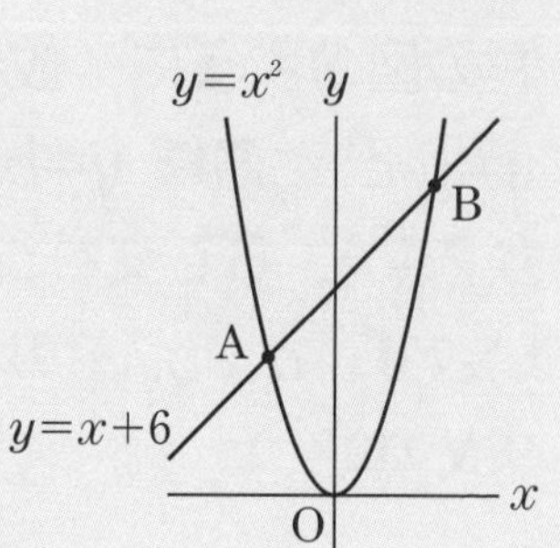

解くためのヒント

$y=ax^2$ と $y=bx+c$ の交点の座標 →連立方程式 $\begin{cases} y=ax^2 \\ y=bx+c \end{cases}$ の解。

解き方

放物線 $y=x^2$ と直線 $y=x+6$ の交点の座標は，この2つの式を同時にみたす x，y の値の組になります。

$$\begin{cases} y=x^2 & \cdots\cdots① \\ y=x+6 & \cdots\cdots② \end{cases}$$

②に①を代入すると，

$$x^2=x+6$$

$$x^2-x-6=0$$

$$(x+2)(x-3)=0$$

$$x=-2,\quad x=3$$

点Aの x 座標（-2）　点Bの x 座標（3）

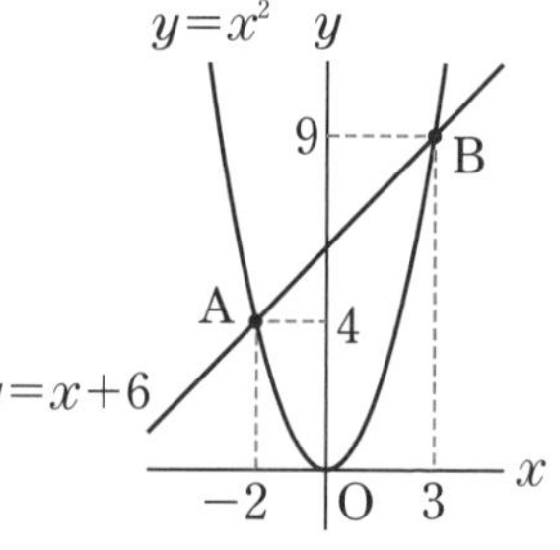

$x=-2$ のとき $y=4$ だから，**A(-2，4)**

$x=3$ のとき $y=9$ だから，**B(3，9)**

計算ミスに気をつけて!!

図形

1 中点の作図

中1

問題

レベル ★★☆

右の図の線分ABの中点Mを作図しなさい。

A ──── B

解くためのヒント

線分ABの垂直二等分線（すいちょくにとうぶんせん）を作図する。

解き方【作図】

線分 AB の中点は，線分 AB の垂直二等分線と AB との交点になります。

❶ 点 A，B を中心として等しい半径の円をかきます。

❷ 2 つの円の交点を C，D とします。

❸ 直線 CD をひき，線分 AB との交点を M とします。

▼垂直二等分線とは？

線分の中点を通り，その線分と垂直に交わる直線を垂直二等分線といいます。

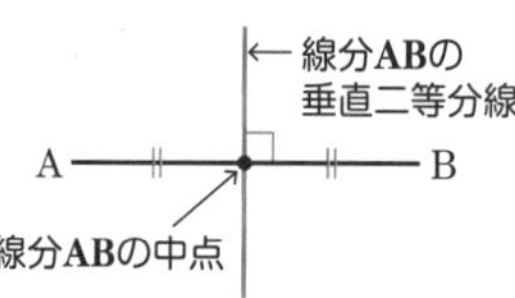

▼作図のルール

- 使うことができるのは，定規とコンパスだけです。ただし，定規は直線をひくためだけに使い，定規で長さをはかってはいけません。
- 作図をするときに使った線は，どのように作図したかがわかるように，消さずに残しておきます。

2 円の作図

中1

問題

レベル ★★☆

右の図の3点A，B，Cを通る円Oを作図しなさい。

A • B • •C

解くためのヒント

2点A，Bからの距離(きょり)が等しい点は，線分ABの**垂直二等分線上**にある。

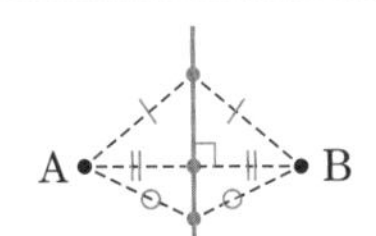

解き方【作図】

中心 O は 3 点 A，B，C からの距離が等しい点だから，線分 AB の垂直二等分線と線分 BC の垂直二等分線の交点になります。

❶ 線分 AB の垂直二等分線を作図します。

①点 A，B を中心として等しい半径の円をかきます。
② 2 つの円の交点を通る直線をひきます。

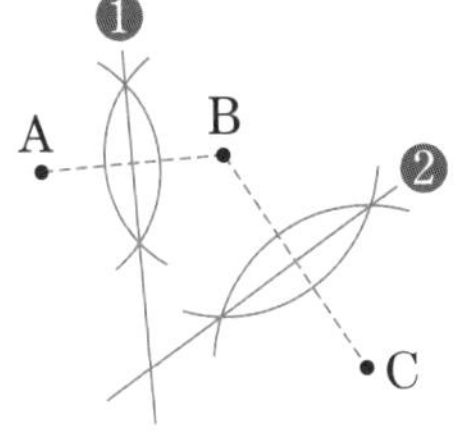

❷ 同じようにして，線分 BC の垂直二等分線を作図します。

❸ 2 つの垂直二等分線の交点を O とします。

❹ 点 O を中心として，半径 OA の円をかきます。

OB，OCを半径としてもよい

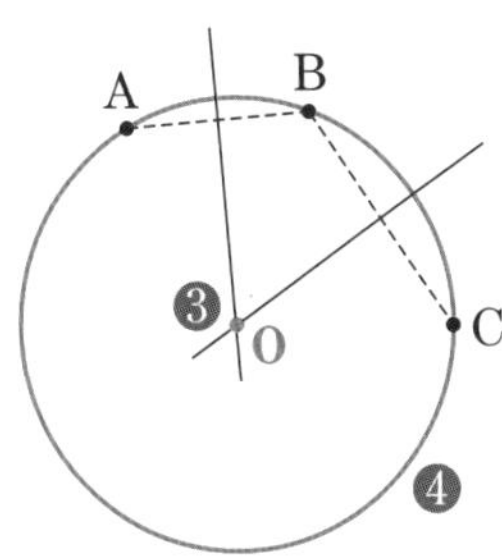

3 30°の角の作図

中1

問題

レベル ★★★

30°の角を作図しなさい。

解くためのヒント

まず正三角形を作図 → 次に60°の角の二等分線を作図する。

解き方【作図】

❶ 60°の∠CABを作図します。

正三角形ABCを作図する

①線分ABをひきます。
②点A，Bを中心として半径ABの円をかき，その交点をCとします。
③半直線ACをひきます。

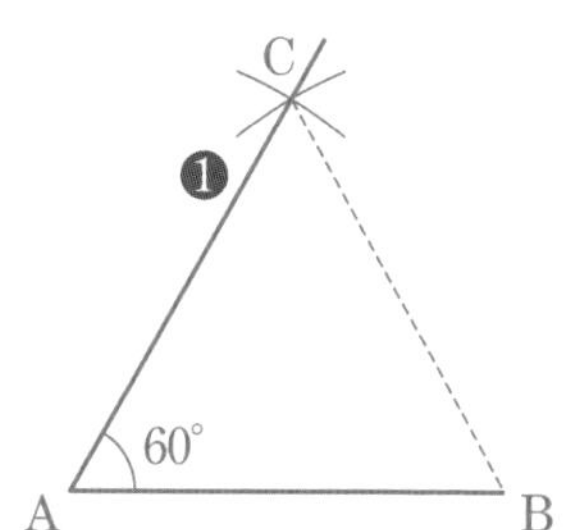

❷ 頂点Aを中心として円をかき，辺AB，ACとの交点をそれぞれD，Eとします。

❸ 点D，Eを中心として等しい半径の円をかき，その交点をFとします。

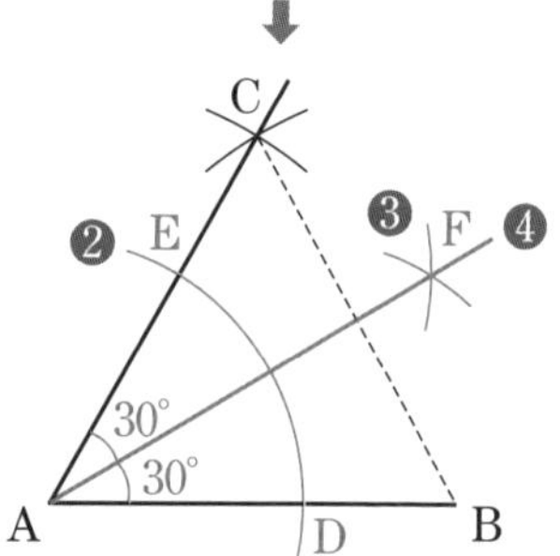

❹ 半直線AFをひきます。

▼角の二等分線とは？

1つの角を2等分する半直線を角の二等分線といいます。

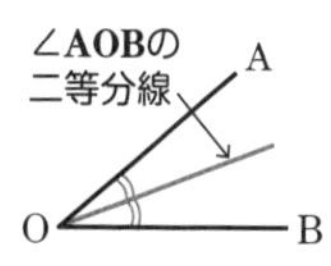

4 3辺までの距離が等しい点の作図 中1

問題　レベル★★☆

右の図の△ABCの3辺AB，BC，CAまでの距(きょ)離(り)が等しい点Pを作図しなさい。

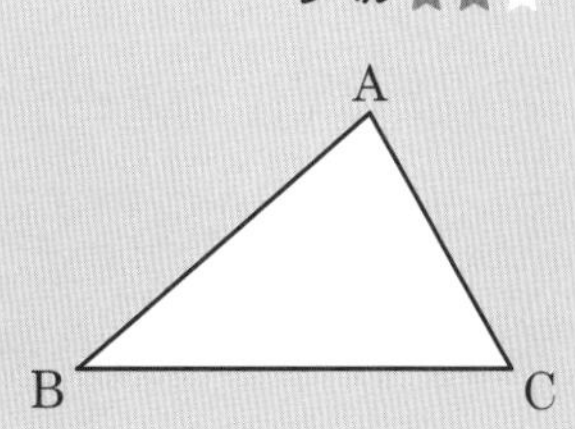

解くためのヒント

角の2辺OA，OBまでの距離が等しい点は，∠AOBの二等分線上にある。

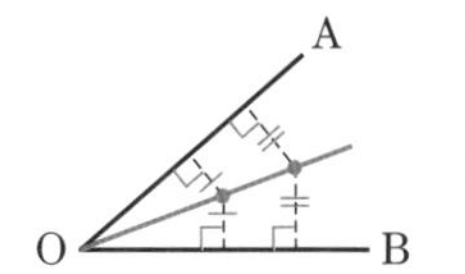

解き方【作図】

点Pは，∠Aの二等分線と∠Bの二等分線との交点になります。

∠Cの二等分線でもよい

❶ ∠Aの二等分線を作図します。

①頂点Aを中心とする円をかき，辺AB，ACとの交点をそれぞれD，Eとします。
②点D，Eを中心として等しい半径の円をかき，その交点をFとします。
③半直線AFをひきます。

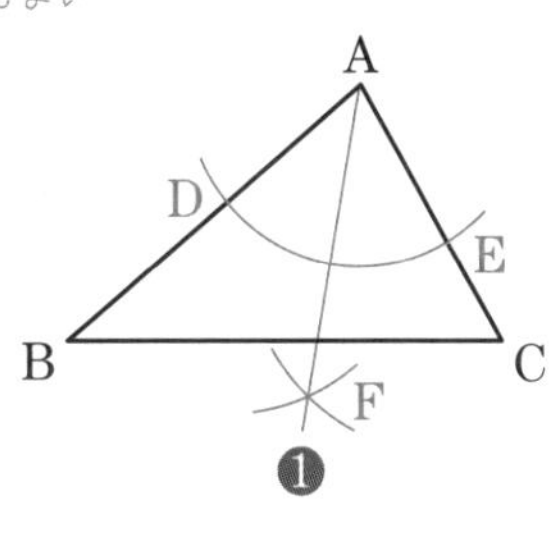

❷ ∠Bの二等分線を作図します。

❸ 2つの角の二等分線の交点をPとします。

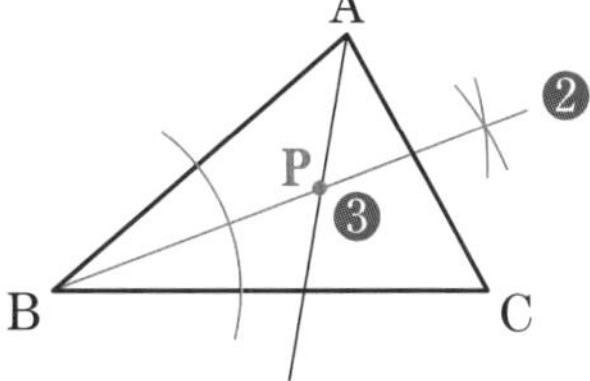

5 垂線の作図

中1

問題

レベル ★★☆

右の図で，点Pを通り，直線ABに垂直な直線を作図しなさい。

A　P　B

解くためのヒント

180°の角の二等分線を作図する。

解き方【作図】

一直線の角度は180°です。これより，**∠APBを180°の角とみて，∠APBの二等分線を作図**します。

❶　点Pを中心とする円をかき，直線ABとの交点をC，Dとします。

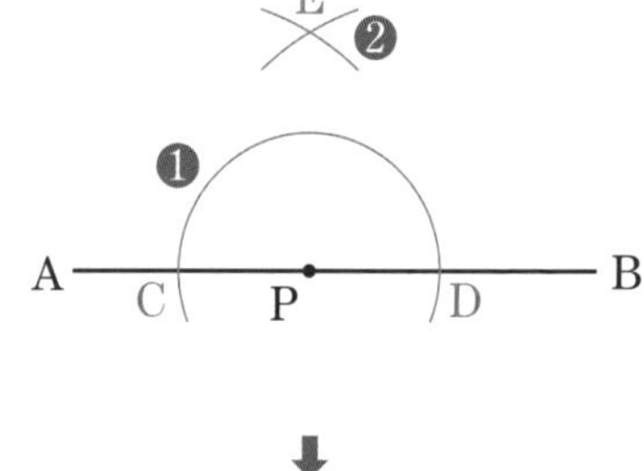

❷　点C，Dを中心として等しい半径の円をかき，その交点をEとします。

❸　直線EPをひきます。

∠APE=90°だから，
直線EPは直線ABの
垂線（すいせん）になるね。

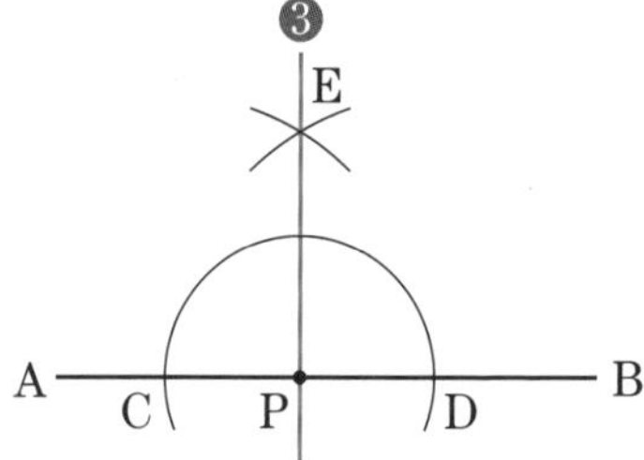

6 三角形の高さの作図

中1

問題

レベル ★★☆

右の図の△ABCで，辺BCを底辺とするときの高さAHを作図しなさい。

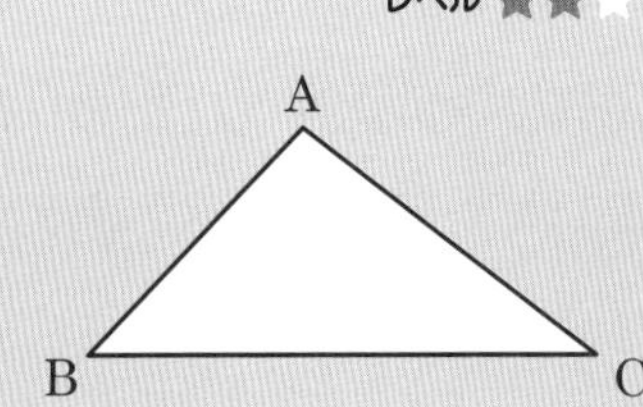

解くためのヒント

高さAHは，頂点Aから辺BCにひいた**垂線の長さ**である。

解き方 【作図】

❶ 点 A を中心として円をかき，BC との交点を D，E とします。

❷ 点 D，E を中心として等しい半径の円をかき，その交点を F とします。

❸ 直線 AF をひき，BC との交点を H とします。

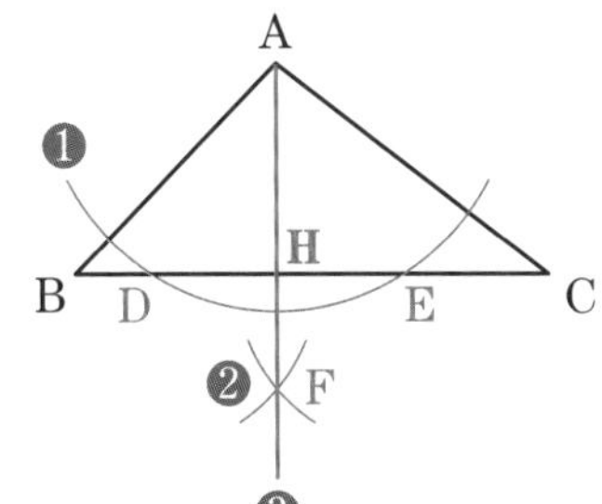

▼垂線のもう1つの作図のしかた

❶ 辺 **BC** 上に点 **P** をとり，半径 **PA** の円をかきます。

❷ 辺 **BC** 上に点 **Q** をとり，半径 **QA** の円をかきます。

❸ 2つの円の交点のうち，**A** 以外の点を **R** として直線 **AR** をひき，**BC** との交点を **H** とします。

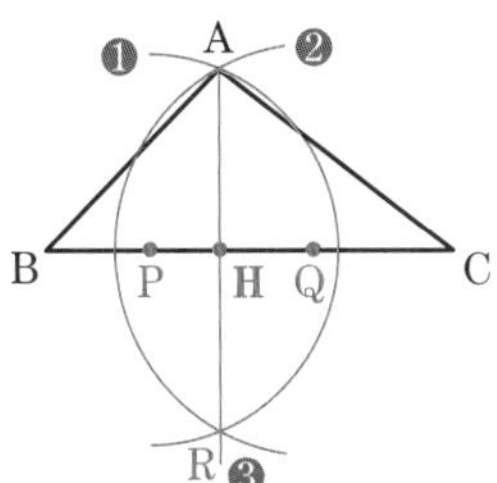

7 おうぎ形の弧の長さと面積

中1

問題

レベル ★☆☆

右の図のおうぎ形の弧(こ)の長さと面積を求めなさい。

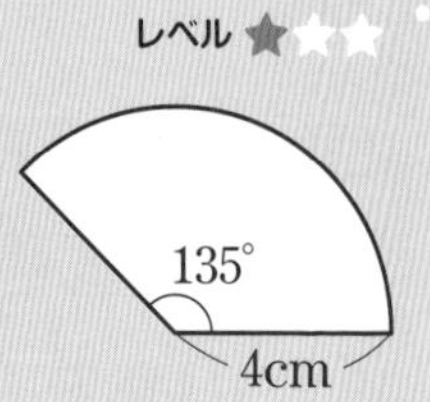

解くためのヒント

半径r，中心角(ちゅうしんかく)$a°$のおうぎ形の弧の長さをℓ，面積をSとすると，

$\ell=2\pi r\times\dfrac{a}{360}$，$S=\pi r^2\times\dfrac{a}{360}$

解き方

弧の長さは，$2\pi\times 4\times\dfrac{135}{360}=\mathbf{3\pi(cm)}$（4：半径，135：中心角）

面積は，$\pi\times 4^2\times\dfrac{135}{360}=\mathbf{6\pi(cm^2)}$（4：半径，135：中心角）

▼おうぎ形とは？

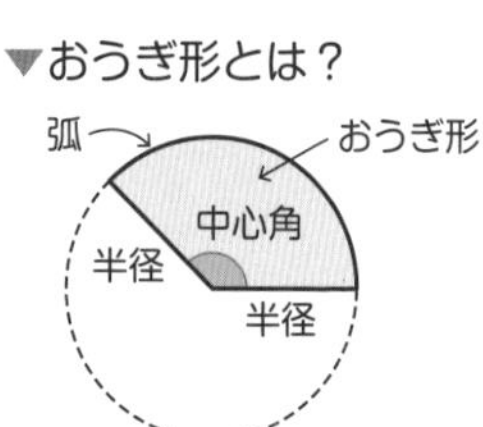

こんなときは もう1つのおうぎ形の面積の公式

問題 右の図のおうぎ形の面積を求めなさい。

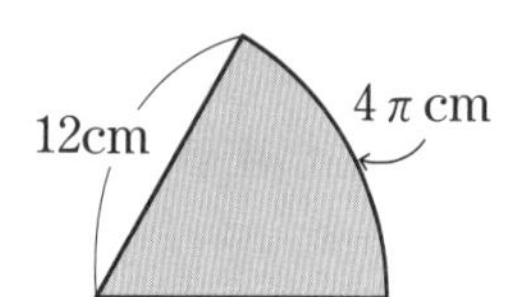

解き方

半径r，弧の長さℓのおうぎ形の面積Sは，$\boldsymbol{S=\dfrac{1}{2}\ell r}$

面積は，$\dfrac{1}{2}\times 4\pi\times 12=\mathbf{24\pi(cm^2)}$

8 おうぎ形の中心角を求める

中1

問題

レベル ★★☆

半径10cm，弧の長さ8πcmのおうぎ形の中心角の大きさを求めなさい。

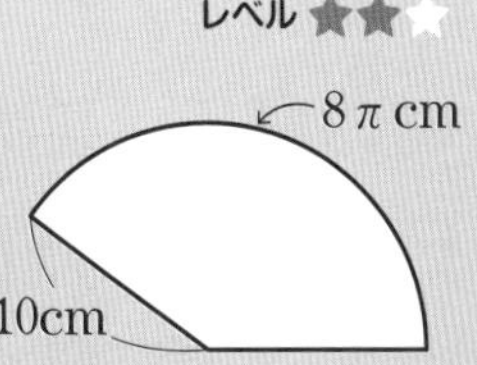

解くためのヒント

$$\frac{\text{弧の長さ}}{\text{円周}}=\frac{\text{中心角}}{360^\circ}\rightarrow \text{中心角}=360^\circ\times\frac{\text{弧の長さ}}{\text{円周}}$$

解き方

おうぎ形の弧の長さは，同じ円の円周の

$$\frac{8\pi}{2\pi\times10}=\frac{2}{5}\leftarrow\frac{\text{弧の長さ}}{\text{円周}}$$

になるから，中心角も360°の$\frac{2}{5}$になります。

↑ おうぎ形の弧の長さは，中心角の大きさに比例する

これより，$360^\circ\times\frac{2}{5}=144^\circ$

▼公式 $\ell=2\pi r\times\frac{a}{360}$ を利用する解き方

おうぎ形の中心角をx°とすると，

$$2\pi\times10\times\frac{x}{360}=8\pi$$

これを解くと，$x=144$

これより，中心角は144°

おうぎ形の面積も，中心角の大きさに比例するよ。

! 弧の長さ・面積と中心角の関係

1つの円で，おうぎ形の弧の長さや面積は，中心角の大きさに比例します。

9 円の面積を使って

中1

問題

レベル ★★★

右の図で，四角形ABCD，EFGHは正方形です。色のついた部分の面積を求めなさい。

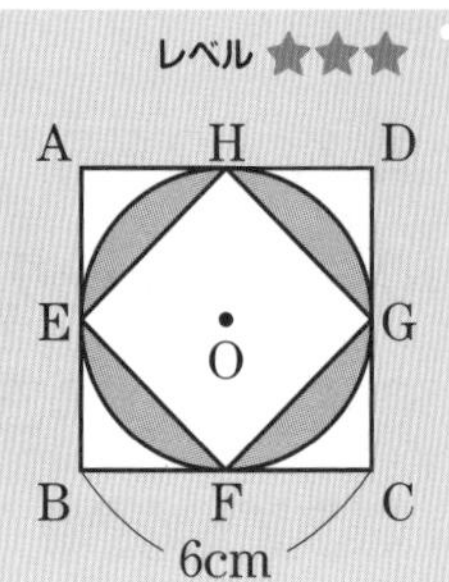

解くためのヒント

円の面積＝π×(半径)^2

正方形の面積＝対角線×対角線÷2

解き方

手順1 円の面積を求める

円Oは正方形ABCDにぴったり入っているから，円Oの半径は，

$6\div2=3$(cm)

円Oの面積は，

$\pi\times3^2=9\pi$(cm^2)

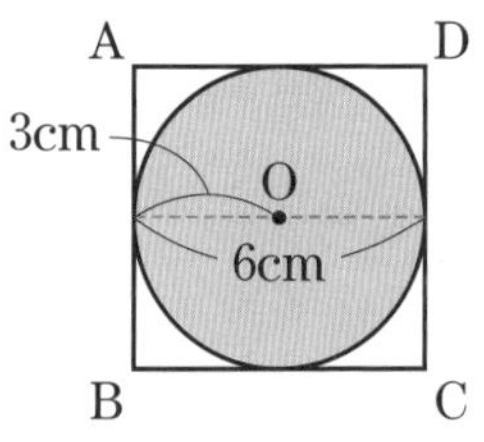

手順2 正方形EFGHの面積を求める

正方形EFGHは円Oにぴったり入っているから，この正方形の対角線の長さは6 cm

正方形EFGHの面積は，

$6\times6\div2=18$(cm^2)

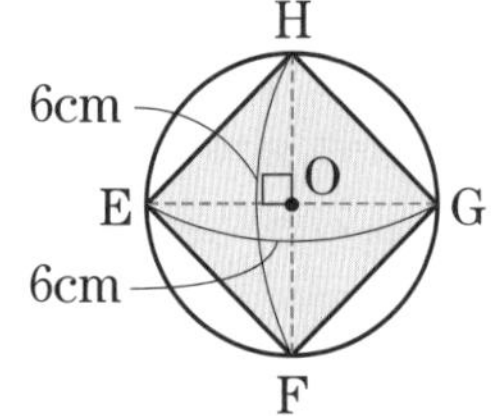

手順3 これより，色のついた部分の面積は，

$\mathbf{9\pi-18}$**(cm^2)**

10 おうぎ形の面積を使って

中1

問題

レベル ★★☆

右の図の色のついた部分の面積を求めなさい。

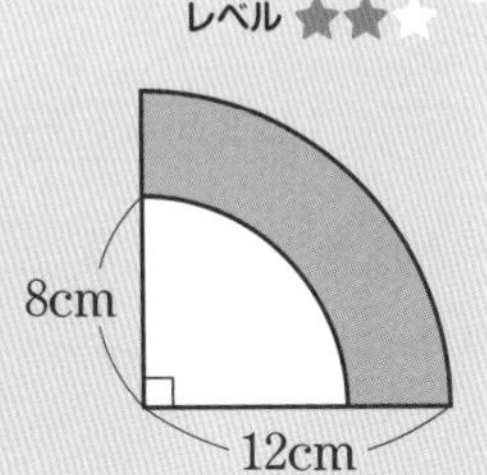

解くためのヒント

半径 r，中心角90°のおうぎ形の面積 → $\pi r^2 \times \frac{90}{360}$

解き方

大きいおうぎ形の面積－小さいおうぎ形の面積＝色のついた部分の面積

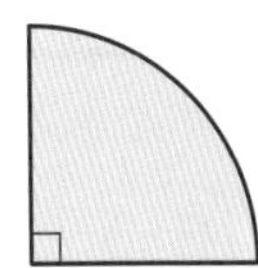 －  ＝ 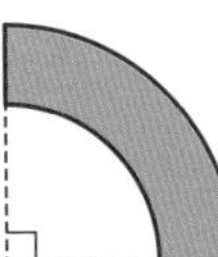

手順1 大きいおうぎ形の面積は，

$\pi \times 12^2 \times \frac{90}{360} = 36\pi(\text{cm}^2)$ ← $\pi r^2 \times \frac{a}{360}$

手順2 小さいおうぎ形の面積は，

$\pi \times 8^2 \times \frac{90}{360} = 16\pi(\text{cm}^2)$

手順3 これより，色のついた部分の面積は，

$36\pi - 16\pi = \mathbf{20\pi(cm^2)}$

11 ねじれの位置

中1

問題

レベル ★☆☆

右の図の直方体で，直線ABとねじれの位置にある直線はどれですか。

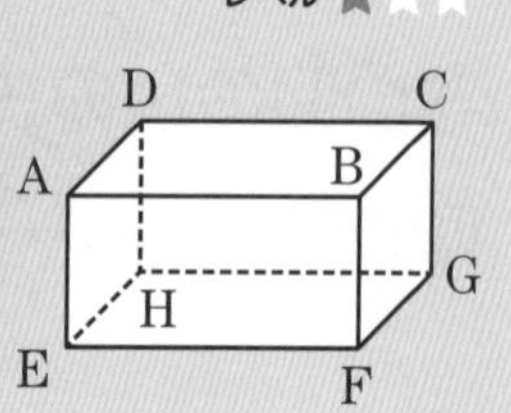

解くためのヒント

平行でなく，交わらない2直線の位置関係 → ねじれの位置にある。

解き方

手順1 ABと平行な直線は

直線 AB と平行な直線は，

DC ← 長方形ABCDの対辺

EF ← 長方形AEFBの対辺

HG ← AB//DC，DC//HG より，AB//HG

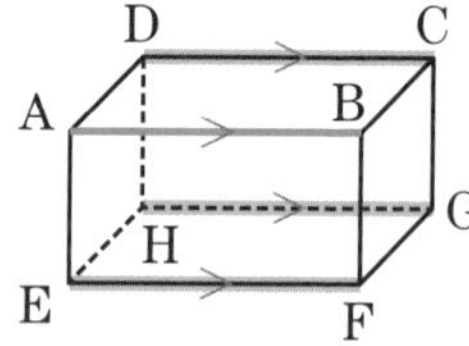

手順2 ABと交わる直線は

直線 AB と交わる直線は，

AD，AE，BC，BF

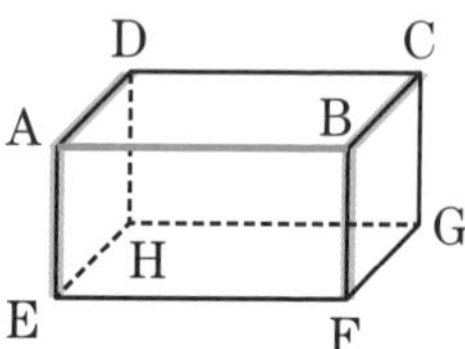

手順3

直線 AB とねじれの位置にある直線は，

DH，EH，CG，FG

↑ ABと平行な直線と，ABと交わる直線を除いた直線

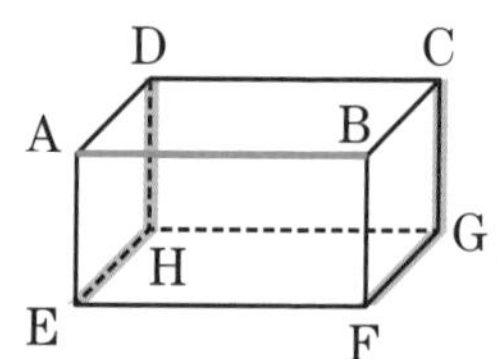

12 直線や平面の平行・垂直

中1

問題

レベル ★★☆

空間内で，直線ℓ，mと平面P，Q，Rについて，次のことがらのうち，正しいものを記号で答えなさい。

ア　$\ell /\!/ P$，$m /\!/ P$ のとき，$\ell /\!/ m$

イ　$\ell \perp P$，$m \perp P$ のとき，$\ell /\!/ m$

ウ　$P \perp R$，$Q \perp R$ のとき，$P /\!/ Q$

解くためのヒント

直方体の辺を直線，面を平面とみて位置関係を調べる。

解き方

ア　右の直方体で，

$\ell /\!/ P$，$m /\!/ P$

しかし，$\ell \perp m$ で，$\ell /\!/ m$ ではない。

したがって，正しくない。

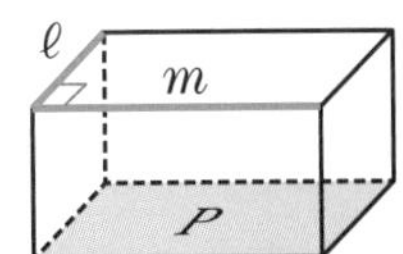

イ　右の直方体で，

$\ell \perp P$，$m \perp P$

このとき，$\ell /\!/ m$ である。

したがって，正しい。

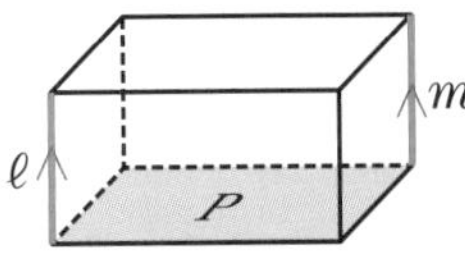

ウ　右の直方体で，

$P \perp R$，$Q \perp R$

しかし，$P \perp Q$ で，$P /\!/ Q$ ではない。

したがって，正しくない。

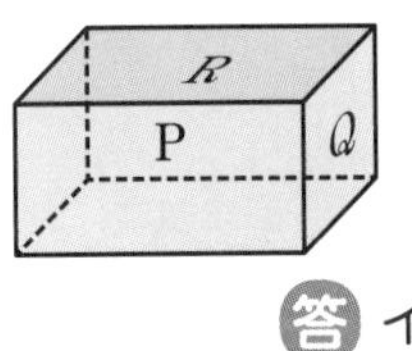

答　イ

▼正しくないことを示すには，正しくない例を1つ示せばよい。この例を反例といいます。

13 回転体の見取図

中1

問題

レベル ★★☆

次の図形を，直線ℓを軸（じく）として1回転させてできる立体の見取図をかきなさい。

(1)

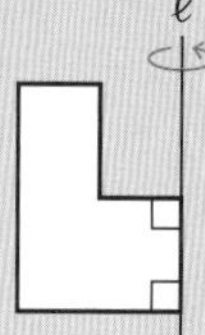

(2)

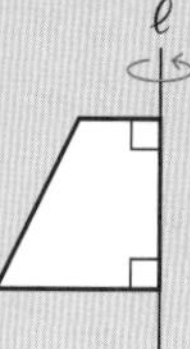

解くためのヒント

長方形を回転させると円柱，直角三角形を回転させると円錐（えんすい）。

解き方

(1) 右の図のような，大きい円柱から小さい円柱をくりぬいた立体になります。

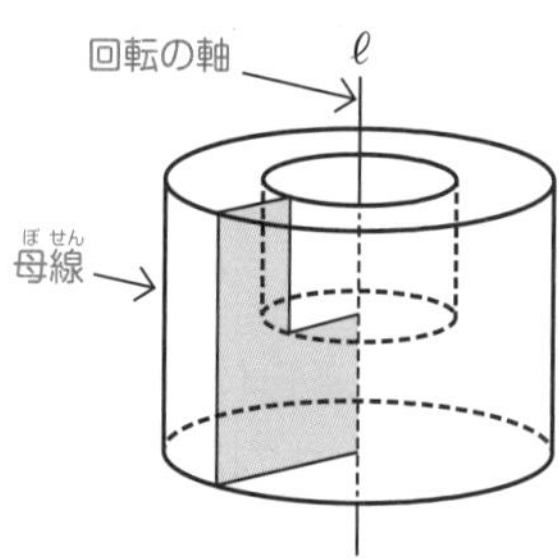

▼回転体（かいてんたい）とは？

平面図形を，1つの直線を軸として1回転させてできる立体を回転体といいます。

(2) 右の図のような，円錐を底面に平行な面で切り取った立体になります。

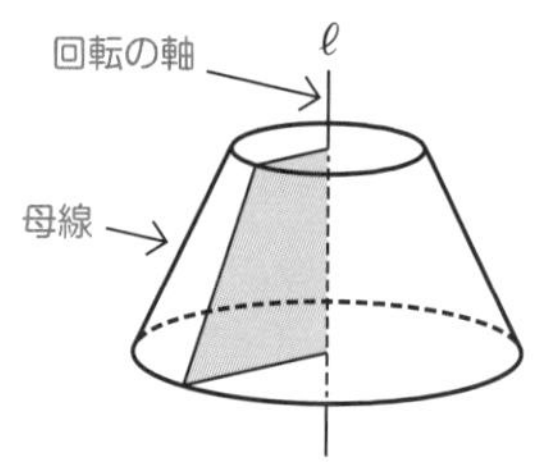

14 投影図をよみとる

中1

問題

レベル ★☆☆

次の投影図はそれぞれ何という立体ですか。

(1)

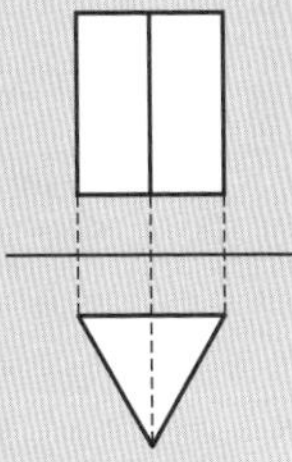

(2)

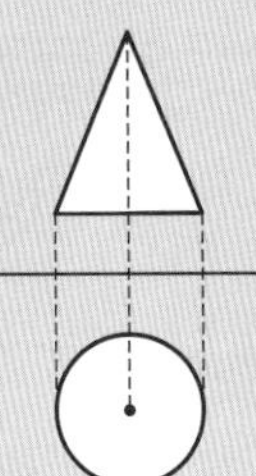

解くためのヒント

正面から見た形 → **立面図**，真上から見た形 → **平面図**。
立面図と平面図を組み合わせた図 → **投影図**。

解き方

(1) 正面から見た図が長方形だから， ← 立面図
角柱または円柱。
真上から見た図が三角形だから， ← 平面図
底面は三角形。
これより，この立体は**三角柱**。
正三角柱でもよい

(2) 正面から見た図が三角形だから，
角錐または円錐。
真上から見た図が円だから，
底面は円。
これより，この立体は**円錐**。

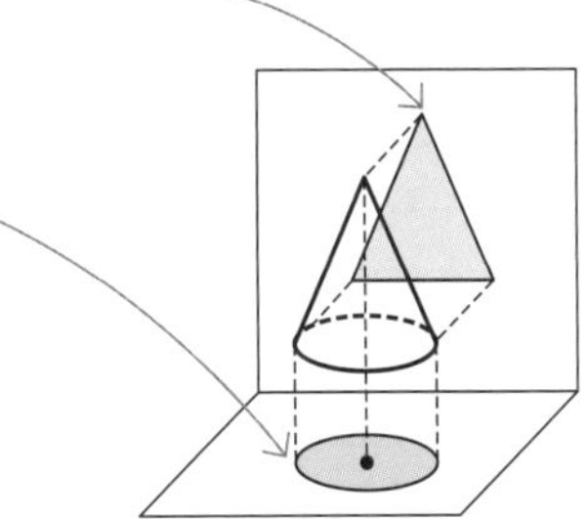

15 角柱の表面積

中1

問題

レベル ★★☆

右の図の三角柱の側面積，底面積，表面積を求めなさい。

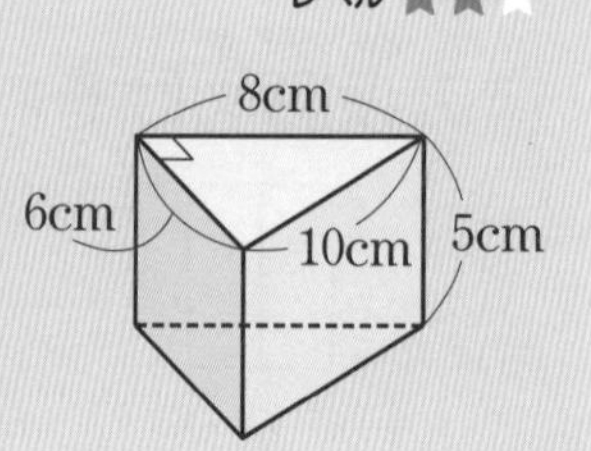

解くためのヒント

角柱の表面積＝側面積＋底面積×2

解き方

立体の表面積は，その立体の展開図の面積と等しくなります。

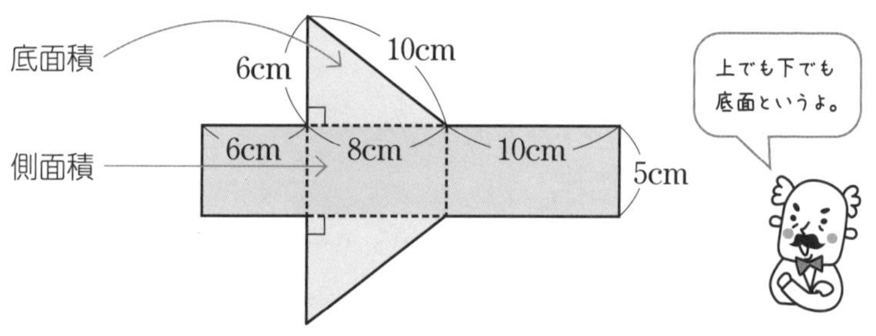

側面積は，$5\times(6+8+10)=\mathbf{120(cm^2)}$ ← 高さ×底面の周の長さ

↑ 側面全体の面積

底面積は，$\frac{1}{2}\times6\times8=\mathbf{24(cm^2)}$ ← 直角三角形の面積

↑ 1つの底面の面積

表面積は，$120+24\times2=\mathbf{168(cm^2)}$ ← 側面積＋底面積×2

↑ 表面全体の面積

16 円柱の表面積

中1

問題

レベル ★★☆

右の図の円柱の表面積を求めなさい。

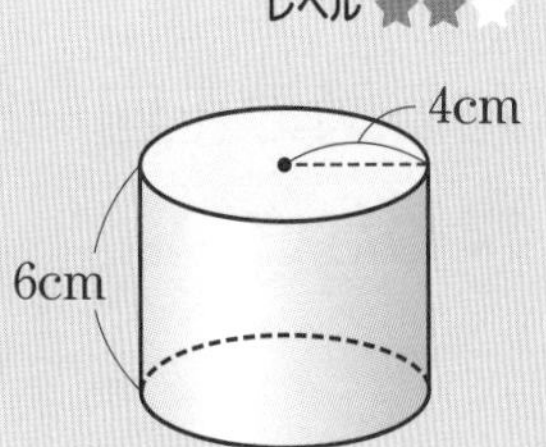

解くためのヒント

展開図の側面の長方形の横の長さ＝底面の円周の長さ

解き方

円柱の展開図では，側面は長方形，底面は 2 つの円になります。

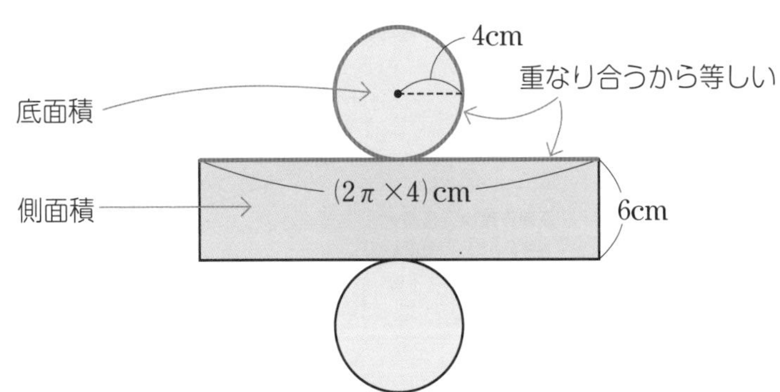

側面積は，$6\times(2\pi\times4)=48\pi(\mathrm{cm}^2)$ ← 高さ×底面の周の長さ

（6：高さ　$(2\pi\times4)$：底面の円周の長さ）

底面積は，$\pi\times4^2=16\pi(\mathrm{cm}^2)$ ← 半径4cmの円の面積

表面積は，$48\pi+16\pi\times2=\mathbf{80\pi(cm^2)}$ ← 側面積＋底面積×2

17 角錐の表面積

中1

問題

レベル ★★☆

右の図の正四角錐(せいしかくすい)の表面積を求めなさい。

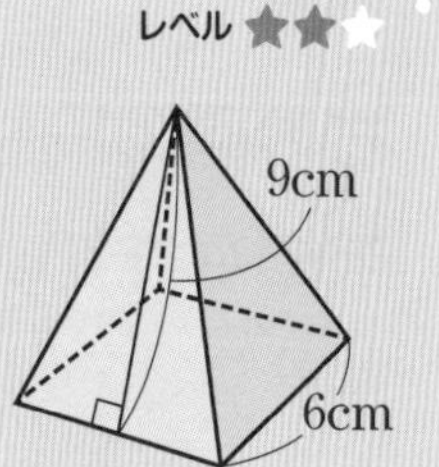

解くためのヒント

角錐の表面積＝側面積＋底面積

解き方

正四角錐の展開図では，

側面は 4 つの合同な二等辺三角形，

底面は正方形

になります。

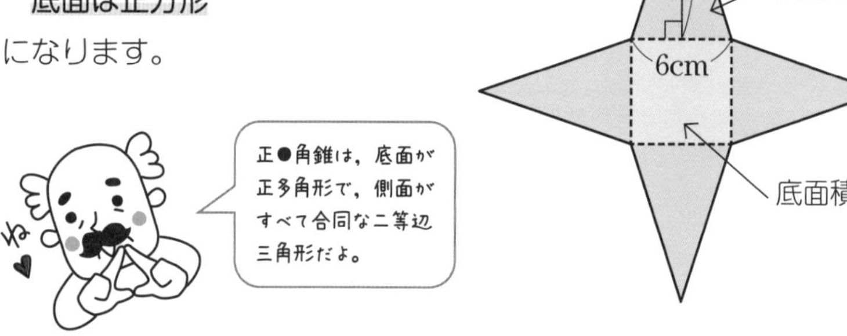

正●角錐は，底面が
正多角形で，側面が
すべて合同な二等辺
三角形だよ。
ね
9cm
側面積
6cm
底面積

側面積は，$\frac{1}{2}\times6\times9\times4=108(\text{cm}^2)$

底辺6cm，高さ9cmの二等辺三角形の面積

側面の数

底面積は，$6\times6=36(\text{cm}^2)$ ←1辺が6cmの正方形の面積

表面積は，$108+36=$ **$144(\text{cm}^2)$** ←側面積＋底面積

18 円錐の表面積

中1

問題

レベル ★★☆

右の図の円錐の表面積を求めなさい。

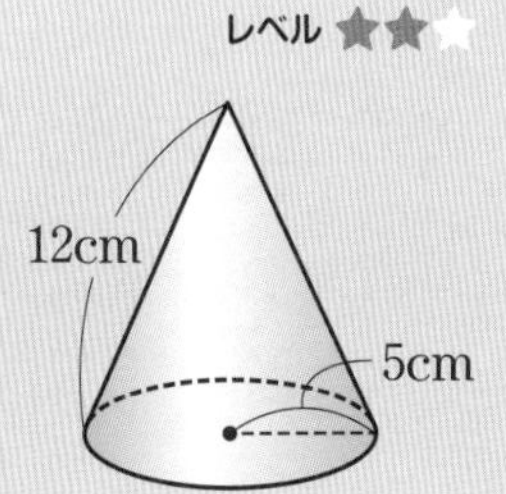

解くためのヒント

おうぎ形の弧(こ)の長さ＝底面の円周の長さ

解き方

円錐の展開図では，**側面はおうぎ形，底面は円**になります。

右の展開図で，

$\overset{\frown}{AB}$ は底面の円 O′の円周に等しいから，

$\overset{\frown}{AB}=2\pi\times5=10\pi$(cm)

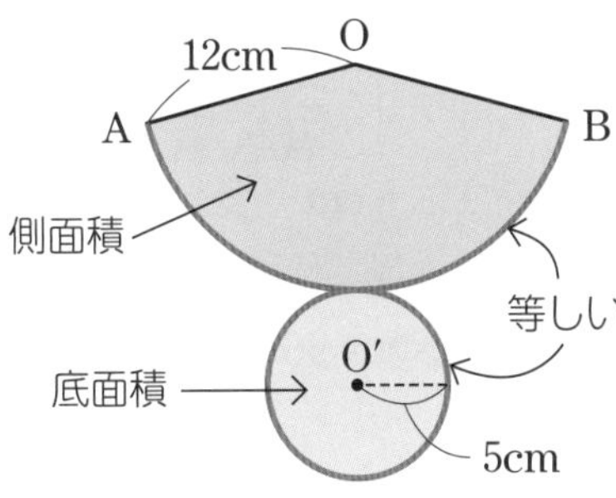

側面積は，

$\frac{1}{2}\times10\pi\times12=60\pi$(cm^2)

半径12cm，弧の長さ10πcmのおうぎ形の面積

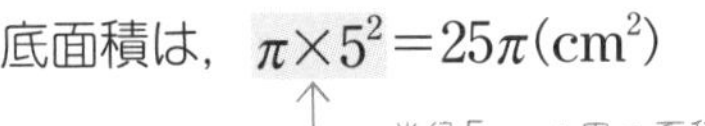

底面積は，$\pi\times5^2=25\pi$(cm^2)

半径5cmの円の面積

表面積は，$60\pi+25\pi=$ **85π(cm^2)**

側面積＋底面積

おうぎ形の面積の公式

半径 r，弧の長さ ℓ のおうぎ形の面積 S は，

$$S=\frac{1}{2}\ell r$$

おうぎ形の面積は P178

19 角柱や円柱の体積

中1

問題

レベル ★★☆

次の三角柱と円柱の体積を求めなさい。

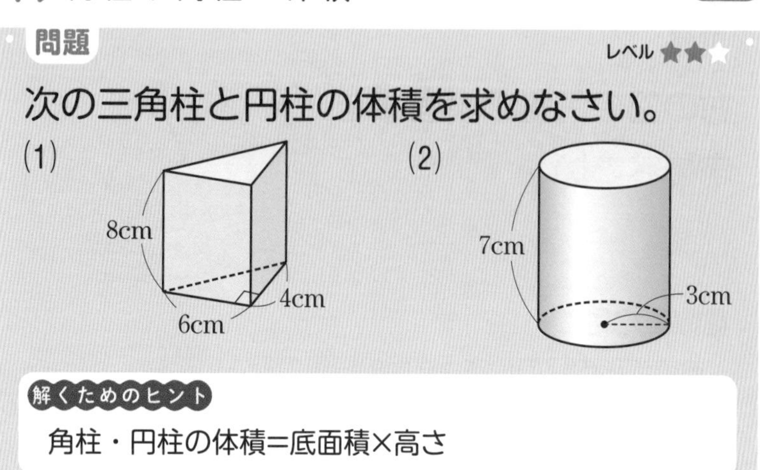

解くためのヒント

角柱・円柱の体積＝底面積×高さ

解き方

(1) 底面積は，$\frac{1}{2}\times6\times4=12(\text{cm}^2)$ ←— 底面の直角三角形の面積

高さは 8 cm

これより，体積は，

$12\times8=\mathbf{96(cm^3)}$ ←— 底面積×高さ

(2) 底面積は，$\pi\times3^2=9\pi(\text{cm}^2)$ ←— 底面の円の面積

高さは 7 cm

これより，体積は，

$9\pi\times7=\mathbf{63\pi(cm^3)}$

↑— 底面積×高さ

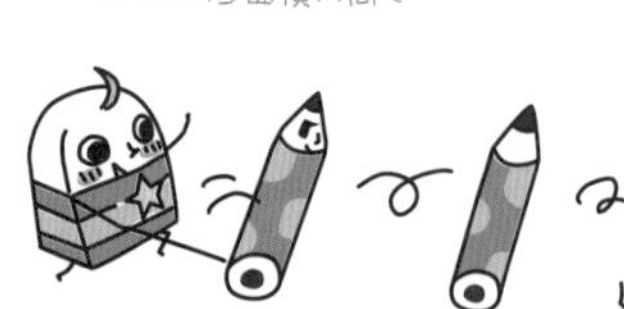

円柱の体積の公式

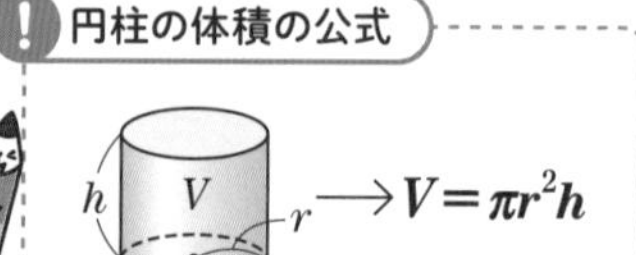

20 角錐や円錐の体積

中1

問題

レベル ★★☆

次の正四角錐と円錐の体積を求めなさい。

(1)

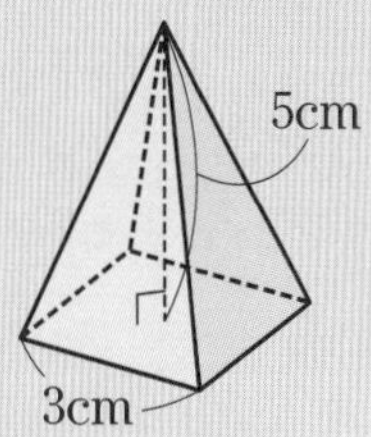

(2)

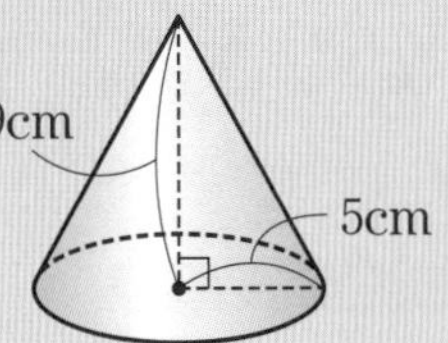

解くためのヒント

角錐・円錐の体積$=\frac{1}{3}\times$底面積$\times$高さ

解き方

角錐や円錐の体積は，底面が合同で，高さが等しい角柱や円柱の体積の$\frac{1}{3}$になります。

(1) 底面積は，$3\times3=9(\text{cm}^2)$ ←── 1辺が3cmの正方形の面積

高さは5 cm

これより，体積は，$\frac{1}{3}\times9\times5=\mathbf{15(cm^3)}$ ←── $\frac{1}{3}\times$底面積$\times$高さ

(2) 底面積は，$\pi\times5^2=25\pi(\text{cm}^2)$ ←── 半径5cmの円の面積

高さは9 cm

これより，体積は，

$\frac{1}{3}\times25\pi\times9=\mathbf{75\pi(cm^3)}$

↑── $\frac{1}{3}\times$底面積$\times$高さ

! 円錐の体積の公式

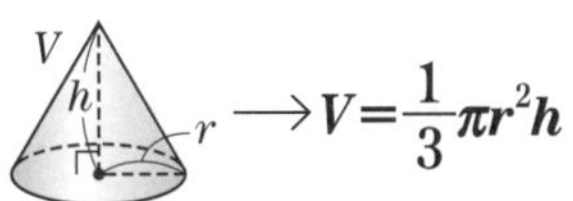

$\longrightarrow V=\frac{1}{3}\pi r^2h$

21 球の表面積と体積

中1

問題

レベル ★★☆

右の図の球の表面積と体積を求めなさい。

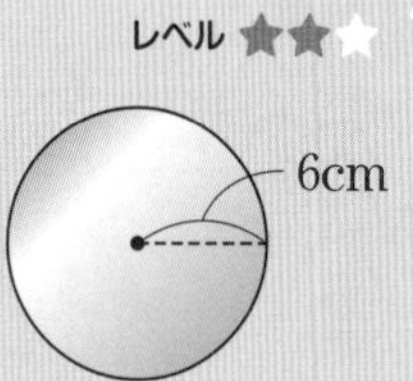

解くためのヒント

半径rの球の表面積をS, 体積をVとすると,

$$S=4\pi r^2,\ V=\frac{4}{3}\pi r^3$$

解き方

表面積は,

$4\pi\times6^2=\mathbf{144\pi(cm^2)}$ ← $S=4\pi r^2$

体積は,

$\frac{4}{3}\pi\times6^3=\mathbf{288\pi(cm^3)}$ ← $V=\frac{4}{3}\pi r^3$

公式の覚え方は,

心 配 ある 事情
4 π r 2乗

身の上に心 配 あるので 参上
$\frac{4}{3}$ π r 3乗

こんなときは 半球の表面積

問題 右の図の半球の表面積を求めなさい。

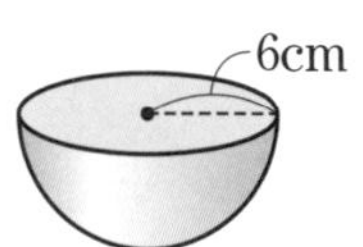

解き方

半球の**曲面の部分**の面積は, $4\pi\times6^2\div2=72\pi(cm^2)$

また, **平面の部分**の面積は, $\pi\times6^2=36\pi(cm^2)$

これより, 表面積は, $72\pi+36\pi=\mathbf{108\pi(cm^2)}$

22 回転体の体積

中1

問題

レベル ★★★

右の図の台形ABCDを，辺ADを軸として1回転させてできる立体の体積を求めなさい。

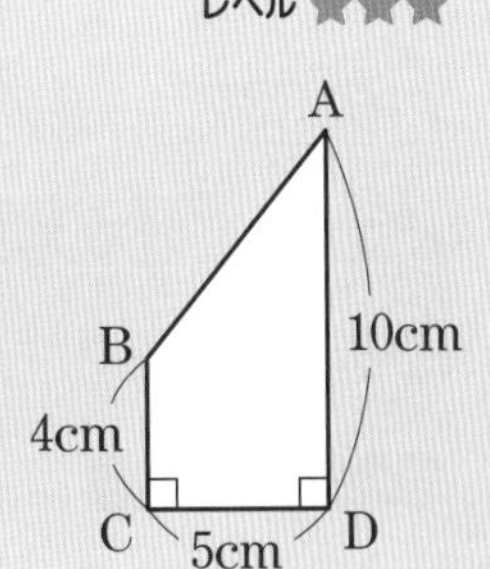

解くためのヒント

基本になる回転体は，円柱と円錐である。

解き方

手順1 できる回転体は，右の図のような円錐と円柱を組み合わせた立体になります。

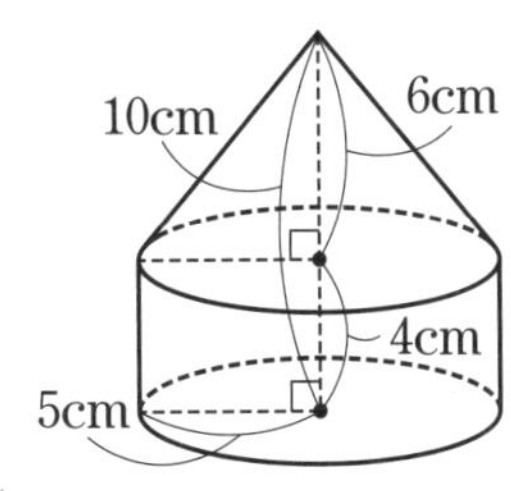

手順2 円錐の部分の体積は，

$\frac{1}{3}\pi\times5^2\times6=50\pi(\text{cm}^3)$ ← $\frac{1}{3}\pi\times$(半径)$^2\times$高さ

手順3 円柱の部分の体積は，

$\pi\times5^2\times4=100\pi(\text{cm}^3)$ ← $\pi\times$(半径)$^2\times$高さ

手順4 これより，回転体の体積は，

$50\pi+100\pi=\mathbf{150\pi(cm^3)}$ ← 円錐の体積＋円柱の体積

回転体は P184

23 同位角と錯角

中2

問題

レベル ★☆☆

右の図で，$\ell /\!/ m$ のとき，$\angle x$，$\angle y$ の大きさを求めなさい。

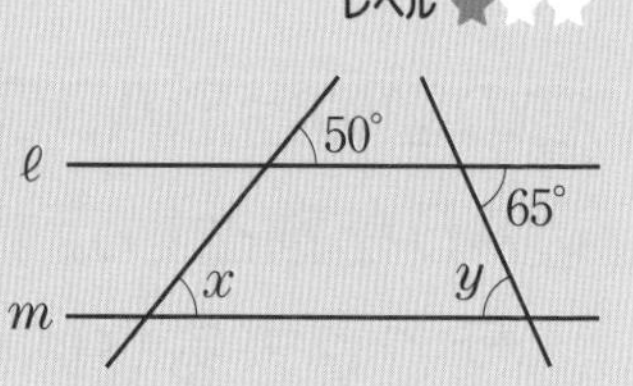

解くためのヒント

$\ell /\!/ m$ ならば，$\begin{cases} \angle a = \angle c \\ \angle b = \angle c \end{cases}$

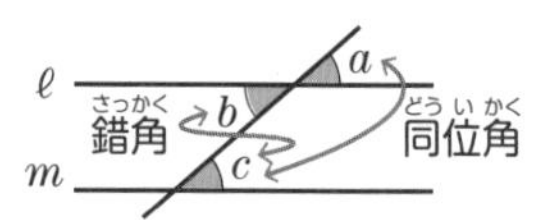

解き方

$\ell /\!/ m$ で，**同位角は等しい**から，

$\angle x = \mathbf{50°}$

$\ell /\!/ m$ で，**錯角は等しい**から，

$\angle y = \mathbf{65°}$

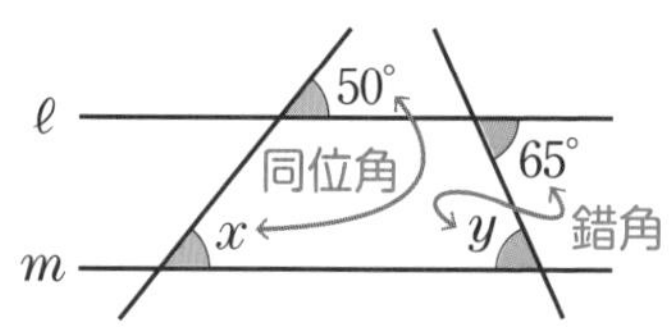

▼同位角とは？　錯角とは？

右の図の$\angle a$と$\angle c$のような位置にある角を同位角，$\angle b$と$\angle d$のような位置にある角を錯角といいます。

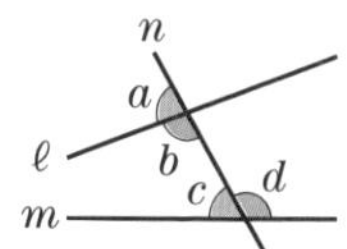

! 平行線になるための条件

$\left.\begin{array}{l} \angle a = \angle c \text{（同位角が等しい）} \\ \angle b = \angle c \text{（錯角が等しい）} \end{array}\right\}$ ならば，$\ell /\!/ m$

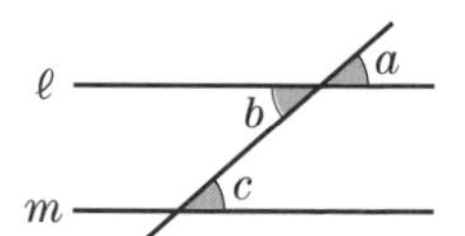

▼対頂角（たいちょうかく）とは？

右の図の$\angle a$と$\angle c$，$\angle b$と$\angle d$のように向かい合っている角を対頂角といいます。

対頂角は等しい。

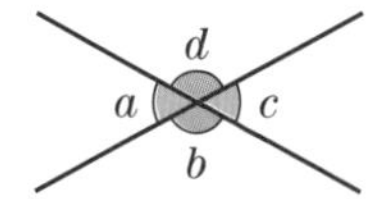

24 平行線と角

中2

問題

レベル ★★☆

右の図で，$\ell /\!/ m$ のとき，$\angle x$ の大きさを求めなさい。

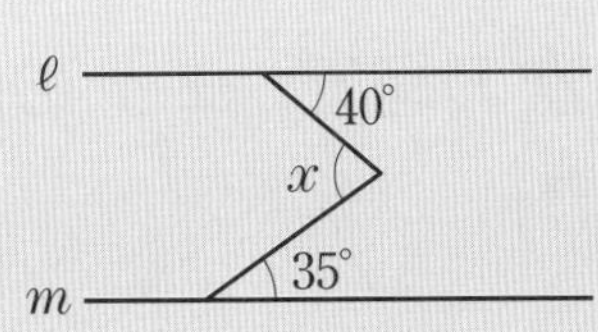

解くためのヒント

右の図のような補助線をひいて，
平行線の錯角は等しい
ことを利用する。

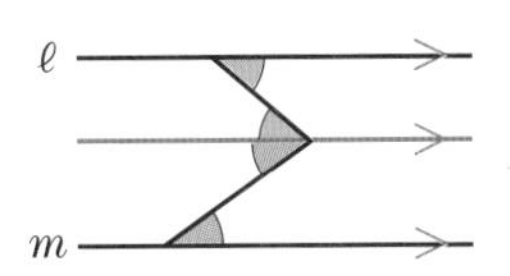

解き方

右下の図のような，直線 ℓ，m に平行な直線 n をひきます。

$\ell /\!/ n$ で，錯角は等しいから，

$\angle a = 40^\circ$

$m /\!/ n$ で，錯角は等しいから，

$\angle b = 35^\circ$

これより，

$\angle x = 40^\circ + 35^\circ = \mathbf{75^\circ}$

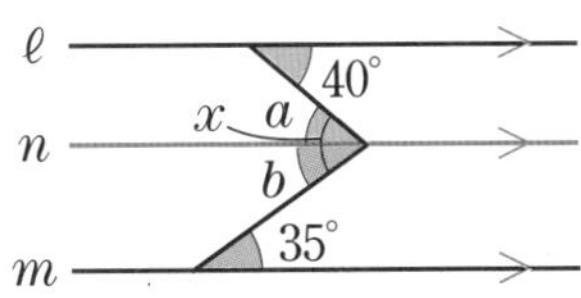

▼補助線(ほじょせん)とは？

上の図の直線 n のように，問題を解くための手がかりとしてかき加える直線を補助線といいます。

▼別の補助線のひき方

右の図のような直線をひきます。

$\ell /\!/ m$ で，錯角は等しいから，

$\angle c = 40^\circ$

三角形の外角は，それととなり合わない 2 つの内角の和に等しいから，

$\angle x = 40^\circ + 35^\circ = 75^\circ$

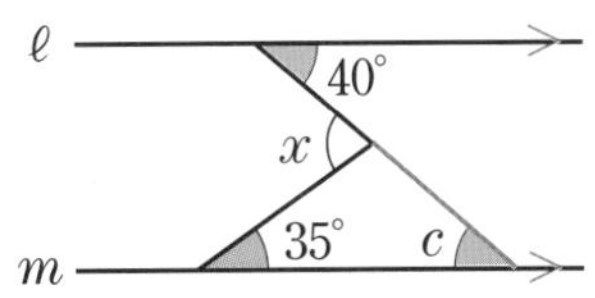

25 三角形の内角と外角

中2

問題

レベル ★☆☆

次の図で，$\angle x$ の大きさを求めなさい。

(1)

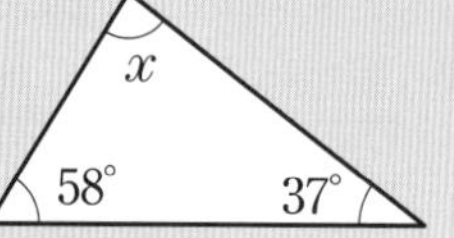

(2)

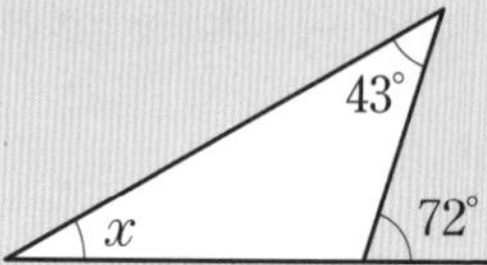

解くためのヒント

三角形の内角の和は180°
三角形の外角は，それととなり合わない
2つの内角の和に等しい。

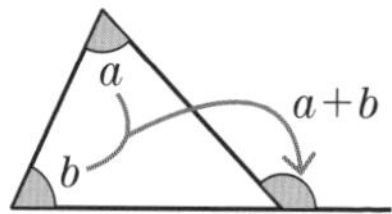

解き方

(1) $\angle x+58^\circ+37^\circ=180^\circ$ ←── 三角形の内角の和は180°

これより，

$\angle x=180^\circ-(58^\circ+37^\circ)=\mathbf{85^\circ}$

(2) $\angle x+43^\circ=72^\circ$ ←── 三角形の外角は，それととなり合わない2つの内角の和に等しい

これより，

$\angle x=72^\circ-43^\circ=\mathbf{29^\circ}$

▼内角とは？　外角とは？

△ABCで，3つの角∠A，∠B，∠Cを内角といいます。
また，右の図の∠ACDや∠BCEを，頂点Cにおける外角といいます。

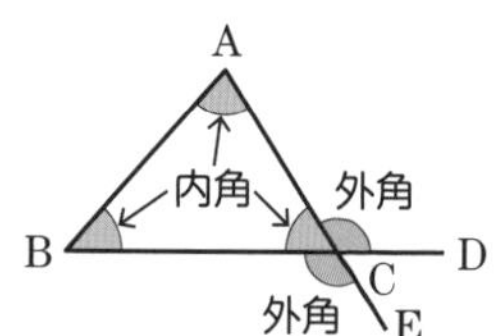

26 三角形の角の性質を使って

中2

問題

レベル ★★☆

右の図で，∠x の大きさを求めなさい。

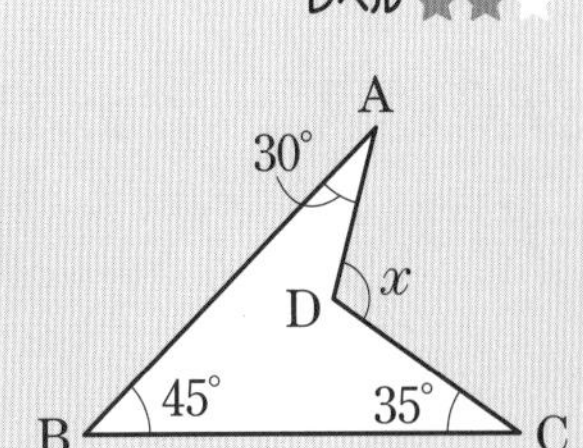

解くためのヒント

右の図のような補助線をひいて，三角形の内角と外角の関係を利用する。

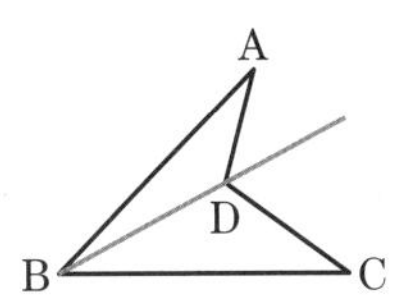

解き方

手順1 直線 BD をひき，D のほうの延長を E とします。

手順2 △ABD で，内角と外角の関係より，
∠ADE＝∠a＋30°

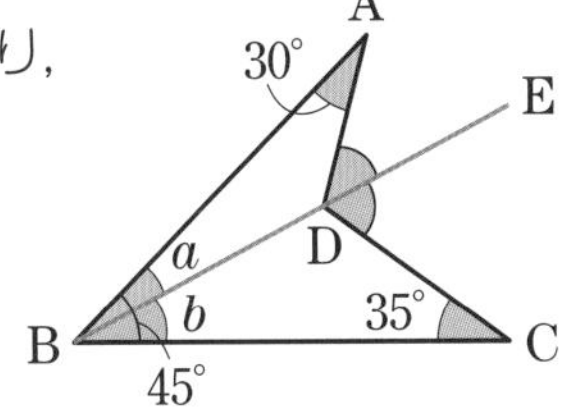

手順3 △DBC で，同じようにして，
∠CDE＝∠b＋35°

手順4 ∠a＋∠b＝45° だから，
∠x＝∠ADE＋∠CDE＝∠a＋30°＋∠b＋35°
＝30°＋45°＋35°＝**110°**
（∠A＋∠B＋∠C）

▼別の補助線のひき方

直線 **AD** をひき，辺 **BC** との交点を **F** とします。
△ABF で，内角と外角の関係より，**∠AFC＝30°＋45°＝75°**
△DFC で，同じようにして，**∠ADC＝75°＋35°＝110°**

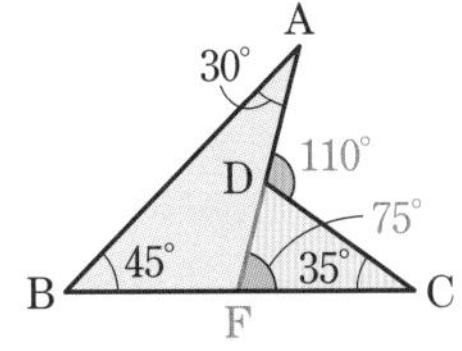

数と式
方程式
関数
図形
確率・統計

 多角形の内角と外角

中2

問題

レベル ★★☆

次の図で，$\angle x$ の大きさを求めなさい。

(1)

(2)

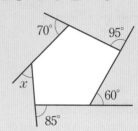

解くためのヒント

n 角形の内角の和 → $180° \times (n-2)$

多角形の外角の和 → $360°$

解き方

(1) 五角形の内角の和は，

$$180° \times (5-2) = 540°$$ ← n 角形の内角の和 → $180° \times (n-2)$

これより，540° から 4 つの内角の和をひきます。

$$\angle x = 540° - (100° + 95° + 120° + 110°) = \mathbf{115°}$$

(2) **多角形の外角の和は360°** だから，360° から 4 つの外角の和をひきます。

$$\angle x = 360° - (70° + 85° + 60° + 95°) = \mathbf{50°}$$

▼多角形の内角の和の公式の導き方

五角形は，2 本の対角線によって 3 つの三角形に分けられます。つまり，五角形の内角の和は，180° ×3 で求められます。このように，n 角形の内角の和は，多角形を対角線で $(n-2)$ 個の三角形に分けることで求められます。

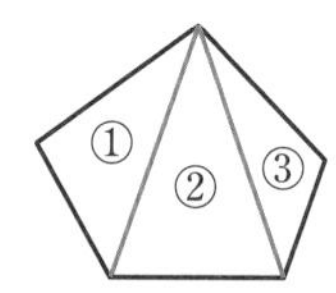

28 正多角形の角

中2

問題

レベル★★☆

(1)　正六角形の1つの内角の大きさを求めなさい。

(2)　正八角形の1つの外角の大きさを求めなさい。

解くためのヒント

正n角形の1つの内角の大きさ → $180° \times (n-2) \div n$（$180° \times (n-2)$：内角の和）

正n角形の1つの外角の大きさ → $360° \div n$（$360°$：外角の和）

解き方

(1)　六角形の内角の和は,

$180° \times (6-2) = 720°$

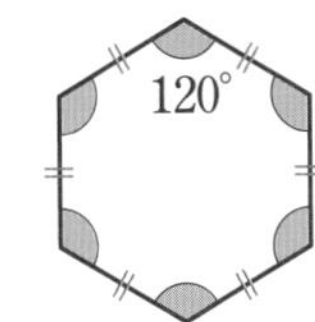

正多角形の内角はすべて等しいから,

1つの内角は,

$720° \div 6 = \mathbf{120°}$

(2)　多角形の外角の和は360°

正多角形の外角はすべて等しいから,

1つの外角は,

$360° \div 8 = \mathbf{45°}$

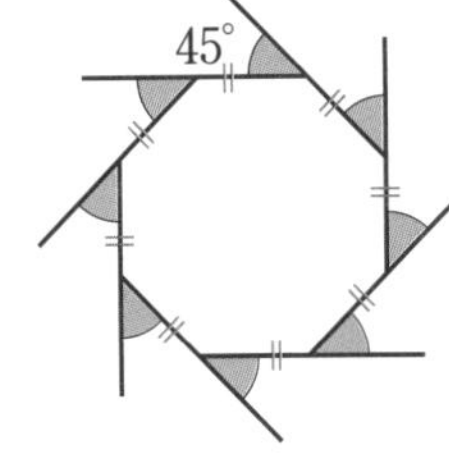

29 合同な図形の性質

中2

問題

レベル ★☆☆

右の図で，

四角形ABCD≡四角形FGHE

のとき，次の問いに答えなさい。

(1) 辺GHの長さを求めなさい。

(2) ∠Cの大きさを求めなさい。

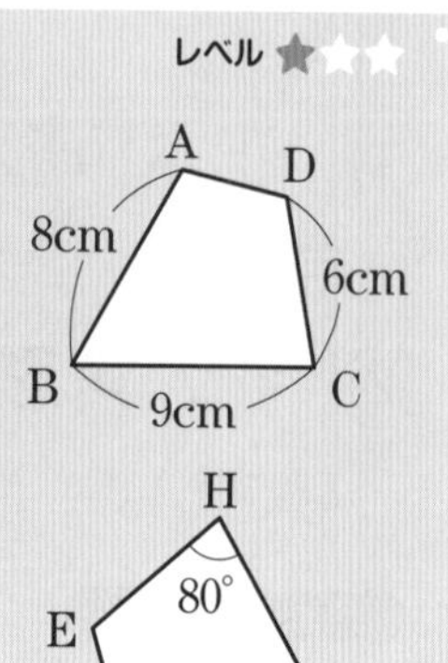

解くためのヒント

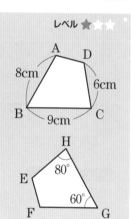

合同な図形では，対応する線分の長さや角の大きさは等しい。

解き方

(1) 点 G と対応する点は点 B

点 H と対応する点は点 C

これより，辺 GH と対応する辺は辺 BC

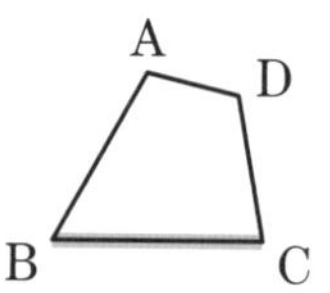

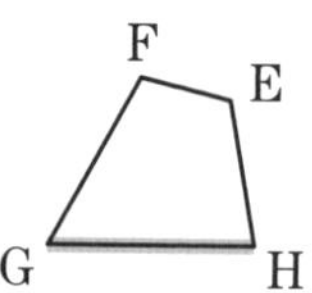

対応する辺の長さは等しいから，GH＝**9 cm**

(2) 点 C と対応する点は点 H

これより，∠C と対応する角は∠H

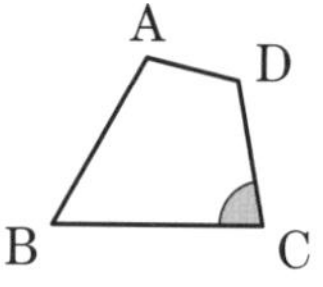

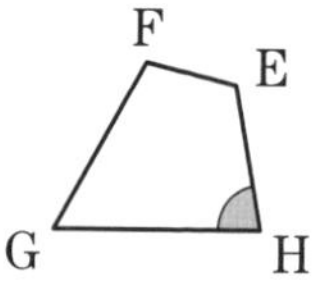

対応する角の大きさは等しいから，∠C＝**80°**

▼合同な図形の表し方は？

たとえば，△ABC と △DEF が合同であることは，記号≡を使って，△ABC≡△DEF と表します。このとき，対応する頂点を周にそって同じ順に書きます。

30 合同になるための条件

中2

問題

レベル ★★☆

右の図で，

BC＝EF，

∠B＝∠E

です。これにどのような条件を1つ加えれば，

△ABC≡△DEFになりますか。

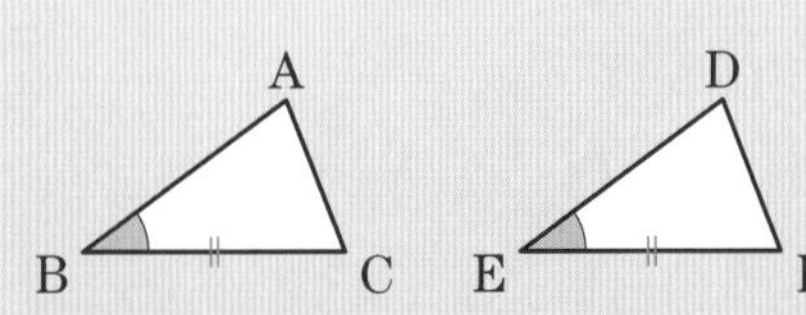

解くためのヒント

三角形の合同条件

❶ 3組の辺がそれぞれ等しい。

❷ 2組の辺とその間の角がそれぞれ等しい。

❸ 1組の辺とその両端（りょうたん）の角がそれぞれ等しい。

解き方

AB＝DE をつけ加えると，「2組の辺とその間の角がそれぞれ等しい」が成り立ち，△ABC≡△DEF となります。

∠C＝∠F をつけ加えると，「1組の辺とその両端の角がそれぞれ等しい」が成り立ち，△ABC≡△DEF となります。

∠A＝∠D をつけ加えると，三角形の内角の和は180°より，

（この条件は見落としがちなので注意！）

∠C＝∠F が成り立ちます。

これより，合同条件❸から，△ABC≡△DEF となります。

答 AB＝DE または∠C＝∠F または∠A＝∠D

31 三角形の合同の証明①

中2

問題

レベル ★★☆

右の図で，
AB∥CD，AO＝DOです。
△AOB≡△DOCであることを証明しなさい。

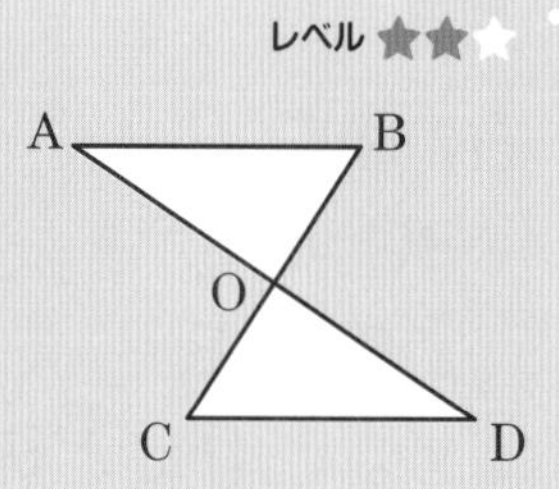

解くためのヒント

「対頂角（たいちょうかく）は等しい」，「平行線の錯角（さっかく）は等しい」を利用する。

解き方【証明】

△AOB と△DOC において，
仮定より，

AO＝DO ……①

対頂角は等しいから，

∠AOB＝∠DOC ……②

AB∥CD で，錯角は等しいから，

∠BAO＝∠CDO ……③

①，②，③より，1組の辺とその両端（りょうたん）の角がそれぞれ等しいので，

△AOB≡△DOC

A
B
O
C
D

等しい辺や，等しい角に同じ印をつけて表すとわかりやすい

三角形の合同条件

▼仮定（かてい）とは？　結論（けつろん）とは？　証明とは？

「○○○ならば□□□」で，○○○の部分を仮定，□□□の部分を結論といいます。
上のことがらでは，仮定は AB∥CD，AO＝DO，
結論は △AOB≡△DOC になります。
仮定から出発して，すでに正しいと認められていることがらを根拠（こんきょ）にして，結論を導くことを証明といいます。

バナナならば
黄色！

32 三角形の合同の証明②

中2

問題

レベル ★★★

右の図で，四角形ABCD，四角形ECFGは正方形で，点Cで重なっています。BE＝DFであることを証明しなさい。

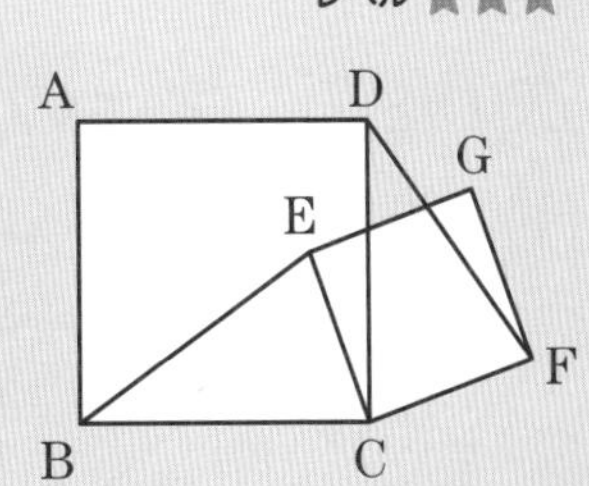

解くためのヒント

辺BEと辺DFをふくむ2つの三角形△BCEと△DCFが合同であることを証明する。

解き方 【証明】

△BCE と△DCF において，

（↑ 辺BE，辺DFをふくむ2つの三角形に着目）

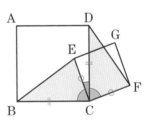

四角形 ABCD は正方形だから，

BC＝DC ……①

四角形 ECFG も正方形だから，

EC＝FC ……②

また，正方形の内角はすべて90°だから，

∠BCE＝∠BCD－∠ECD＝90°－∠ECD ……③

∠DCF＝∠ECF－∠ECD＝90°－∠ECD ……④

③，④より，∠BCE＝∠DCF ……⑤

①，②，⑤より，2 組の辺とその間の角がそれぞれ等しいので，

（↑ 三角形の合同条件）

△BCE≡△DCF

したがって，BE＝DF

33 二等辺三角形の角

中2

問題

レベル ★☆☆

次の図で，$\angle x$の大きさを求めなさい。

(1)　AB＝AC

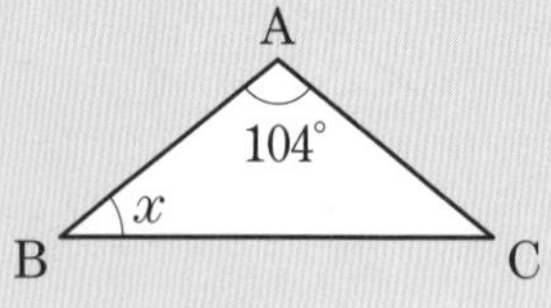

(2)　AC＝BC

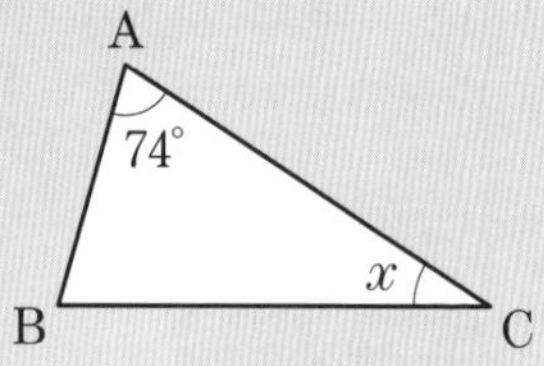

解くためのヒント

二等辺三角形の2つの底角（ていかく）は等しい。

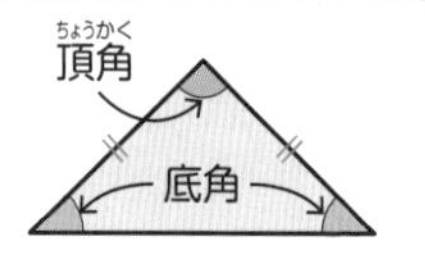

解き方

(1)　三角形の内角の和は180°だから，

$\angle B + \angle C = 180° - 104° = 76°$

AB＝AC より，$\angle B = \angle C$ だから，

← 二等辺三角形の2つの底角は等しい

$\angle x = 76° \div 2 = \mathbf{38°}$

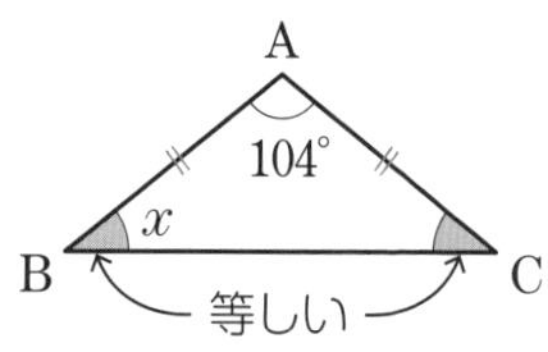

(2)　AC＝BC だから，

$\angle B = \angle A = 74°$

三角形の内角の和は180°だから，

$\angle x = 180° - 74° \times 2 = \mathbf{32°}$

← 2つの底角の和

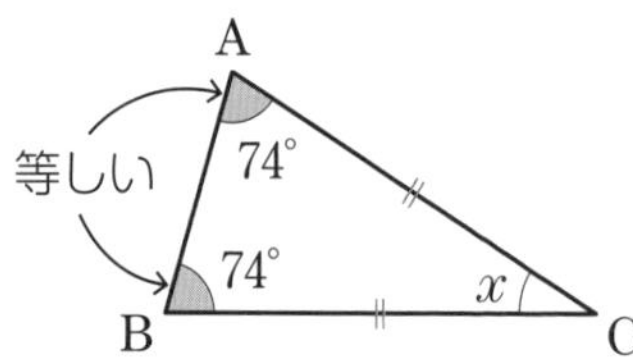

▼定義（ていぎ）とは？　定理（ていり）とは？

「2辺が等しい三角形を二等辺三角形という」のように，ことばの意味をはっきり述べたものを定義といいます。一方，「二等辺三角形の底角は等しい」のように，証明されたことがらで基本となるものを定理といいます。定理は，証明するときの根拠（こんきょ）とすることができます。

34 二等辺三角形の角を使って

中2

問題

レベル ★★★

右の図の△ABCで、
BD=DE=AE=AC,
∠B=24°です。
∠Cの大きさを求めなさい。

解くためのヒント

△DBE，△EAD，△AECはどれも二等辺三角形である。

解き方

手順1 △DBEはDB=DEの二等辺三角形だから，

∠B=∠DEB=24°

△DBEで，内角と外角の関係より，

∠ADE=24°+24°=48° ←―― ∠ADE=∠DBE+∠DEB

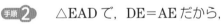

手順2 △EADで，DE=AEだから，

∠ADE=∠DAE=48°

△ABEで，内角と外角の関係より，

∠AEC=24°+48°=72°

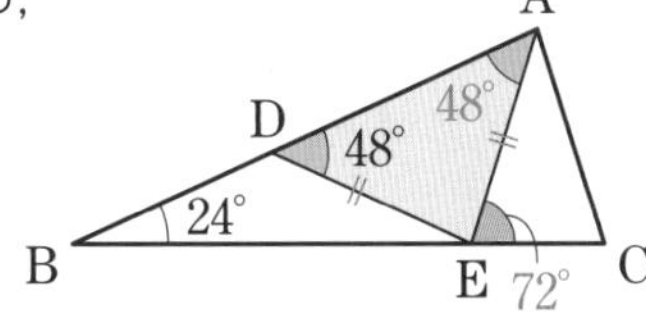

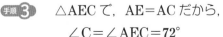

手順3 △AECで，AE=ACだから，

∠C=∠AEC=**72°**

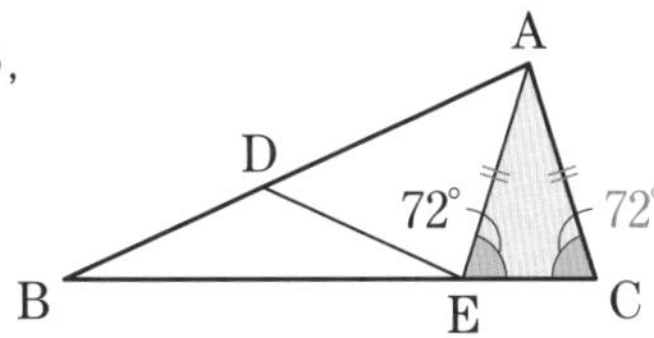

35 二等辺三角形の性質を使った証明 中2

問題

レベル ★★☆

右の図の△ABCはAB=ACの二等辺三角形です。BD=CEのとき，DC=EBであることを証明しなさい。

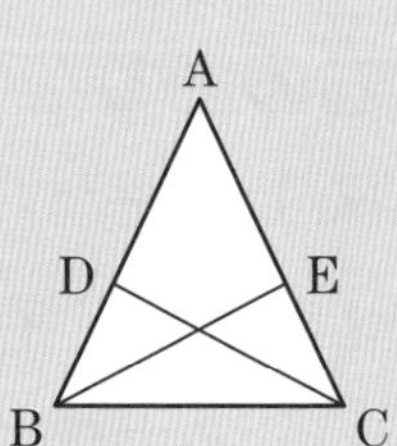

解くためのヒント

2つの底角は等しい → △DBC≡△ECB → DC=EB の順に考える。

解き方 【証明】

△DBCと△ECBにおいて，
↑ 辺DC，辺EBをふくむ2つの三角形に着目

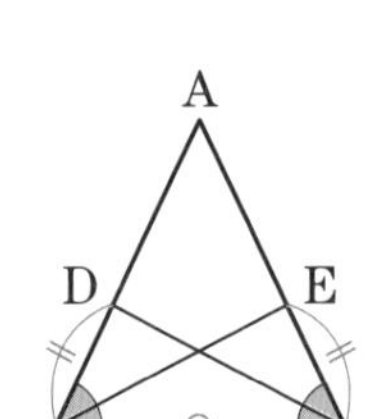

仮定より，

BD=CE ……①

共通な辺だから，

BC=CB ……②

AB=ACだから，

∠DBC=∠ECB ……③ ← 二等辺三角形の底角は等しい

①，②，③より，2組の辺とその間の角がそれぞれ等しいので，
↑ 三角形の合同条件

△DBC≡△ECB

したがって，DC=EB ← 合同な図形の対応する辺の長さは等しい

三角形の合同条件は P201

36 二等辺三角形であることの証明

中2

問題

レベル ★★★

右の図の△ABCで，
ADは∠BACの二等分線，
AD∥ECです。
AC＝AEであることを証明しなさい。

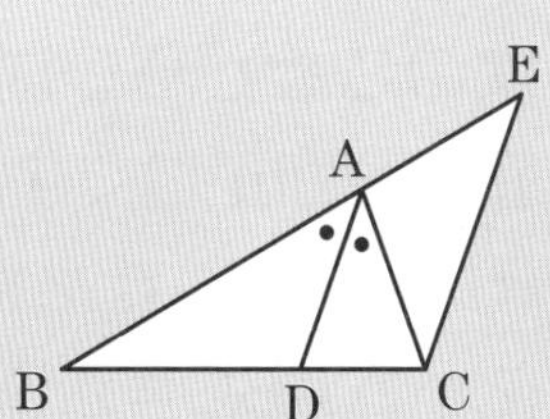

解くためのヒント

2つの角が等しい
→ その2つの角を底角とする二等辺三角形である。

解き方【証明】

AD∥EC で，同位角は等しいから，

∠BAD＝∠AEC ……①

また，錯角(さっかく)は等しいから，

∠CAD＝∠ACE ……②

AD は∠BAC の二等分線だから，

∠BAD＝∠CAD ……③

①，②，③より，

∠AEC＝∠ACE

これより，**2 つの角が等しいので，△ACE は二等辺三角形**である。

したがって，AC＝AE

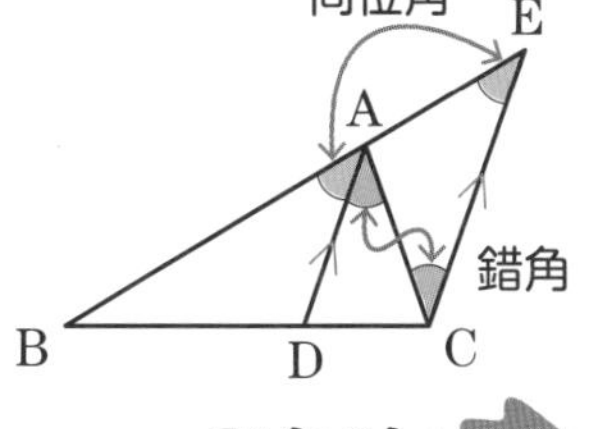

同位角と錯角は P194

2 つの角が等しい三角形は，等しい 2 つの角を底角とする二等辺三角形です。

37 正しいことの逆とその真偽

中2

問題

レベル ★★☆

次のことがらの逆を答えなさい。また，それが正しいか正しくないか答えなさい。

(1) △ABC で，∠A＞90°ならば，∠B＋∠C＜90°

(2) △ABC≡△DEF ならば，△ABCと△DEF の面積は等しい。

解くためのヒント

「○○○ ならば □□□」 ⟷ 逆 「□□□ ならば ○○○」

解き方

(1) △ABC で，∠A＞90°ならば，∠B＋∠C＜90°
　　　　　　　仮定　　　　　　　結論

仮定と結論を入れかえる

逆…**△ABC で，∠B＋∠C＜90°ならば，∠A＞90°**

三角形の内角の和は180°だから，∠B＋∠C＜90°ならば，∠A＞90°が成り立ちます。よって，**逆は正しい。**

(2) △ABC≡△DEF ならば，△ABC と △DEF の面積は等しい。
　　　　仮定　　　　　　　　　　結論

逆…**△ABC と △DEF の面積が等しいならば，△ABC≡△DEF**

反例（はんれい）…右の図で，△ABC と △DEF の面積は等しいが，△ABC と △DEF は合同ではありません。よって，**逆は正しくない。**

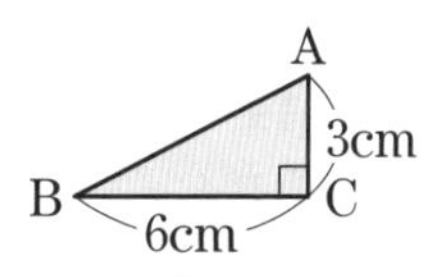

▼反例とは？

あることがらが成り立たない例を反例といいます。あることがらが正しくないことを示すには，反例を1つあげればよいです。

38 直角三角形の合同の証明①

中2

問題

レベル ★★☆

右の図の△ABCで，頂点B，Cから辺AC，ABに垂線BD，CEをひきます。BD=CEのとき，△ABCは二等辺三角形であることを証明しなさい。

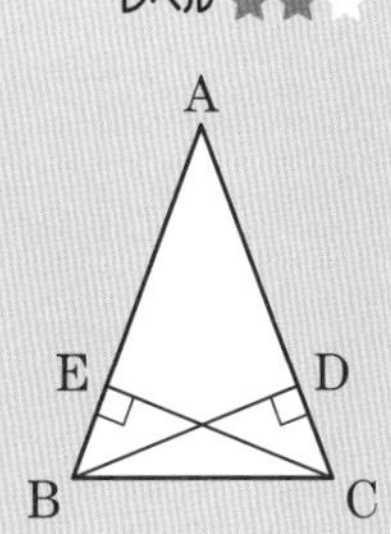

解くためのヒント

直角三角形の合同条件

❶ 斜辺（しゃへん）と他の1辺がそれぞれ等しい。

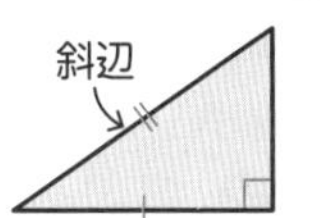

解き方 【証明】

手順1

△EBCと△DCBにおいて，

仮定より，

$\angle BEC = \angle CDB = 90^\circ$ ……①

$CE = BD$ ……②

共通な辺だから，

$BC = CB$ ……③

①，②，③より，直角三角形の**斜辺と他の1辺がそれぞれ等しい**から，△EBC≡△DCB ← 直角三角形の合同条件

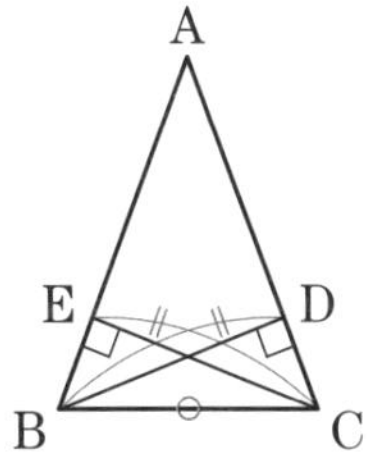

手順2

よって，$\angle EBC = \angle DCB$ ← 対応する角の大きさは等しい

したがって，△ABCは∠ABC，∠ACBを底角とする二等辺三角形である。

二等辺三角形になるための条件は P207

39 直角三角形の合同の証明② 中2

問題

レベル ★★★

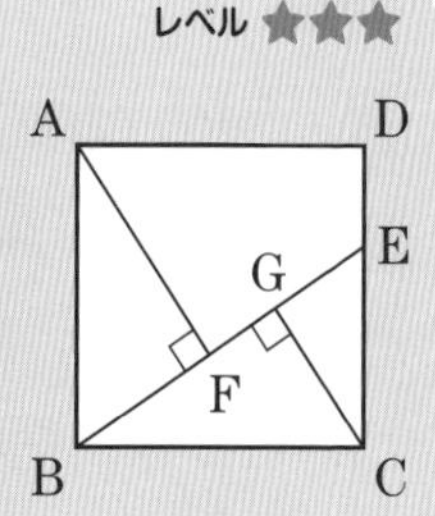

右の図の正方形ABCDで，辺CD上に点Eをとり，頂点A，CからBEにひいた垂線とBEとの交点をF，Gとします。

△ABF≡△BCGであることを証明しなさい。

解くためのヒント

直角三角形の合同条件

❷ 斜辺（しゃへん）と1つの鋭角（えいかく）がそれぞれ等しい。

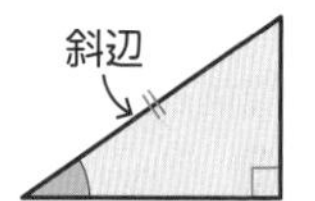

解き方【証明】

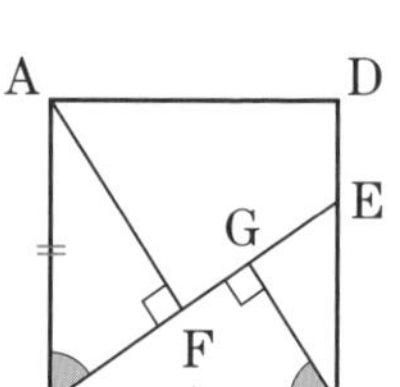

△ABFと△BCGにおいて，

仮定より，

∠AFB＝∠BGC＝90°　……①

四角形ABCDは正方形だから，

AB＝BC　……②

正方形の1つの内角は90°だから，

∠ABF＝90°－∠GBC　……③ ← ∠ABC－∠GBC

△BCGで，三角形の内角の和は180°だから，

∠BCG＝180°－90°－∠GBC＝90°－∠GBC　……④

③，④より，∠ABF＝∠BCG　……⑤

①，②，⑤より，直角三角形の斜辺と1つの鋭角がそれぞれ等しいから，△ABF≡△BCG

← 直角三角形の合同条件

40 平行四辺形の角

中2

問題

レベル ★★☆

右の図の平行四辺形ABCDで，CD=CE，∠A=125°です。
$\angle x$，$\angle y$の大きさを求めなさい。

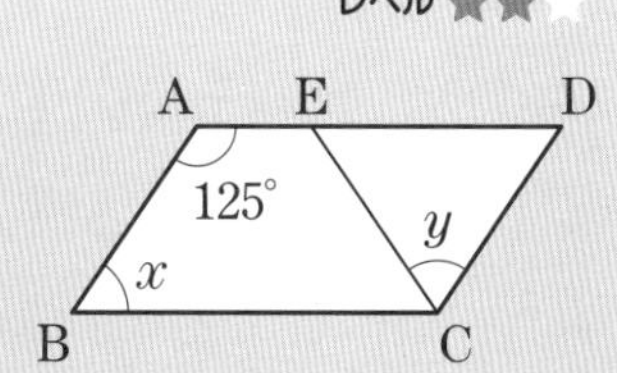

解くためのヒント

平行四辺形の2組の対角(たいかく)はそれぞれ等しい。

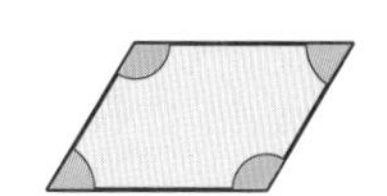

解き方

AD∥BC で，同位角は等しいから，
← 平行四辺形の対辺(たいへん)は平行

∠CBF＝∠A＝125°

これより，

$\angle x$＝180°－125°＝**55°**

→ ▼となり合う角の和は180°
∠A＋∠ABC＝∠CBF＋∠ABC＝180°

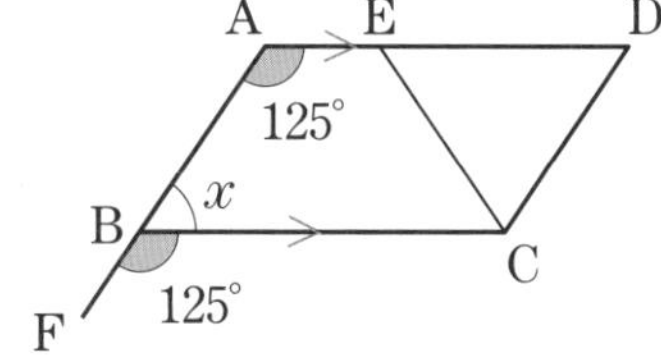

平行四辺形の対角は等しいから，

∠D＝∠ABC＝55°

CD＝CE だから，← △CDEは二等辺三角形

∠CED＝∠D＝55°

三角形の内角の和は180°だから，

$\angle y$＝180°－55°×2＝**70°**

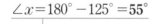

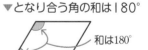

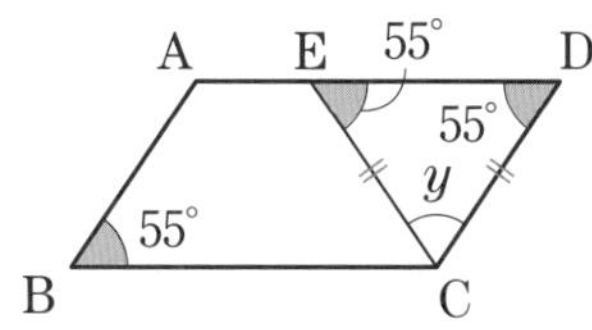

41 平行四辺形の性質を使った証明① 中2

問題

レベル ★★★

右の図の平行四辺形ABCDで，BE=DFのとき，AE=CFであることを証明しなさい。

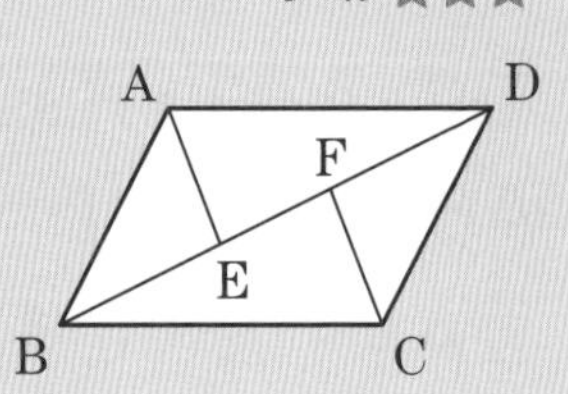

解くためのヒント

平行四辺形の2組の対辺(たいへん)はそれぞれ等しい。

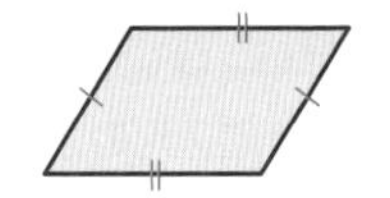

解き方 【証明】

△ABE と△CDF において，

辺AE，辺CFをふくむ2つの三角形に着目

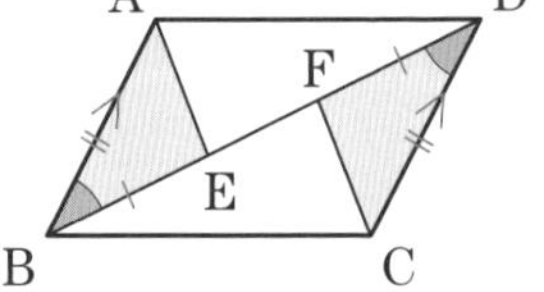

仮定より，

BE=DF ……①

平行四辺形の対辺は等しいから，

AB=CD ……②

AB//DC で，錯角(さっかく)は等しいから，

平行四辺形の対辺は平行

∠ABE=∠CDF ……③

①，②，③より，2 組の辺とその間の角がそれぞれ等しいから，

△ABE≡△CDF

三角形の合同条件

したがって，AE=CF ← 対応する辺の長さは等しい

▼平行四辺形を表す記号

平行四辺形 ABCD を，記号▱を使って，▱ABCD と表すことがあります。

三角形の合同条件は P201

42 平行四辺形の性質を使った証明② 中2

問題

レベル ★★☆

右の図の平行四辺形ABCDで，AP＝CQであることを証明しなさい。

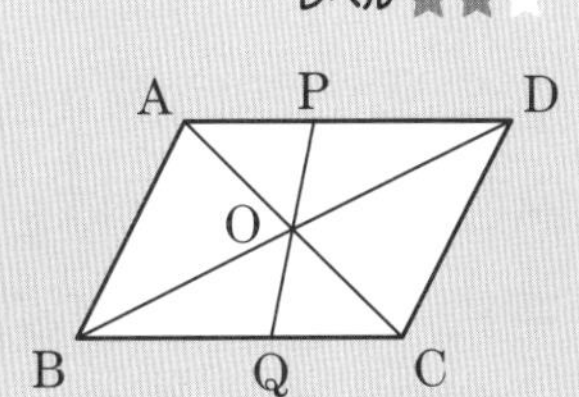

解くためのヒント

平行四辺形の対角線は
それぞれの中点で交わる。

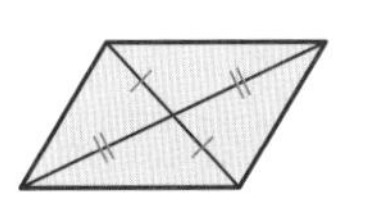

解き方【証明】

△AOPと△COQにおいて，

↑ 辺AP，辺CQをふくむ2つの三角形に着目

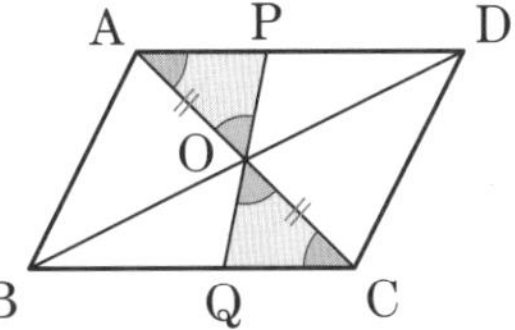

平行四辺形の対角線はそれぞれの中点で交わるから，

AO＝CO ……①

対頂角(たいちょうかく)は等しいから，

∠AOP＝∠COQ ……②

AD∥BCで，錯角は等しいから，

↑ 平行四辺形の対辺は平行

∠PAO＝∠QCO ……③

①，②，③より，1組の辺とその両端(りょうたん)の角がそれぞれ等しいから，

↑ 三角形の合同条件

△AOP≡△COQ

したがって，AP＝CQ

三角形の合同条件は P201

43 平行四辺形であることの証明

中2

問題

レベル ★★★

右の図の四角形ABCDで，AB//DC，点Eは辺ADの中点です。ABとCEの交点をFとするとき，四角形ACDFは平行四辺形であることを証明しなさい。

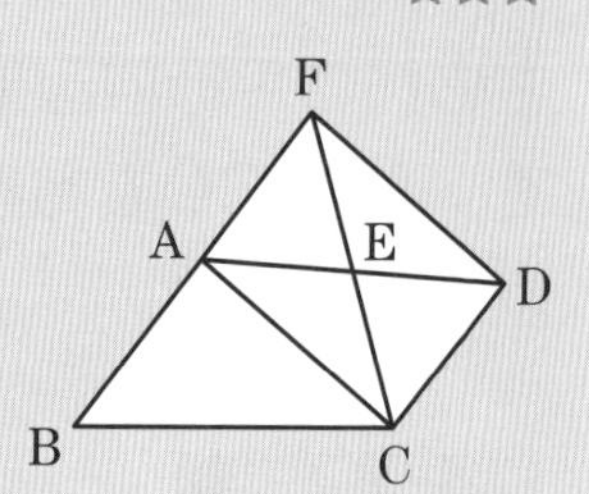

解くためのヒント

対角線がそれぞれの中点で交われば，平行四辺形である。

解き方

【証明】

△AEFと△DECにおいて，

仮定より，AE＝DE ……①

対頂角は等しいから，

∠AEF＝∠DEC ……②

FB//DCで，錯角(さっかく)は等しいから，

∠FAE＝∠CDE ……③

①，②，③より，1組の辺とその両端(りょうたん)の角がそれぞれ等しいから，

△AEF≡△DEC

したがって，FE＝CE ……④

①，④より，**対角線がそれぞれの中点で交わる**から，四角形ACDFは平行四辺形である。

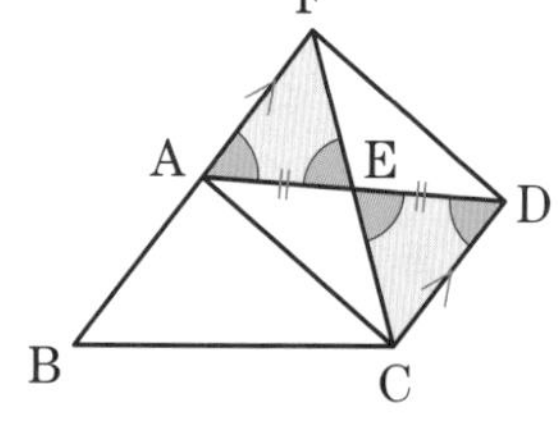

▼別の条件を使った証明

したがって，AF＝DC ……⑤

仮定より，FA//DC ……⑥

⑤，⑥より，1組の対辺が平行で長さが等しいから，四角形ACDFは平行四辺形である。

44 特別な平行四辺形の対角線

中2

問題

レベル ★★☆

平行四辺形ABCDに次の条件を加えると，どのような四角形になりますか。

(1)　AC＝BD　　　(2)　AC⊥BD

解くためのヒント

長方形の対角線は等しい。
ひし形の対角線は垂直に交わる。

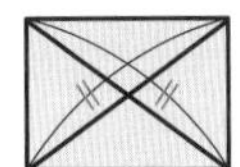

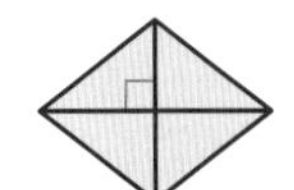

解き方

(1)　平行四辺形 ABCD に，
AC＝BD という条件を加えると，
右の図のように，**長方形**になります。

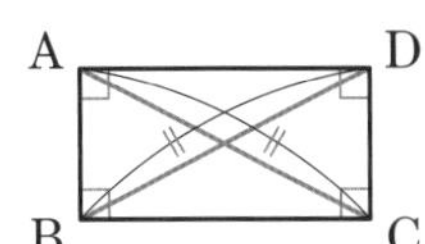

(2)　平行四辺形 ABCD に，
AC⊥BD という条件を加えると，
右の図のように，**ひし形**になります。

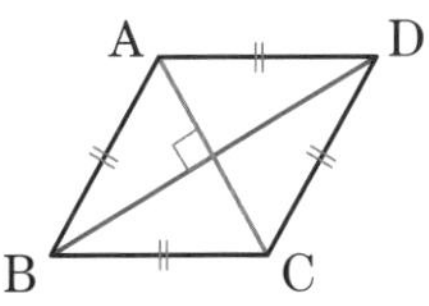

▼対角線の長さが等しい四角形は？　垂直に交わる四角形は？

対角線の長さが等しい四角形は，
長方形になるとはかぎりません。（図 1 ）
また，対角線が垂直に交わる四角形は，
ひし形になるとはかぎりません。（図 2 ）

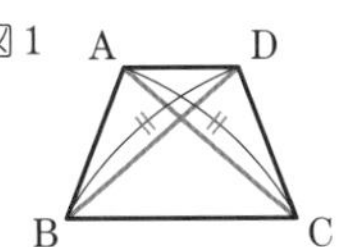

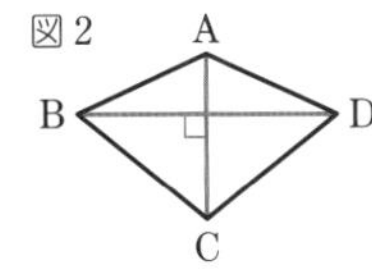

! 正方形の対角線

平行四辺形 ABCD に，
条件「**AC＝BD，AC⊥BD**」を加えると，
右の図のように正方形になります。

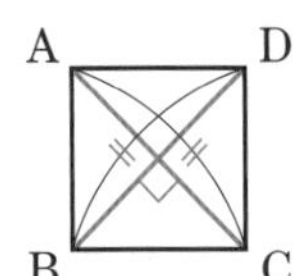

45 平行線と面積

中2

問題

レベル ★★☆

右の図の四角形ABCDは平行四辺形です。△DEC＝△BFEであることを証明しなさい。

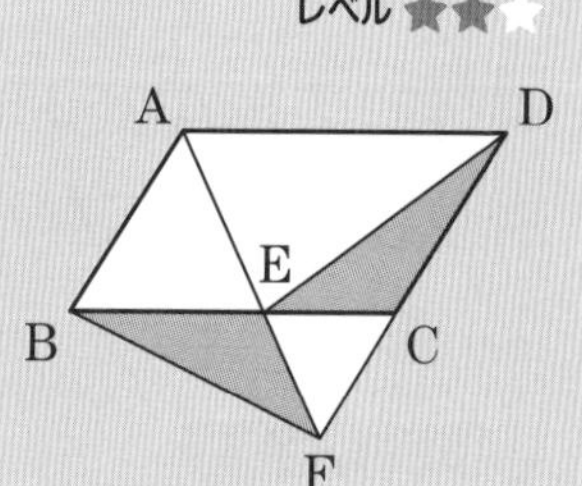

解くためのヒント

PQ//AB ならば，△PAB＝△QAB

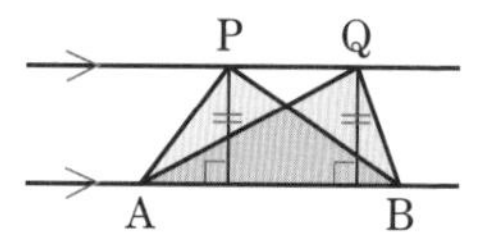

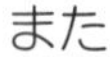

【証明】

対角線 AC をひきます。

AD//BC だから，← 平行四辺形の対辺は平行

△DEC＝△AEC ……①

AB//DF だから，

△AFC＝△BFC ……②

また，

△AEC＝△AFC－△EFC ……③

△BFE＝△BFC－△EFC ……④

②，③，④より，

△AEC＝△BFE ……⑤

①，⑤より，△DEC＝△BFE

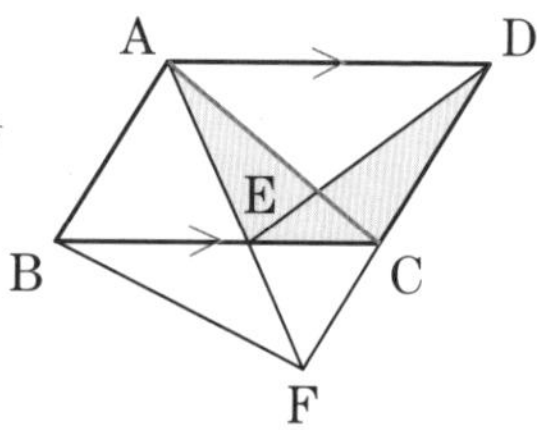

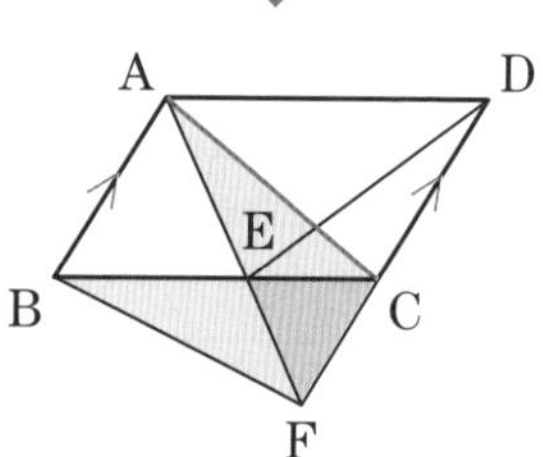

▼三角形の面積の表し方

記号△**PAB** で，△**PAB** の面積を表すことがあります。

また，△**PAB** と△**QAB** の面積が等しいことを △**PAB**＝△**QAB** と表します。

46 面積を2等分する直線

中2

問題

レベル ★★★

右の図の△ABCで，辺BC上の点Pを通り，△ABCの面積を2等分する直線のかき方を説明しなさい。

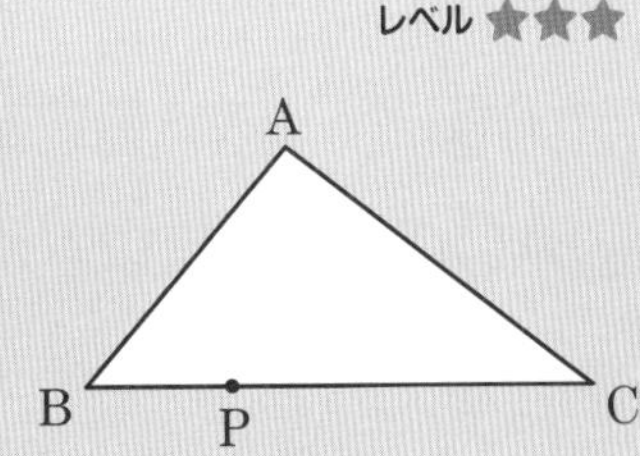

解くためのヒント

AP∥QM（点Mは辺BCの中点）
→ △APQ＝△APM
→ 四角形ABPQ＝△ABM

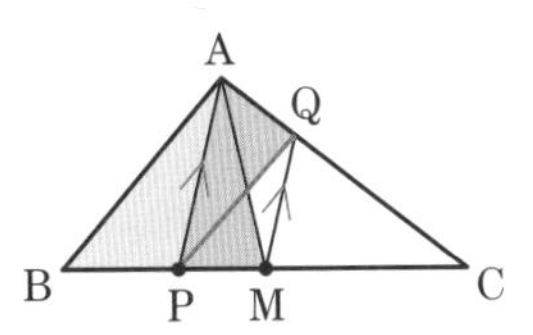

解き方 【説明】

上の図から，**四角形ABPQの面積は△ABCの面積の半分**であることがわかります。つまり，△ABCの面積を2等分する直線は，直線PQになります。

次の❶～❹の手順でかきます。

❶　点AとPを結びます。

❷　辺BCの中点をMとします。

❸　点Mを通り，直線APに平行な直線をひき，辺ACとの交点をQとします。

❹　直線PQをひきます。

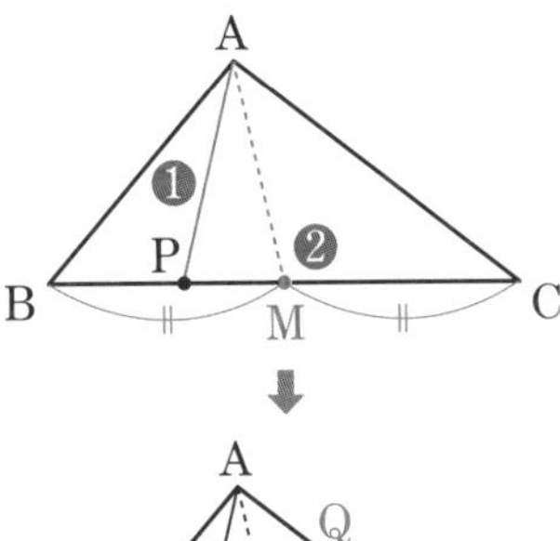

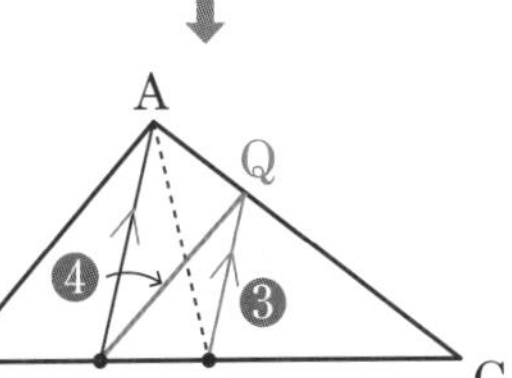

▼等積変形（とうせきへんけい）とは？

ある図形を，その面積を変えずに形だけを変えることを等積変形といいます。

47 相似な図形の辺

中3

問題

レベル ★☆☆

次の図で，△ABC∽△DEFです。辺EF，辺ACの長さを求めなさい。

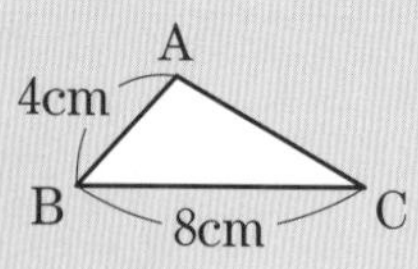

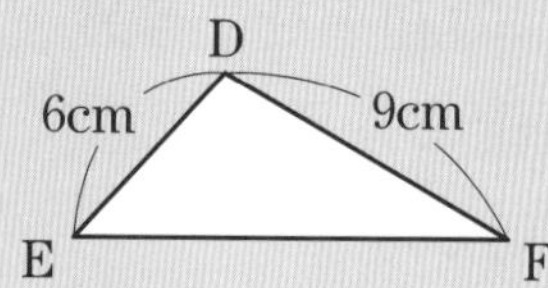

解くためのヒント

相似（そうじ）な図形では，対応する線分の長さの比はすべて等しい。

解き方

手順1 辺 AB に対応する辺は辺 DE です。

相似比（そうじひ）は，AB：DE＝4：6＝2：3

↑ 対応する線分の長さの比

手順2 対応する線分の長さの比はすべて等しいから，

BC：EF＝AB：DE

8：EF＝2：3

8×3＝EF×2

EF＝12(cm)

（a：b＝c：d ならば ad＝bc）

AC：DF＝2：3

AC：9＝2：3

AC×3＝9×2

AC＝6(cm)

（a：b＝c：d ならば ad＝bc）

相似な図形では，対応する角の大きさはそれぞれ等しいよ。
等しい

比例式の解き方は

48 三角形の相似

中3

問題

レベル ★★☆

次の図で，相似な三角形を記号∽を使って表しなさい。

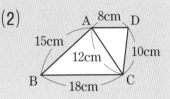

(1)

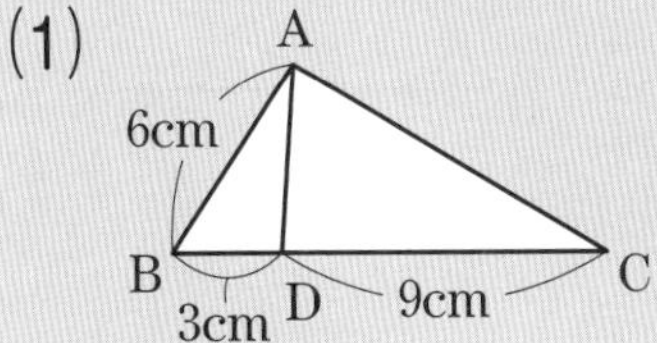

(2)

A 8cm D
15cm
12cm
10cm
B
18cm
C

解くためのヒント

三角形の相似条件

❶ 3組の辺の比がすべて等しい。

❷ 2組の辺の比とその間の角がそれぞれ等しい。

❸ 2組の角がそれぞれ等しい。

解き方

(1) △ABC と△DBA において，

∠B は共通

AB：DB＝6：3＝2：1

BC：BA＝12：6＝2：1

三角形の相似条件

2 組の辺の比とその間の角がそれぞれ等しいから，

△ABC∽△DBA

(2) △ABC と△DCA において，

AB：DC＝15：10＝3：2

BC：CA＝18：12＝3：2

AC：DA＝12：8＝3：2

三角形の相似条件

3 組の辺の比がすべて等しいから，**△ABC∽△DCA**

三角形の合同条件は  P201

49 三角形の相似の証明

中3

問題

レベル ★★☆

右の図の△ABCは，AB=ACの二等辺三角形です。∠ABC=∠ADEのとき，△ABD∽△DCEであることを証明しなさい。

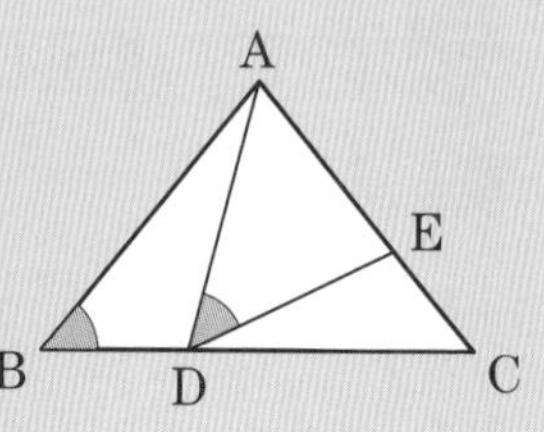

解くためのヒント

もっとも よく使われる相似条件は「2組の角がそれぞれ等しい」。

解き方【証明】

△ABD と△DCE において，

二等辺三角形の 2 つの底角は等しいから，

∠ABD＝∠DCE　……①

△ABD で，三角形の内角の和は180°だから，

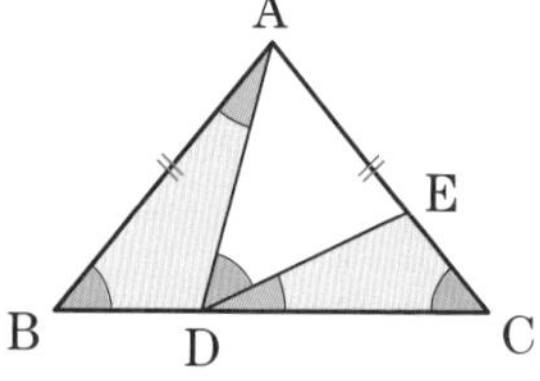

∠BAD＝180°－(∠ABD＋∠BDA)　……②

また，

∠CDE＝180°－(∠ADE＋∠BDA)　……③

仮定より，∠ABD＝∠ADE　……④

②，③，④より，∠BAD＝∠CDE　……⑤

①，⑤より，2 組の角がそれぞれ等しいから，

△ABD∽△DCE

↑ 三角形の相似条件

三角形の相似条件は P219

50 平行線と線分の比の定理

中3

問題

レベル ★★☆

右の図で，直線 ℓ，m，n が平行であるとき，x の値を求めなさい。

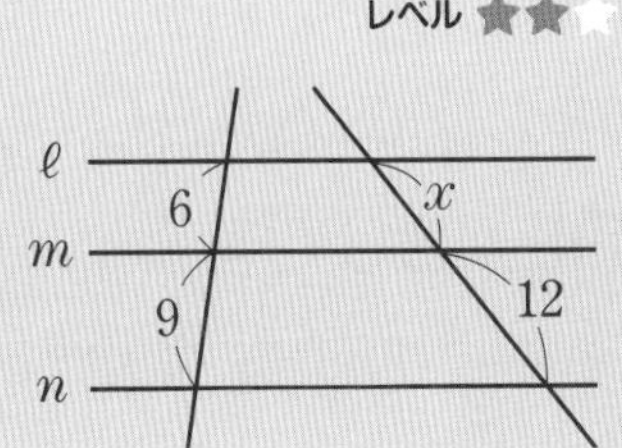

解くためのヒント

平行線と線分の比の定理
直線 ℓ，m，n が平行ならば，
AB：BC=DE：EF
AB：AC=DE：DF

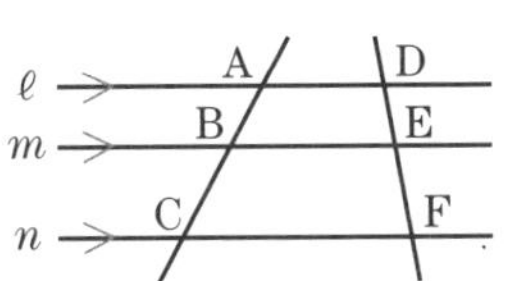

解き方

平行線と線分の比の定理より，

$6:9=x:12$ ← AB：BC=DE：EF

$6\times12=9\times x$ ← $a:b=c:d$ ならば$ad=bc$

$\boldsymbol{x=8}$

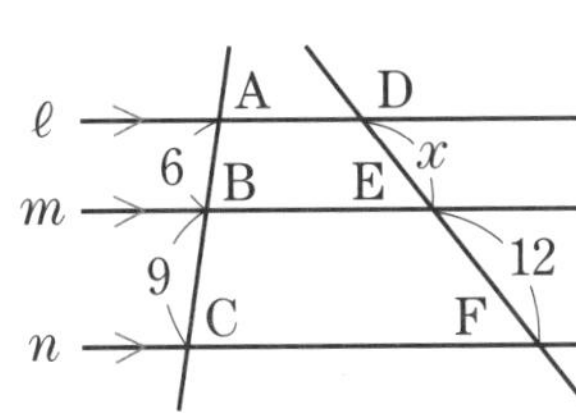

こんなときは ＞ 平行線と線分の比の定理

問題 右の図で，直線 ℓ，m，n が平行であるとき，x の値を求めなさい。

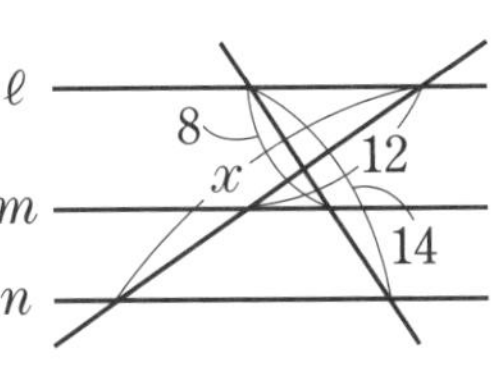

解き方

右の図のような場合でも，平行線と線分の比の定理が使えます。

$8:14=12:x$，$8\times x=14\times12$，$\boldsymbol{x=21}$

51 三角形と比の定理

中3

問題

レベル ★★☆

右の図の△ABCで，
DE∥BCです。
x，yの値を求めなさい。

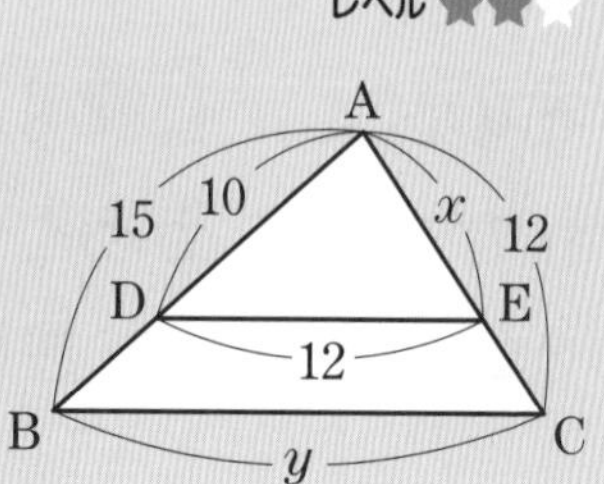

解くためのヒント

三角形と比の定理
DE∥BC ならば，
AD：AB＝AE：AC＝DE：BC

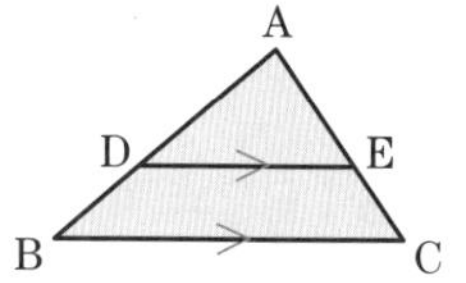

解き方

DE∥BC だから，

$10:15=x:12$ ← AD：AB=AE：AC

$10\times12=15\times x$ ← $a:b=c:d$ ならば $ad=bc$

$\boldsymbol{x=8}$

$10:15=12:y$ ← AD：AB=DE：BC

$10\times y=15\times12$

$\boldsymbol{y=18}$

▼三角形と比の定理の逆

△**ABC** の辺 **AB**，**AC** 上の点をそれぞれ **D**，**E** とするとき，

①**AD**：**AB**＝**AE**：**AC** ならば，**DE**∥**BC**

②**AD**：**DB**＝**AE**：**EC** ならば，**DE**∥**BC**

もう1つの三角形と比の定理

DE∥BC ならば，

AD：DB＝AE：EC

も成り立ちます。

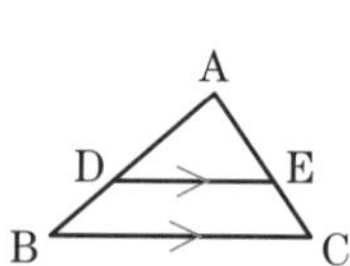

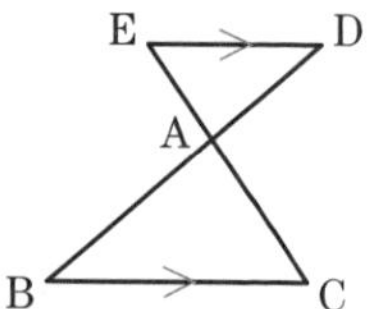

52 角の二等分線と比

中3

問題

レベル ★★★

右の図の△ABCで，ADは∠BACの二等分線です。線分BDの長さを求めなさい。

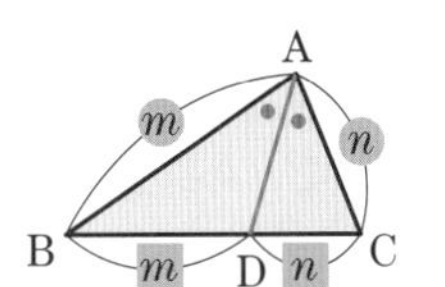

解くためのヒント

∠BAD=∠CAD ならば，

AB：AC=BD：DC

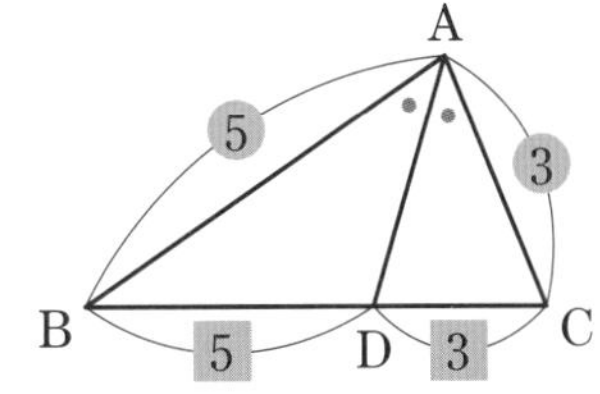

解き方

手順1 BD：DCを求める

△ABC で，∠BAD＝∠CAD だから，

AB：AC＝BD：DC

これより，

BD：DC＝15：9＝5：3

手順2 線分BDの長さを求める

BD：BC＝5：(5＋3)＝5：8

BD：16＝5：8

BD×8＝16×5

BD＝10(cm)

a：b=c：dならばad=bc

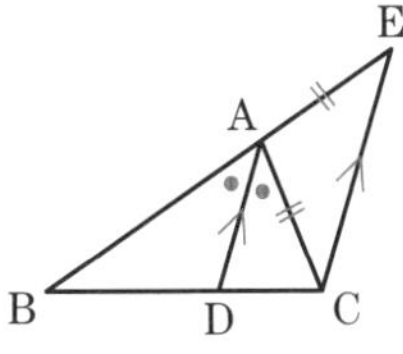

右の図で，AC=AE
AD//ECだから，BA：AE=BD：DC
したがって，AB：AC=BD：DC

AC=AEになることの証明は P207

53 中点連結定理

中3

問題

レベル ★★★

右の図の△ABCで，点Dは辺ABの中点，点E，Fは辺ACを3等分する点です。線分BGの長さを求めなさい。

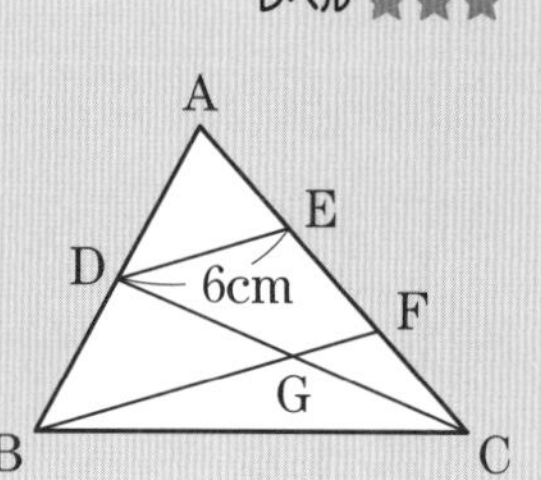

解くためのヒント

中点連結定理（ちゅうてんれんけつていり）

辺AB，ACの中点をM，Nとすると，

$MN /\!/ BC$，$MN=\frac{1}{2}BC$

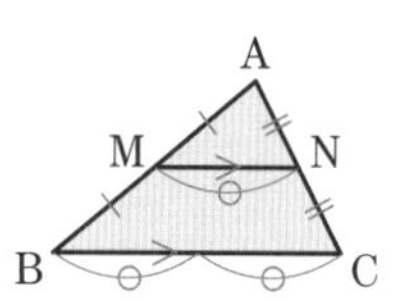

解き方

手順1 △ABFで，中点連結定理より，

点Dは辺ABの中点，点Eは辺AFの中点

$DE=\frac{1}{2}BF$

これより，

$BF=2DE=2\times6=12(cm)$

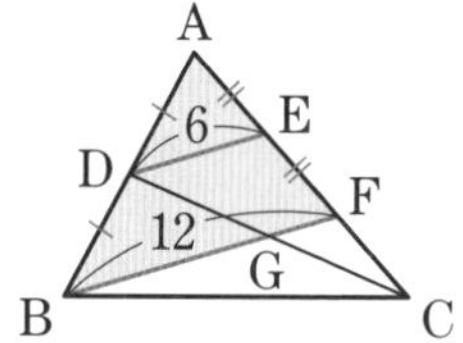

手順2 $DE /\!/ GF$，$EF=FC$ より，

$DG=GC$ ←―― EF : FC=DG : GC

△CEDで，中点連結定理より，

点Fは辺CEの中点，点Gは辺CDの中点

$GF=\frac{1}{2}DE=\frac{1}{2}\times6=3(cm)$

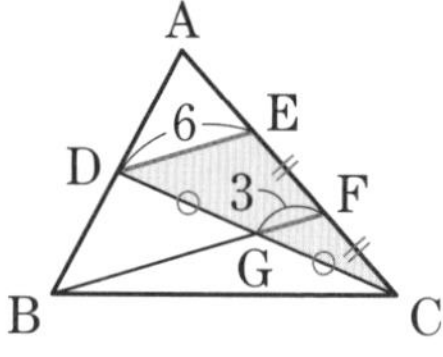

手順3 以上から，$BG=BF-GF=12-3=$ **9(cm)**

54 中点連結定理を使った証明

中3

問題

レベル ★★★

右の図の四角形ABCDで，辺AB，BC，CD，DAの中点をP，Q，R，Sとします。四角形PQRSは平行四辺形になることを証明しなさい。

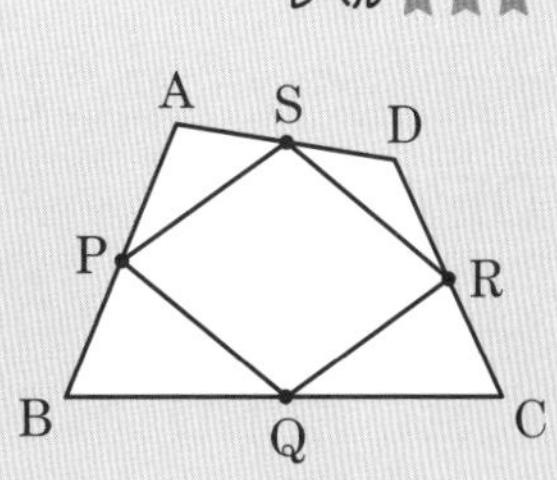

解くためのヒント

対角線ACをひいて，△BCA，△ACDで中点連結定理を利用する。

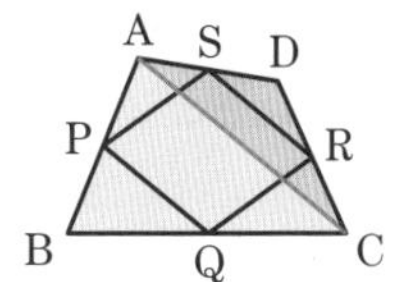

解き方【証明】

対角線 AC をひきます。

△BCA で，中点連結定理より，

点Pは辺ABの中点，点Qは辺BCの中点

$$PQ /\!/ AC,\ PQ=\frac{1}{2}AC$$

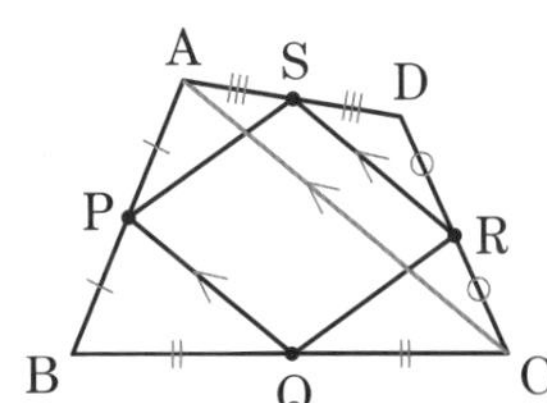

△DAC で，中点連結定理より，

点Sは辺ADの中点，点Rは辺DCの中点

$$SR /\!/ AC,\ SR=\frac{1}{2}AC$$

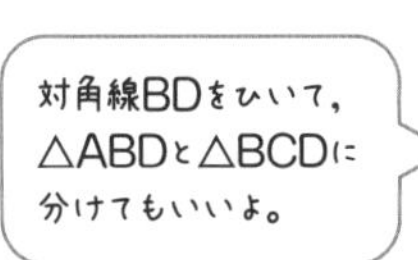

対角線BDをひいて，
△ABDと△BCDに
分けてもいいよ。

したがって，PQ∥SR，PQ＝SR

1組の対辺が平行でその長さが等しいから，四角形 PQRS は平行四辺形である。

↑平行四辺形になるための条件

平行四辺形であることの証明は P214

55 相似な図形の面積の比

中3

問題

レベル ★★☆

右の図の△ABCで，DE∥BCです。△ABCの面積が54 cm²のとき，台形DBCEの面積を求めなさい。

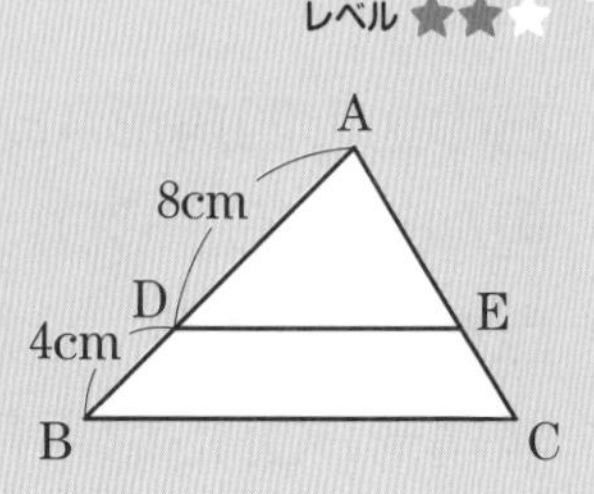

解くためのヒント

相似比が $m:n$ ならば，面積の比は $m^2:n^2$

解き方

△ADE∽△ABC です。← ∠Aは共通
DE∥BCで，同位角は等しいから，
∠ADE＝∠ABC
2組の角がそれぞれ等しい

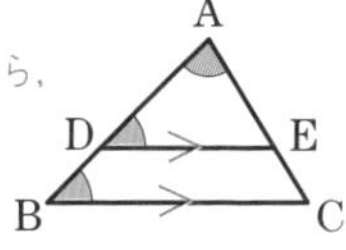

△ADE と△ABC の相似比は，

AD：AB＝8：(8＋4)＝8：12＝2：3

相似な図形の面積の比は，相似比の 2 乗に等しいから，

△ADE：△ABC＝2^2：3^2＝**4：9**

△ADE：54＝4：9

△ADE×9＝54×4　← $a:b=c:d$ ならば $ad=bc$

△ADE＝24(cm²)

これより，

台形 DBCE の面積＝△ABC－△ADE＝54－24＝**30(cm²)**

（△ABC は△ABCの面積を表す）

三角形の相似条件は P219

56 相似な立体の体積の比

中3

問題

レベル ★★★

右の図は，正四面体(せいしめんたい)A，Bの展開図です。A，Bの展開図の面積がそれぞれ15 cm^2，60 cm^2のとき，正四面体Bの体積は，Aの体積の何倍ですか。

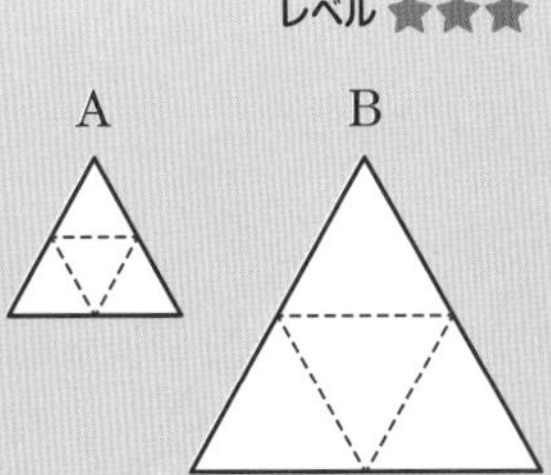

解くためのヒント

相似比が $m:n$ ならば，
表面積の比は $m^2:n^2$
体積の比は　$m^3:n^3$

解き方

手順1 2つの立体の相似比を求める

正四面体AとBは相似な立体です。← 正多面体(せいためんたい)は相似な立体

展開図の面積は，表面積と等しいから，

（正四面体Aの表面積）：（正四面体Bの表面積）

$=15:60=1:4=1^2:2^2$ → 表面積の比は相似比の2乗

これより，正四面体AとBの相似比は，$1:2$

手順2 2つの立体の体積の比を求める

相似な立体の体積の比は，相似比の3乗に等しいから，

（正四面体Aの体積）：（正四面体Bの体積）

$=1^3:2^3=\mathbf{1:8}$

つまり，正四面体Bの体積はAの体積の**8**倍。

57 円周角の定理

中3

問題

レベル ★★☆

次の図で，$\angle x$の大きさを求めなさい。

(1)

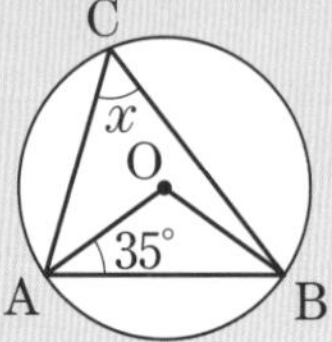

(2)

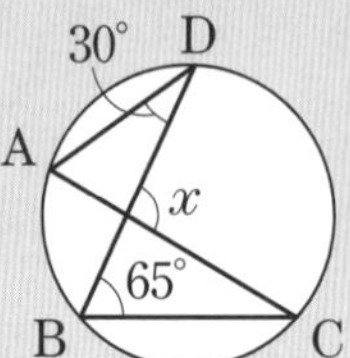

解くためのヒント

円周角(えんしゅうかく)の定理　$\angle P = \angle Q = \frac{1}{2}\angle AOB$

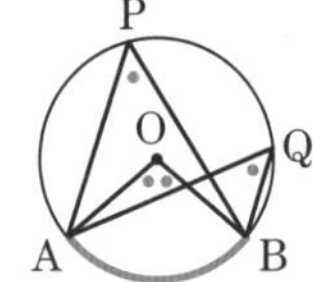

解き方

(1)　OA＝OBだから，　← OA，OBは円Oの半径

$\angle OAB = \angle OBA = 35°$ ← △OABは二等辺三角形

三角形の内角の和は180°だから，

$\angle AOB = 180° - 35° \times 2 = 110°$

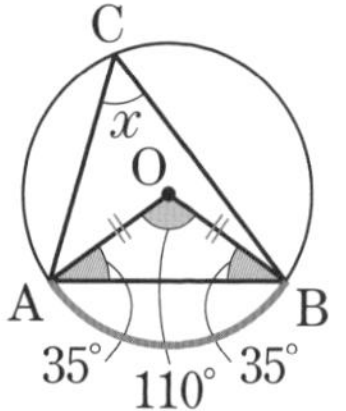

$\overset{\frown}{AB}$に対する中心角と円周角の関係から，

$\angle x = \frac{1}{2}\angle AOB = \frac{1}{2} \times 110° = \mathbf{55°}$

(2)　$\overset{\frown}{AB}$に対する円周角の関係から，

$\angle ACB = \angle ADB = 30°$

三角形の内角と外角の関係から，

$\angle x = 30° + 65° = \mathbf{95°}$

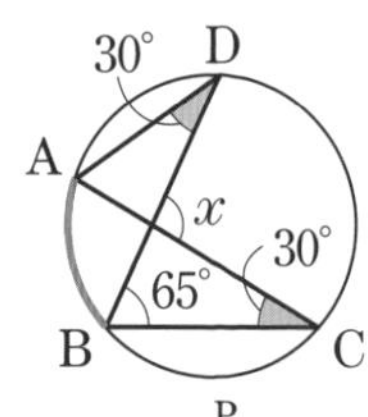

▼円周角とは？

右の図の円Oで，$\overset{\frown}{AB}$を除いた円周上に点Pをとるとき，$\angle APB$を$\overset{\frown}{AB}$に対する円周角といいます。

58 半円の弧に対する円周角

中3

問題

レベル ★★☆

右の図で，AB=ACです。
$\angle x$の大きさを求めなさい。

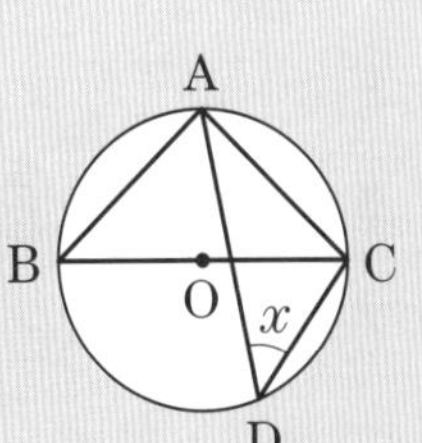

解くためのヒント

$\angle P=\frac{1}{2}\angle AOB=90°$

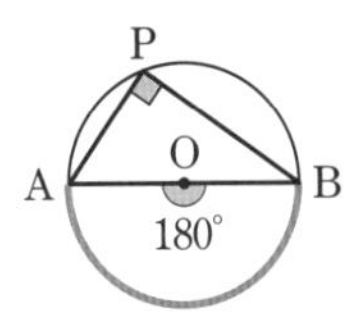

解き方

手順1 半円の弧(こ)に対する円周角は90°だから，
$\angle BAC=90°$

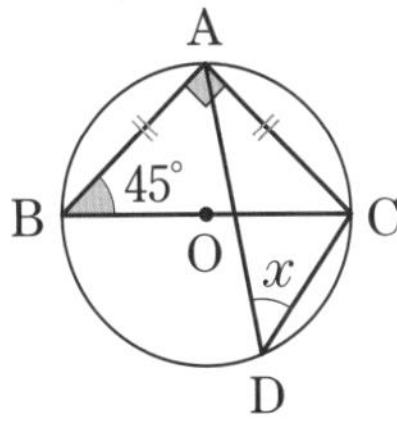

手順2 AB＝AC より，$\angle ABC=\angle ACB$
↑ △ABCは直角二等辺三角形

また，三角形の内角の和は180°だから，
$\angle ABC=(180°-90°)\div 2=45°$

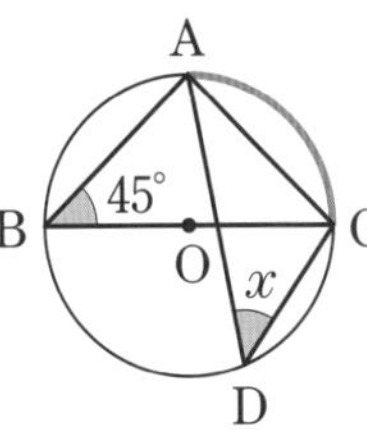

手順3 $\overset{\frown}{AC}$ に対する円周角の関係から，
$\angle x=\angle ABC=$**45°**
↑ 円周角の定理

59 円周角と弧

中3

問題

レベル ★★★

右の図で，

$\overset{\frown}{AB}=\overset{\frown}{AE}$，$\overset{\frown}{BC}=\overset{\frown}{CD}=\overset{\frown}{DE}$

です。∠AEBの大きさを

求めなさい。

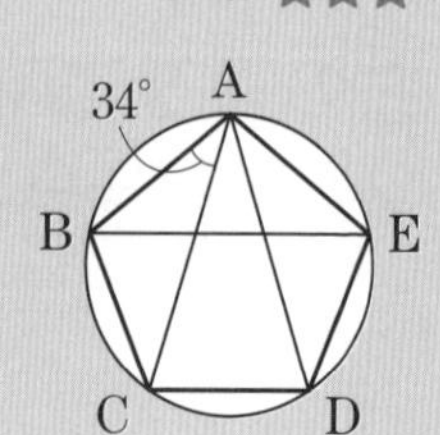

解くためのヒント

円周角と弧(こ)の定理

1つの円で，

① 等しい円周角に対する弧は等しい。

② 等しい弧に対する円周角は等しい。

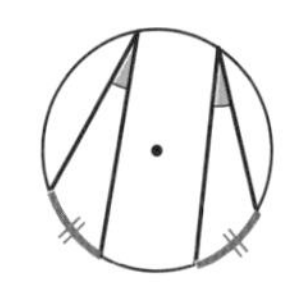

解き方

手順1 $\overset{\frown}{BC}=\overset{\frown}{CD}=\overset{\frown}{DE}$ だから，

↓ 等しい弧に対する円周角は等しい

∠BAC＝∠CAD＝∠DAE＝34°

これより，∠BAE＝34°×3＝102°

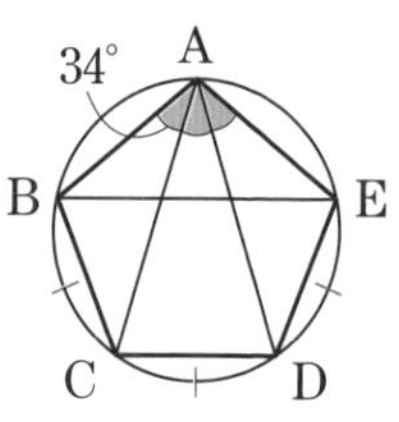

手順2 三角形の内角の和は180°だから，

∠ABE＋∠AEB＝180°－102°＝78°

$\overset{\frown}{AB}=\overset{\frown}{AE}$ だから，

∠AEB＝∠ABE ← 等しい弧に対する円周角は等しい

以上から，

∠AEB＝78°÷2＝**39°**

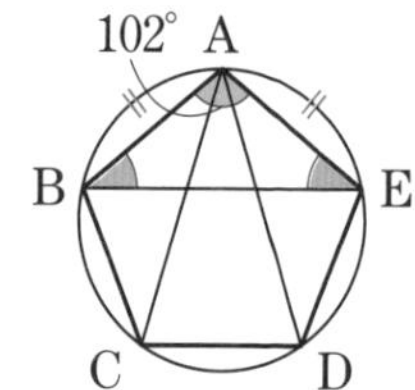

60 円周角の定理の逆

中3

問題

レベル ★★☆

右の図で，$\angle x$，$\angle y$ の大きさを求めなさい。

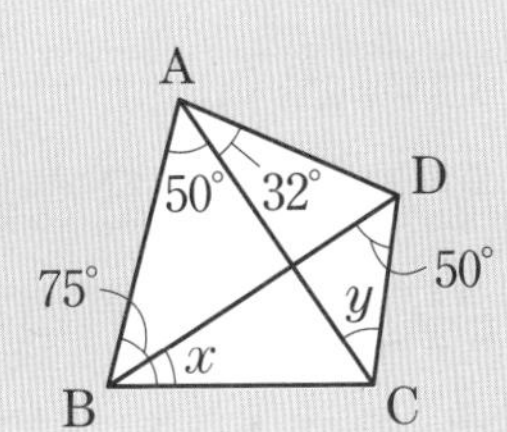

解くためのヒント

円周角の定理の逆

点P，Qが直線ABの同じ側にあって，

$\angle APB = \angle AQB$ ならば，

4点A，B，P，Qは1つの円周上にある。

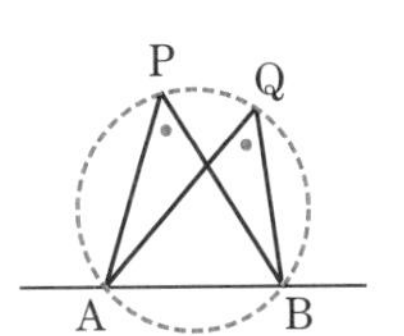

解き方

2点A，Dは直線BCについて同じ側にあって，**$\angle BAC = \angle BDC (=50°)$ だから，4点A，B，C，Dは1つの円周上にあります。**

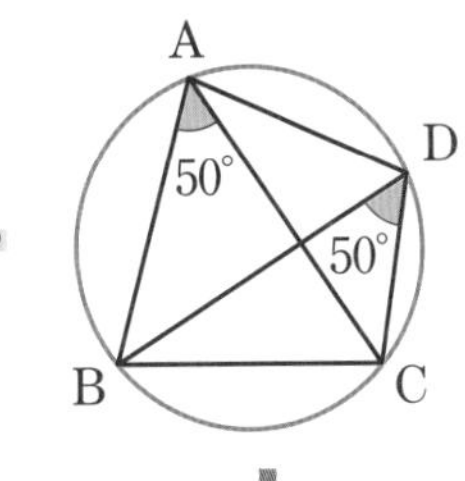

$\overset{\frown}{CD}$ に対する円周角の関係から，

$\angle x = \angle DAC = \mathbf{32°}$ ←―― 円周角の定理

$\angle ABC = 75°$ だから，

$\angle ABD = 75° - 32° = 43°$

$\overset{\frown}{AD}$ に対する円周角の関係から，

$\angle y = \angle ABD = \mathbf{43°}$ ←―― 円周角の定理

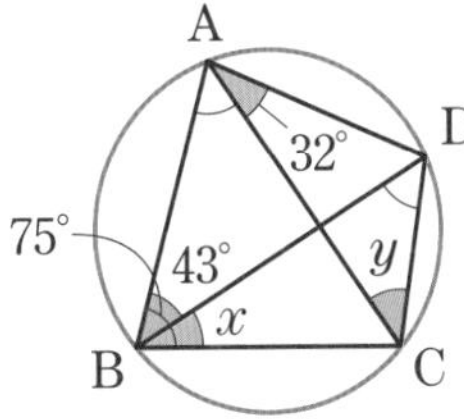

▼逆とは？

2つのことがらが，仮定と結論を入れかえた関係にあるとき，一方を他方の逆といいます。

円周角の定理は

61 接線と半径がつくる角

中3

問題

レベル ★★☆

右の図で，PA，PBはそれぞれ点A，Bを接点(せってん)とする円Oの接線(せっせん)です。∠ACBの大きさを求めなさい。

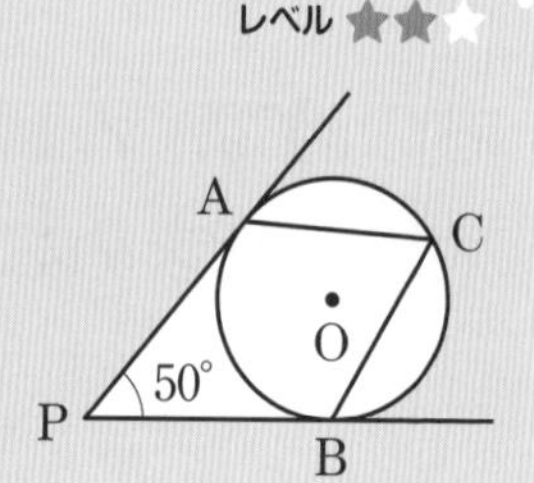

解くためのヒント

円の接線は，
接点を通る半径に垂直である。

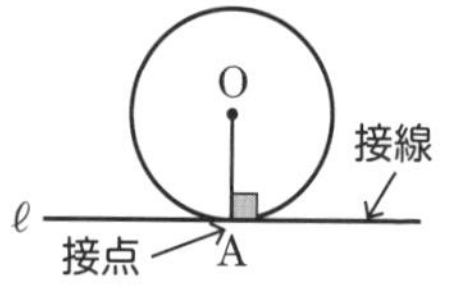

解き方

点OとA，Bをそれぞれ結びます。

円の接線は，接点を通る半径に垂直だから，

$\angle PAO = \angle PBO = 90^\circ$

四角形の内角の和は360°だから，

$\angle AOB = 360^\circ - (50^\circ + 90^\circ + 90^\circ) = 130^\circ$

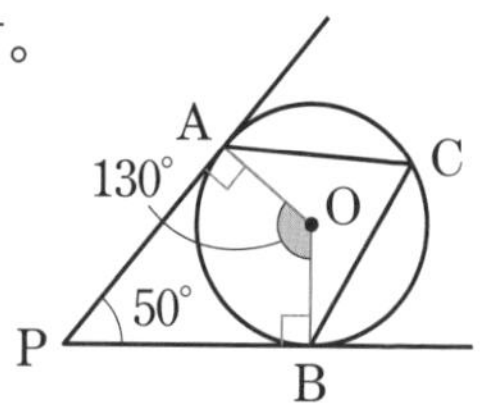

手順2 $\overset{\frown}{AB}$ に対する円周角と中心角の関係から，

$$\angle ACB = \frac{1}{2}\angle AOB$$
$$= \frac{1}{2} \times 130^\circ$$
$$= 65^\circ$$

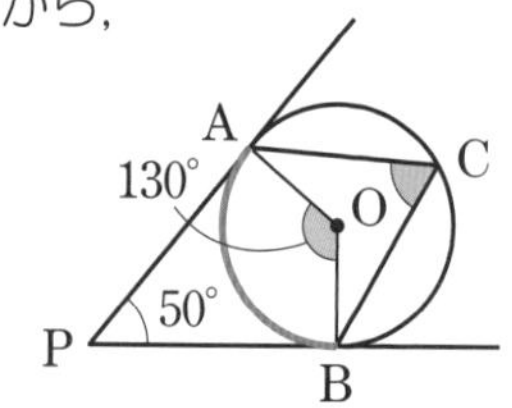

62 円の接線の作図

中3

問題

レベル ★★☆

右の図で，点Pを通る円Oの接線を作図しなさい。

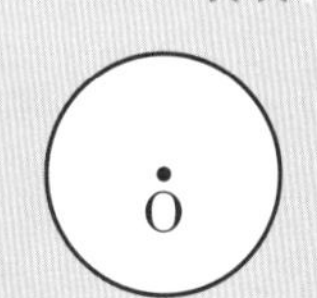

解くためのヒント

半円の弧に対する円周角は90°であることを利用する。

解き方 【作図】

円 O の接線を PA とすると，

∠PAO＝90° ← 円の接線は，接点を通る半径に垂直

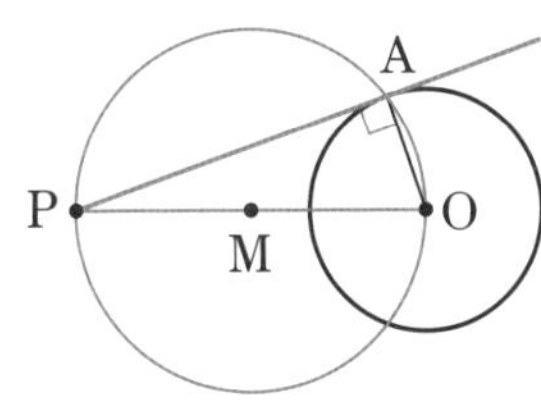

つまり，**線分 PO を直径とする円 M を作図して，円 M と円 O との交点を A とすれば，∠PAO＝90°**となります。

半円の弧に対する円周角は P229

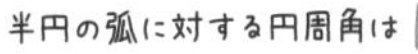

❶ 2 点 P，O を結びます。

❷ 線分 PO の垂直二等分線をひき，PO との交点を M とします。

← 線分POの中点Mの作図

中点の作図は P172

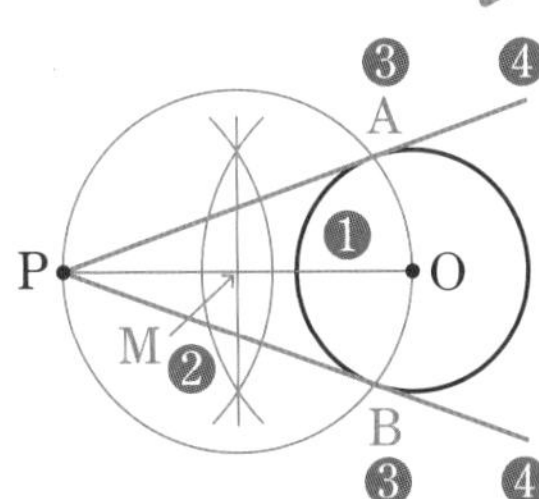

❸ 点 M を中心として半径 MP の円をかき，円 O との交点を A，B とします。

❹ 直線 PA，PB をひきます。

▼円の接線の長さ

線分 PA，PB の長さを，点 P から円 O にひいた接線の長さといいます。2 つの接線 PA，PB の長さは等しくなります。

63 円と三角形の合同

中3

問題

レベル ★★★

右の図の△ABCで，∠ABC＝∠ACBです。∠BAC＝∠DAEのとき，△ABD≡△ACEであることを証明しなさい。

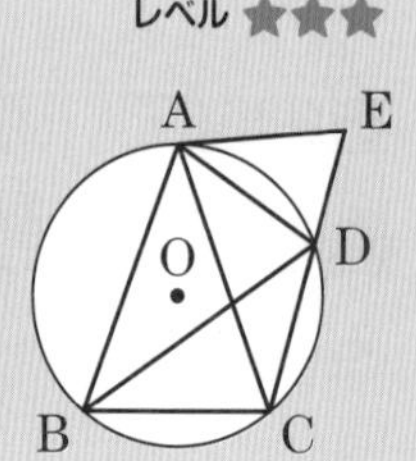

解くためのヒント

「1つの弧(こ)に対する円周角の大きさは一定」を利用する。

解き方【証明】

△ABD と△ACE において，

∠ABC＝∠ACB だから，← △ABCは二等辺三角形

AB＝AC ……①

$\overset{\frown}{AD}$ に対する円周角の関係から，

∠ABD＝∠ACE ……②

↑ 1つの弧に対する円周角の大きさは一定

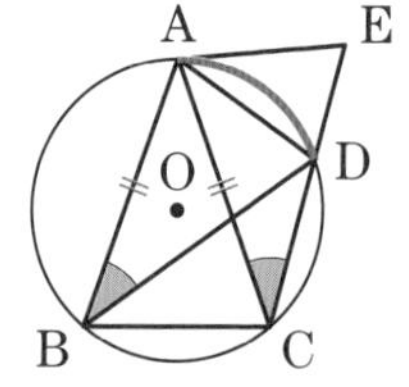

また，

∠BAD＝∠BAC＋∠CAD ……③

∠CAE＝∠DAE＋∠CAD ……④

仮定より，∠BAC＝∠DAE ……⑤

③，④，⑤より，

∠BAD＝∠CAE ……⑥

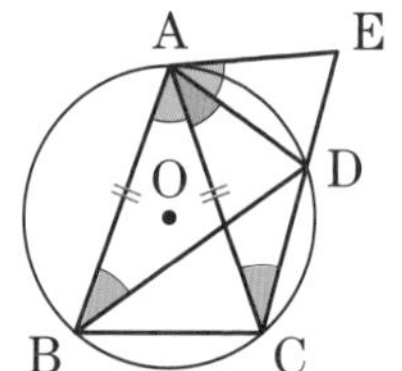

①，②，⑥より，1組の辺とその両端(りょうたん)の角がそれぞれ等しいから，

△ABD≡△ACE

↑ 三角形の合同条件

三角形の合同条件は P201

64 円と三角形の相似

中3

問題

レベル ★★☆

右の図で，$\overset{\frown}{AD}=\overset{\frown}{DC}$ です。
△ABE∽△DBCであること
を証明しなさい。

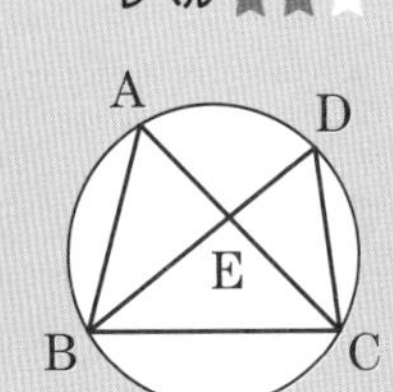

解くためのヒント

「等しい弧に対する円周角は等しい」
「1つの弧に対する円周角の大きさは一定」を利用する。

解き方【証明】

△ABE と△DBC において，
$\overset{\frown}{AD}=\overset{\frown}{DC}$ だから，

∠ABE＝∠DBC ……①

$\overset{\frown}{BC}$ に対する円周角の関係から，

∠BAE＝∠BDC ……②

↑ 1つの弧に対する円周角の大きさは一定

①，②より，**2組の角がそれぞれ等しい**から，

↑ 三角形の相似条件

△ABE∽△DBC

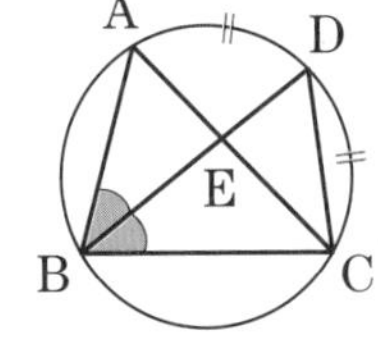

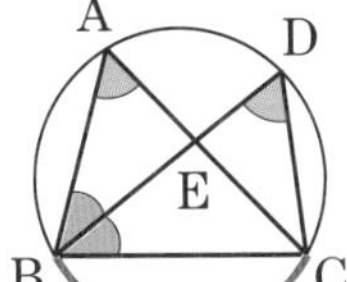

円を使った証明問題では，円周角の定理や円の性質を利用して，等しい角を見つけることがポイントだよ。

三角形の相似条件は P219

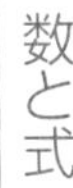

方程式
関数
図形
確率・統計

65 三平方の定理

中3

問題

レベル ★★☆

右の図で，xの値を求めなさい。

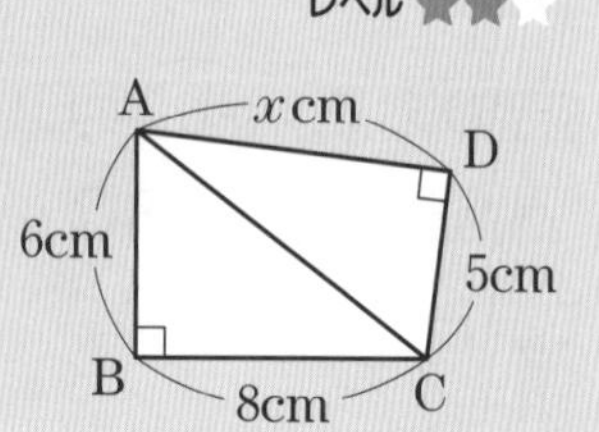

解くためのヒント

三平方(さんへいほう)の定理　$a^2+b^2=c^2$

↑
cは斜辺(しゃへん)

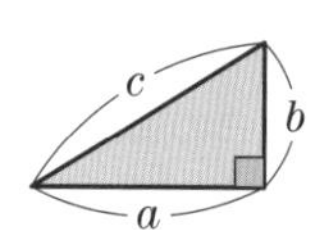

解き方

手順1 △ABCで，三平方の定理より，（ピタゴラスの定理ともいう）

$AC^2=6^2+8^2$ ←― $AC^2=AB^2+BC^2$

$=36+64$

$=100$

$AC>0$だから，←― 辺の長さは正の数

$AC=\sqrt{100}=10$(cm)

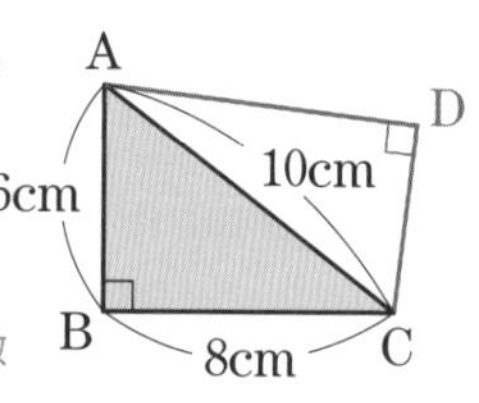

手順2 △ACDで，三平方の定理より，

$AD^2=10^2-5^2$ ←― $AD^2=AC^2-CD^2$

$=100-25$

$=75$

$AD>0$だから，

$AD=\sqrt{75}=5\sqrt{3}$ (cm)←― $a\sqrt{b}$の形に変形

すなわち，$\boldsymbol{x=5\sqrt{3}}$

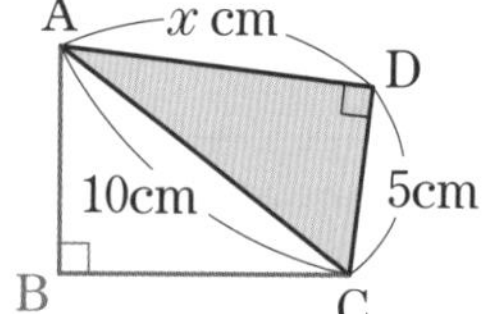

66 三平方の定理の逆

中3

問題

レベル ★★☆

次の長さをそれぞれ3辺とする三角形で，直角三角形はどれですか。

㋐ 4cm，6cm，8cm

㋑ 5cm，12cm，13cm

㋒ 3cm，$\sqrt{3}$ cm，$2\sqrt{3}$ cm

解くためのヒント

三平方の定理の逆

△ABCで，$a^2+b^2=c^2$ ならば，$\angle C=90°$

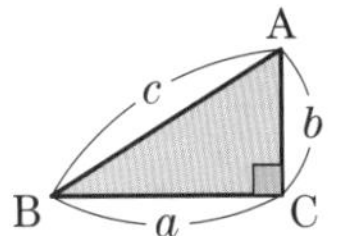

解き方

㋐ $a=4$，$b=6$，$c=8$ とすると， ← いちばん長い辺を斜辺とする

$a^2+b^2=4^2+6^2=16+36=52$

$c^2=8^2=64$

$a^2+b^2 \fallingdotseq c^2$ だから，直角三角形ではない。

▼3辺の比が自然数になる直角三角形

5, 3, 4

17, 8, 15

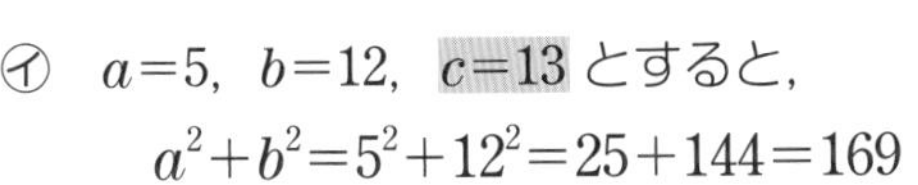

㋑ $a=5$，$b=12$，$c=13$ とすると，

$a^2+b^2=5^2+12^2=25+144=169$

$c^2=13^2=169$

$a^2+b^2=c^2$ だから，直角三角形である。

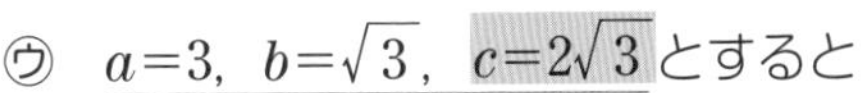

㋒ $a=3$，$b=\sqrt{3}$，$c=2\sqrt{3}$ とすると，

← $3=\sqrt{9}$，$2\sqrt{3}=\sqrt{12}$ より，$3<2\sqrt{3}$

平方根の大小は P85

$a^2+b^2=3^2+(\sqrt{3})^2=9+3=12$

$c^2=(2\sqrt{3})^2=12$

$a^2+b^2=c^2$ だから，直角三角形である。

答 ㋑，㋒

67 長方形の対角線の長さ

中3

問題

レベル ★☆☆

右の図の長方形の対角線の長さを求めなさい。

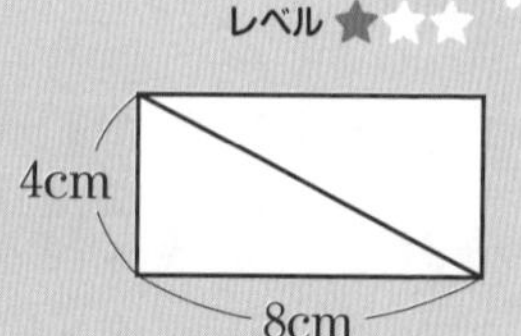

解くためのヒント

長方形の対角線　$\ell=\sqrt{a^2+b^2}$

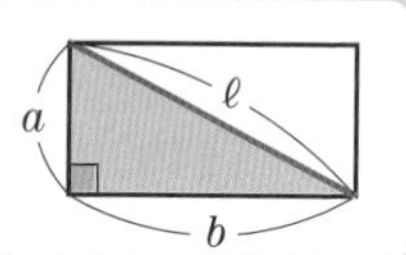

解き方

△ABC は直角三角形だから，

$AC^2=4^2+8^2$ ← $AC^2=AB^2+BC^2$

$=16+64$

$=80$

AC＞0 だから，$AC=\sqrt{80}=$ **$4\sqrt{5}$（cm）**

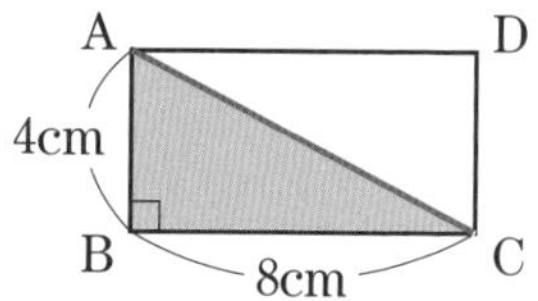

こんなときは　正方形の対角線の長さ

問題　1辺が 3cm の正方形の対角線の長さを求めなさい。

解き方

△ABC は直角三角形だから，

$AC^2=3^2+3^2=9+9=18$ ← $AC^2=AB^2+BC^2$

AC＞0 だから，

$AC=\sqrt{18}=$ **$3\sqrt{2}$（cm）**

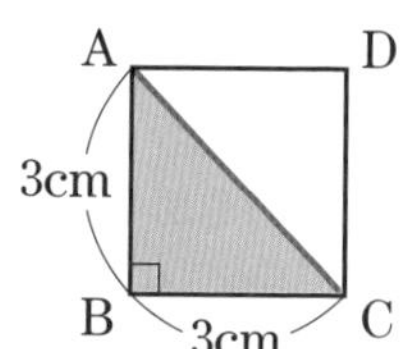

68 正三角形の高さと面積

中3

問題

レベル ★★☆

右の図の正三角形の高さと面積を求めなさい。

解くためのヒント

正三角形の高さ　$h=\sqrt{a^2-\left(\frac{a}{2}\right)^2}$

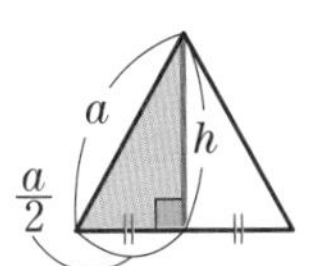

解き方

△ABH で，三平方の定理を利用します。

点 H は辺 BC の中点だから，BH＝4 cm

これより，

$AH^2=8^2-4^2$　←── $AH^2=AB^2-BH^2$

$=64-16$

$=48$

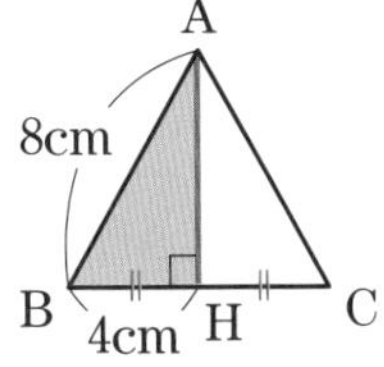

AH＞0 だから，$AH=\sqrt{48}=\mathbf{4\sqrt{3}}$ **(cm)**

面積は，$\frac{1}{2}\times\underset{\text{底辺}}{8}\times\underset{\text{高さ}}{4\sqrt{3}}=\mathbf{16\sqrt{3}}$ **(cm²)**

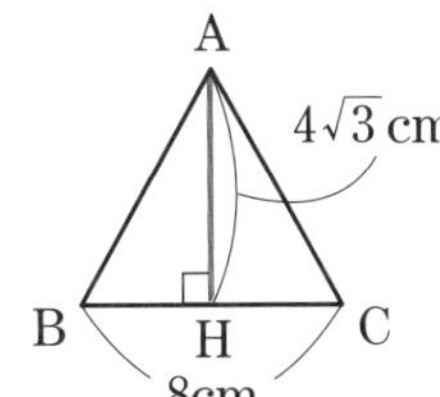

正三角形の高さと面積の公式

1 辺が a の正三角形の高さ h と面積 S

$$\boldsymbol{h=\frac{\sqrt{3}}{2}a} \qquad \boldsymbol{S=\frac{\sqrt{3}}{4}a^2}$$

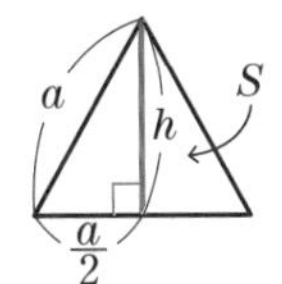

69 特別な直角三角形の3辺の比

中3

問題

レベル ★★☆

右の図で，辺BCの長さを求めなさい。

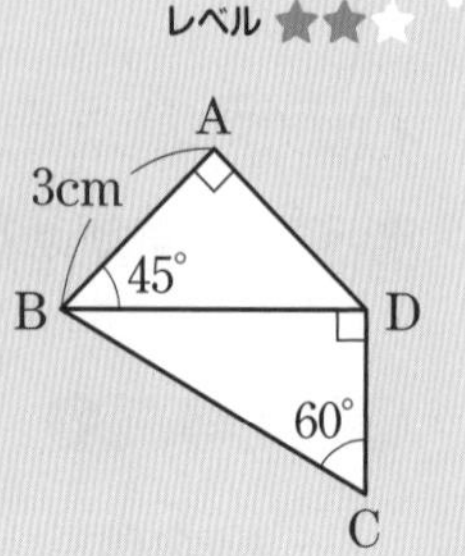

解くためのヒント

3辺の比
$1:1:\sqrt{2}$

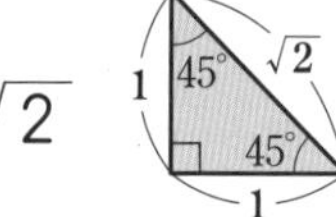

3辺の比
$1:2:\sqrt{3}$

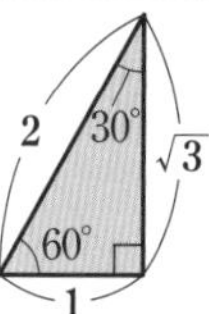

解き方

手順1 △ABDで，← 3つの角が45°，45°，90°の直角二等辺三角形

$$\mathbf{AB:BD=1:\sqrt{2}}$$

より，

$$BD=3\times\sqrt{2}=3\sqrt{2}\,(cm)$$

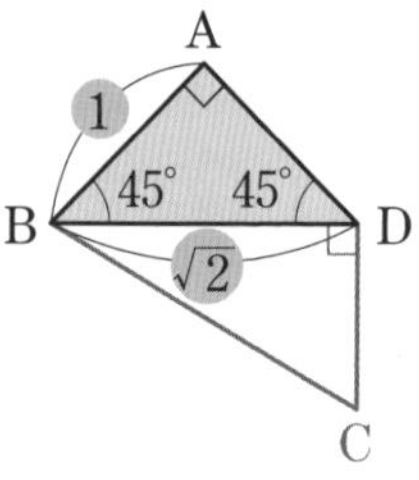

手順2 △BCDで，← 3つの角が30°，60°，90°の直角三角形

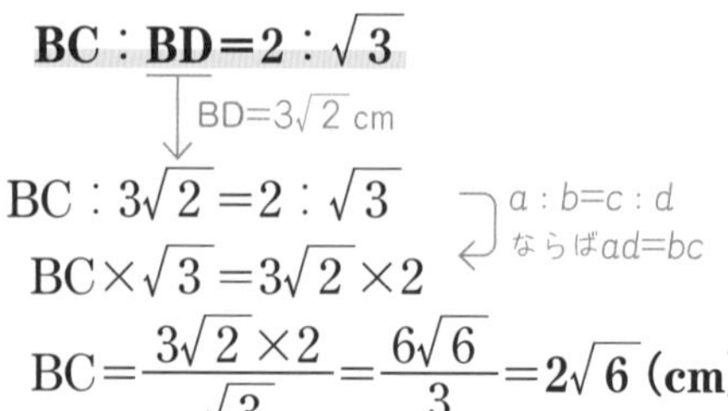

$$\mathbf{BC:BD=2:\sqrt{3}}$$

↓ BD=3√2 cm

$$BC:3\sqrt{2}=2:\sqrt{3}$$

$$BC\times\sqrt{3}=3\sqrt{2}\times2$$

a : b=c : d ならばad=bc

$$BC=\frac{3\sqrt{2}\times2}{\sqrt{3}}=\frac{6\sqrt{6}}{3}=\mathbf{2\sqrt{6}\,(cm)}$$

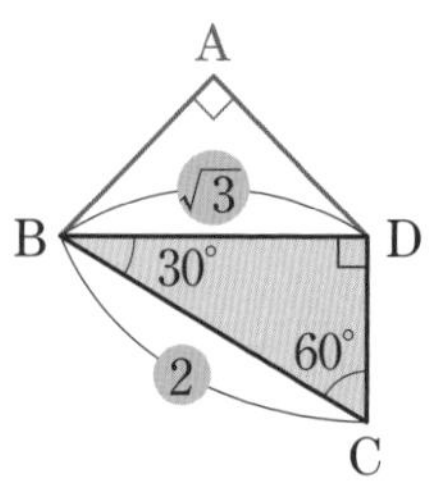

70 円の弦の長さ

中3

問題

レベル ★★☆

右の図の円Oで，弦（げん）ABの長さを求めなさい。

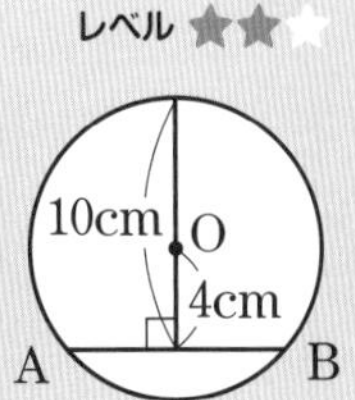

解くためのヒント

弦の長さ　$\ell=2\sqrt{r^2-d^2}$

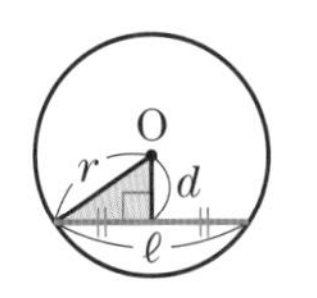

解き方

手順1 点OとAを結び，△OAHをつくります。

OAは円Oの半径だから，

$OA=10-4=6(\text{cm})$

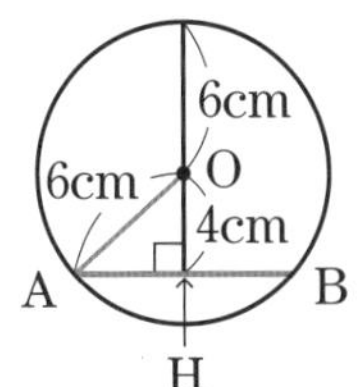

手順2 △OAHは直角三角形だから，

$AH^2=6^2-4^2=36-16=20$

$AH>0$だから，

$AH=\sqrt{20}=2\sqrt{5}\,(\text{cm})$

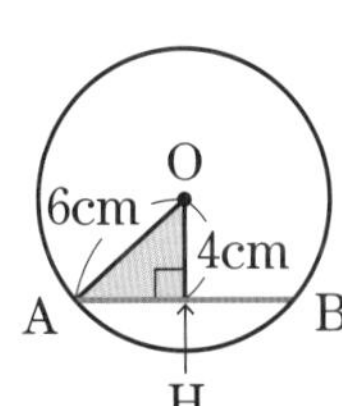

手順3 AH＝BHより，AB＝2AHだから，

↑円の中心から弦にひいた垂線は，その弦を2等分する

$AB=2\times2\sqrt{5}=\mathbf{4\sqrt{5}\,(cm)}$

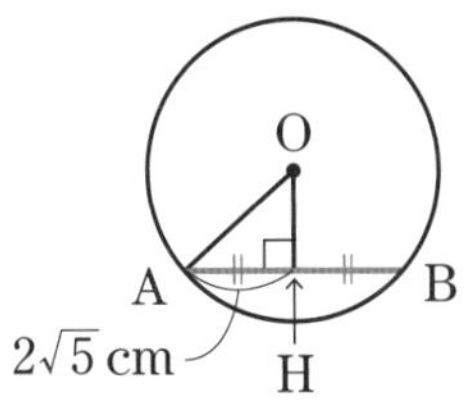

71 円の接線の長さ

中3

問題

レベル ★★☆

右の図の円Oは半径3cmです。点Oから9cmの距離(きょり)にある点Aから，この円に接線APをひくとき，線分APの長さを求めなさい。

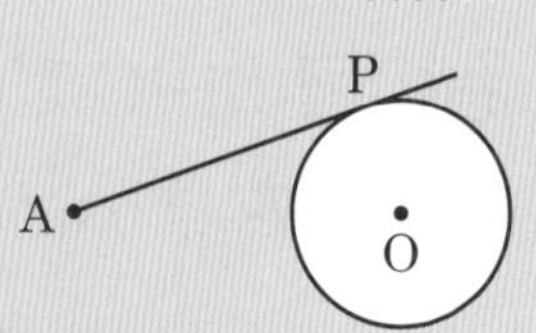

解くためのヒント

△AOPは，∠APO=90°の直角三角形である。

解き方

手順1 点OとA，Pをそれぞれ結ぶと，

AO=9cm ⟵ 点AとOの距離

PO=3cm ⟵ 円Oの半径

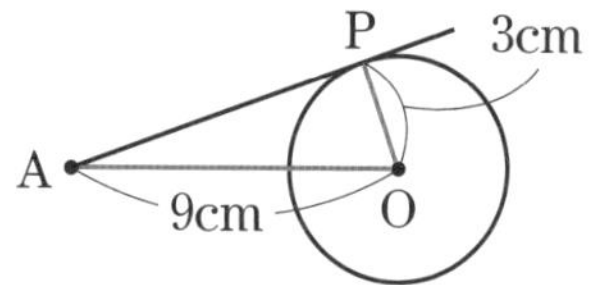

手順2 円の接線は，接点を通る半径に垂直だから，

∠APO=90°

△AOPは直角三角形だから，

$AP^2=9^2-3^2$

$=81-9$

$=72$

AP>0だから，

$AP=\sqrt{72}=\mathbf{6\sqrt{2}\ (cm)}$

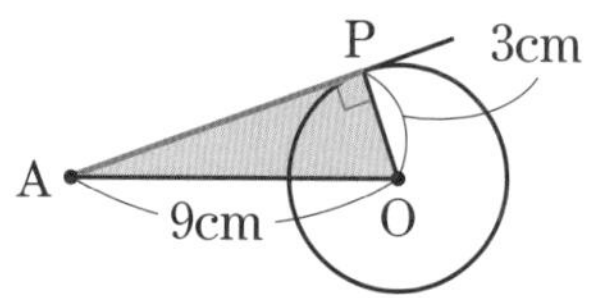

接線と半径がつくる角は P232

72 三平方の定理と方程式

中3

問題

レベル ★★★

右の図の△ABCで，線分AHの長さを求めなさい。

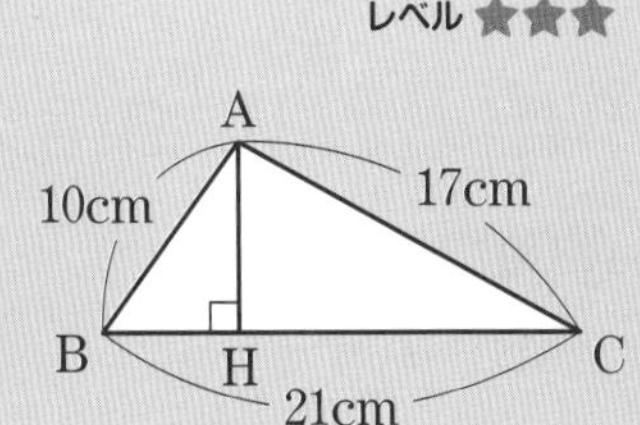

解くためのヒント

AH^2を2通りの式で表す $\begin{cases} AH^2=AB^2-BH^2 \\ AH^2=AC^2-HC^2 \end{cases}$

解き方

手順1　$BH=x$ cm とすると，$HC=21-x$(cm)と表せます。

△ABH は直角三角形だから，

$\mathbf{AH^2=10^2-x^2}$

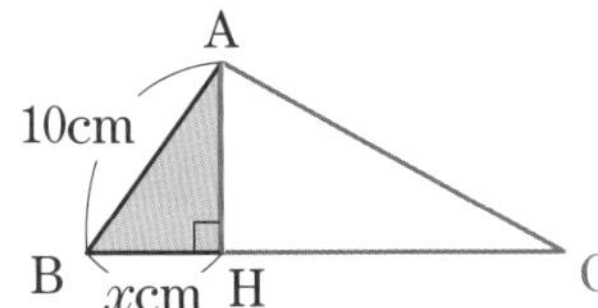

手順2　△AHC は直角三角形だから，

$\mathbf{AH^2=17^2-(21-x)^2}$

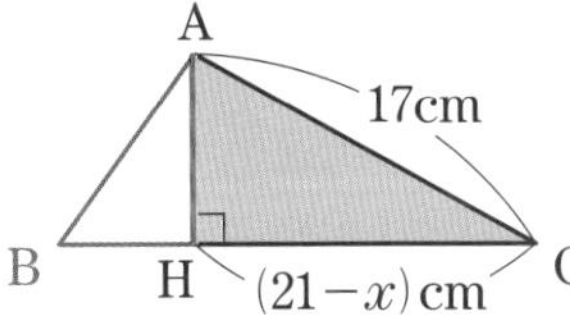

手順3　上の 2 つの式は，どちらも AH^2 を表しているから，

$10^2-x^2=17^2-(21-x)^2$

これを解くと，$x=6$

$100-x^2=289-(441-42x+x^2)$
$100-x^2=289-441+42x-x^2$
$42x=252$

手順4　これより，$AH^2=10^2-6^2=64$

$AH>0$ だから，$AH=\sqrt{64}=\mathbf{8(cm)}$

73 座標平面上の2点間の距離

中3

問題

レベル ★★☆

2点A(2, 3), B(8, 7)間の距離(きょり)を求めなさい。

解くためのヒント

$AB^2 = AH^2 + BH^2$

$AH \to x_2 - x_1$　　$BH \to y_2 - y_1$

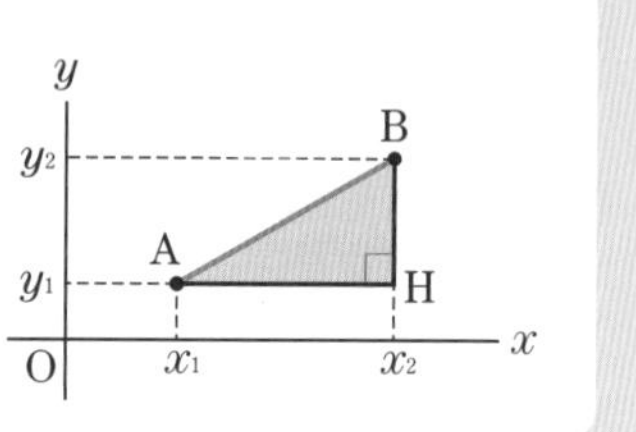

解き方

下の図のように，**線分 AB を斜辺とする直角三角形 ABH をつくり，三平方の定理を利用**します。

$$
\begin{aligned}
AB^2 &= AH^2 + BH^2 \\
&= (8-2)^2 + (7-3)^2 \\
&= 6^2 + 4^2 \\
&= 36 + 16 \\
&= 52
\end{aligned}
$$

$AB > 0$ だから，

$AB = \sqrt{52} = 2\sqrt{13}$

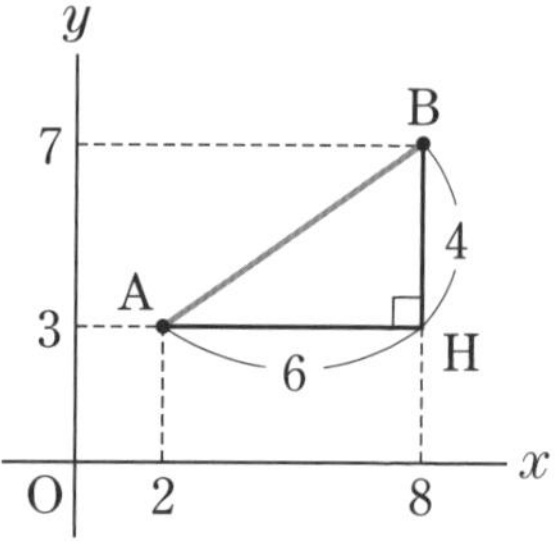

x軸(じく)，y軸に平行な直線をひいて，直角三角形をつくることがポイントだよ。

74 直方体の対角線の長さ

中3

問題

レベル ★★☆

右の図の直方体の対角線の長さを求めなさい。

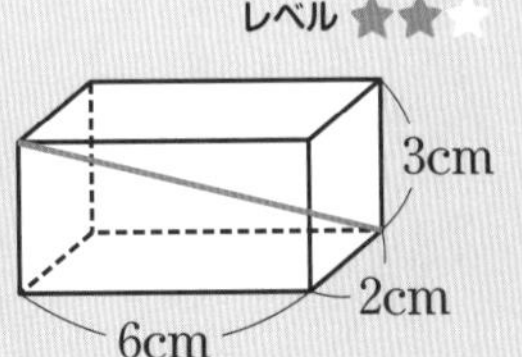

解くためのヒント

直方体の対角線　$\ell=\sqrt{a^2+b^2+c^2}$

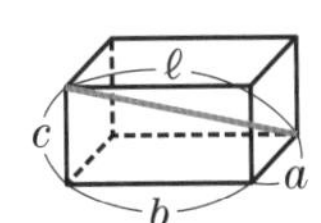

解き方

$\mathrm{AG}^2=\underset{縦}{\underline{\mathrm{FG}^2}}+\underset{横}{\underline{\mathrm{EF}^2}}+\underset{高さ}{\underline{\mathrm{CG}^2}}$

$=2^2+6^2+3^2$

$=4+36+9$

$=49$

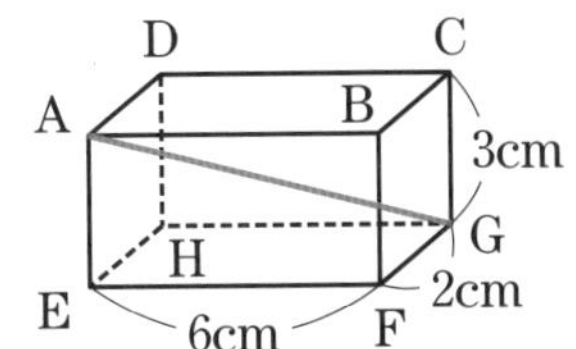

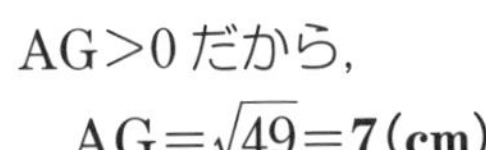

AG>0 だから，

$\mathrm{AG}=\sqrt{49}=\mathbf{7(cm)}$

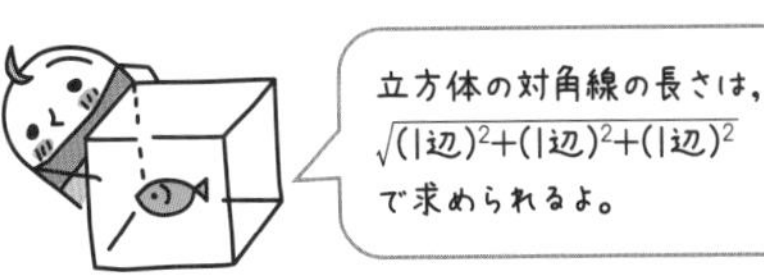

立方体の対角線の長さは，
$\sqrt{(1辺)^2+(1辺)^2+(1辺)^2}$
で求められるよ。

長方形の対角線の長さは P238

公式を忘れたときは…

△EFG は直角三角形だから，

$\mathrm{EG}^2=\mathrm{FG}^2+\mathrm{EF}^2=2^2+6^2=4+36=\underline{40}$

△AEG は直角三角形だから，

$\mathrm{AG}^2=\mathrm{AE}^2+\mathrm{EG}^2=3^2+\underline{40}=9+40=49$

AG>0 だから，$\mathrm{AG}=\sqrt{49}=\mathbf{7(cm)}$

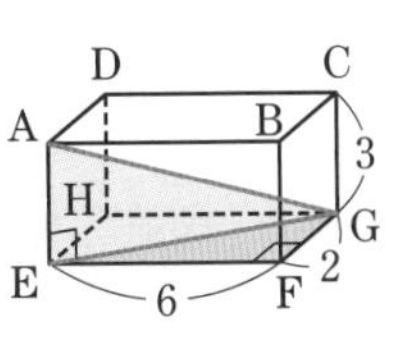

75 正四角錐への利用

中3

問題

レベル ★★☆

右の図の正四角錐（せいしかくすい）の体積を求めなさい。

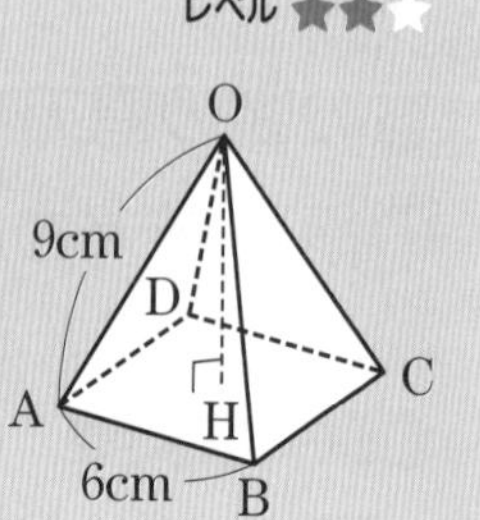

解くためのヒント

正四角錐の高さ　$OH=\sqrt{OA^2-AH^2}$

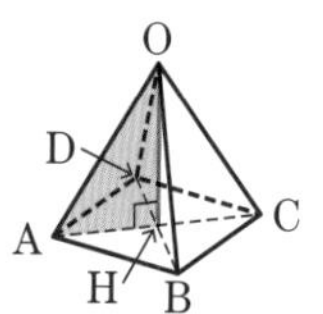

解き方

手順1　ACは正方形の対角線だから，

$AC=6\times\sqrt{2}=6\sqrt{2}$ (cm)

点Hは ACの中点だから，

← 点Hは正方形の対角線の交点

$AH=6\sqrt{2}\div2=3\sqrt{2}$ (cm)

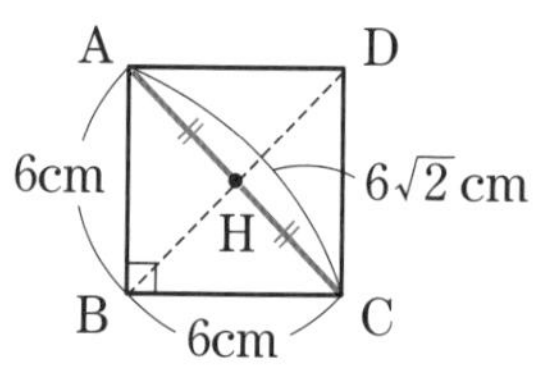

手順2　△OAHは直角三角形だから，

$OH^2=9^2-(3\sqrt{2})^2=81-18=63$

OH>0だから，

$OH=\sqrt{63}=3\sqrt{7}$ (cm)

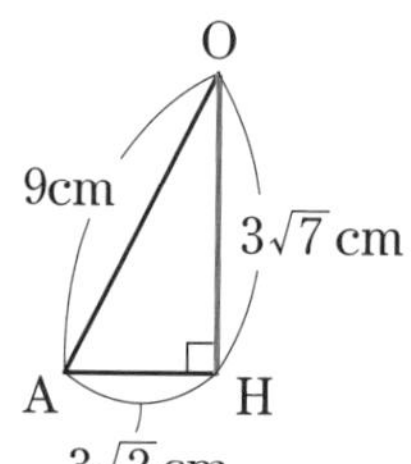

手順3　角錐の体積$=\frac{1}{3}\times$底面積×高さ　だから，

$\frac{1}{3}\times6^2\times3\sqrt{7}=\mathbf{36\sqrt{7}\ (cm^3)}$

角錐の体積は P191

76 円錐への利用

中3

問題

レベル ★★★

右の図は円錐(えんすい)の展開図です。
この円錐の体積を求めなさい。

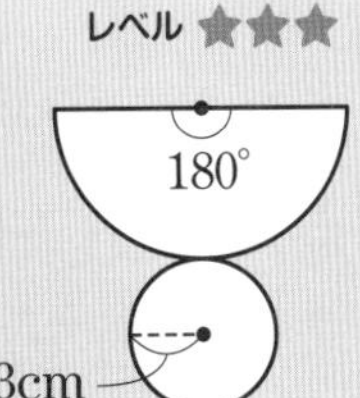

解くためのヒント

円錐の高さ　$h=\sqrt{\ell^2-r^2}$

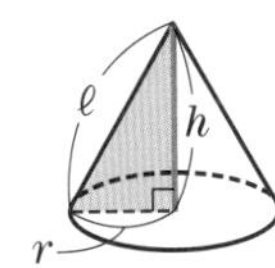

解き方

手順1 円錐の母線(ぼせん)の長さを求める

おうぎ形の半径を x cm とすると，

$$2\pi x\times\frac{180}{360}=2\pi\times3$$

おうぎ形の弧の長さ＝底面の円周の長さ

これを解くと，$x=6$(cm)

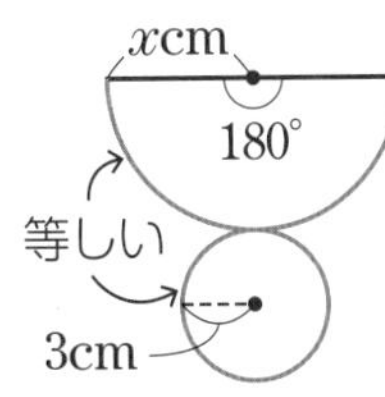

手順2 円錐の高さを求める

円錐は右の図のようになります。

△OAH は直角三角形だから，

$$OH^2=6^2-3^2=36-9=27$$

OH＞0 だから，

$$OH=\sqrt{27}=3\sqrt{3}\ (cm)$$

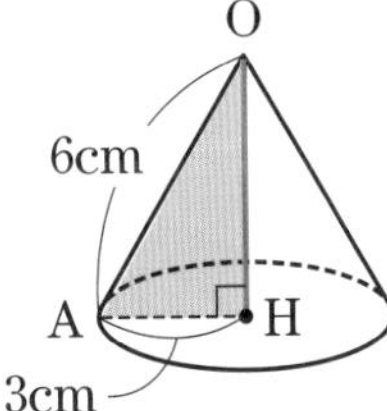

手順3 円錐の体積$=\frac{1}{3}\times$底面積$\times$高さ　だから，

$$\frac{1}{3}\pi\times3^2\times3\sqrt{3}=\mathbf{9\sqrt{3}\,\pi(cm^3)}$$

円錐の体積は P191

77 最短の長さ

中3

問題

レベル ★★★

右の図のように，直方体で頂点Aから辺BF，CGを通りHまでひもをかけます。ひもの長さがもっとも短くなるとき，その長さを求めなさい。

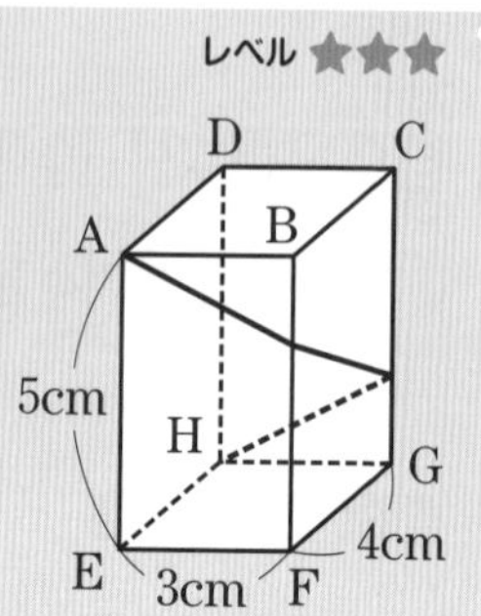

解くためのヒント

最短の長さ → 展開図上で，線分AHの長さになる。

解き方

手順1 側面の展開図の一部は，右の図のようになります。この展開図上で，**最短のひもの長さは，線分 AH で表されます。**

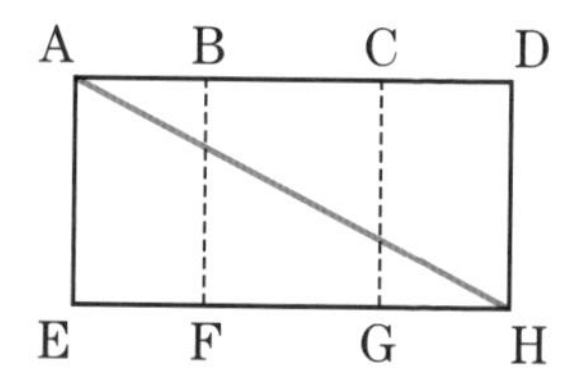

手順2 △AEH は直角三角形だから，

$AH^2 = 5^2 + (\underbrace{3+4+3}_{EF+FG+GH})^2$

$= 25 + 100$

$= 125$

AH＞0 だから，

$AH = \sqrt{125} = \mathbf{5\sqrt{5}}$ **(cm)**

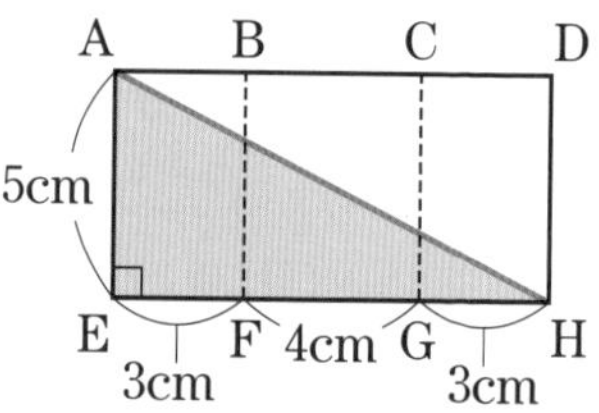

確率・統計

1 度数分布表と累積度数

中1

問題

レベル ★★☆

右の表は，40人の生徒の通学時間を度数分布表に整理したものです。㋐～㋓にあてはまる数を書きなさい。

階級(分)	度数(人)	累積度数(人)
以上　未満		
0～ 5	3	3
5～10	9	12
10～15	10	㋑
15～20	㋐	㋒
20～25	6	㋓
合計	40	

解くためのヒント

累積度数

→最初の階級からその階級までの度数を合計する。

階級(分)	度数(人)	累積度数(人)
以上　未満		
0～ 5	3	3
10～15	9	12

解き方

㋐　3＋9＋10＋㋐＋6＝40 より，　←── 各階級の度数の合計＝40

㋐＝40－(3＋9＋10＋6)＝40－28＝**12**

㋑～㋓にあてはまる**累積度数は，前の階級の累積度数にその階級の度数を加えます。**

㋑　12＋10＝22

㋒　22＋12＝34

㋓　34＋6＝40

階級(分)	度数(人)	累積度数(人)
以上　未満		
0～ 5	3	3
5～10	9	12
10～15	10	22
15～20	12	34
20～25	6	40
合　計	40	

▼階級，階級の幅，度数とは？

階級…データを整理するための区間。階級の幅…区間の幅（上の表では5分）。

度数…各階級に入るデータの個数。

2 ヒストグラムと度数折れ線

中1

問題

レベル ★★☆

右の表は，30人の生徒の50m走の記録を度数分布表に整理したものです。この度数分布表をヒストグラムに表しなさい。また，度数折れ線(どすうおせん)をかきなさい。

階級(秒)	度数(人)
以上　未満	
6.5〜7.0	4
7.0〜7.5	6
7.5〜8.0	8
8.0〜8.5	7
8.5〜9.0	5
合計	30

解くためのヒント

ヒストグラム→階級の幅を底辺，度数を高さとする長方形を順にかく。
度数折れ線→ヒストグラムの各長方形の上の辺の中点を順に結ぶ。

解き方

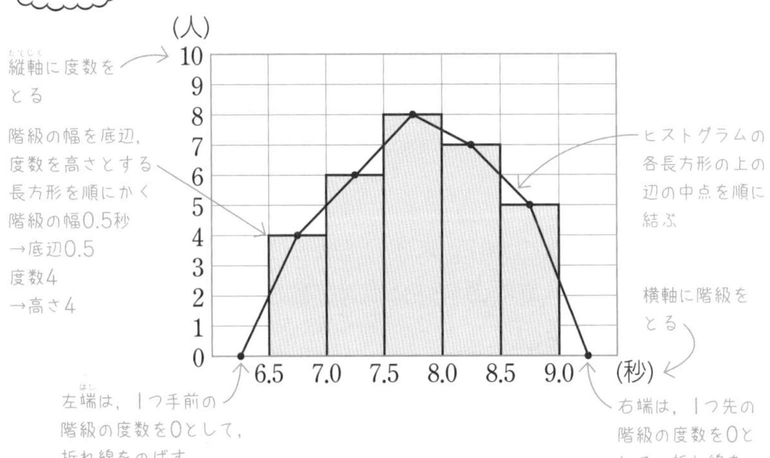

(人)
10
9
8
7
6
5
4
3
2
1
0
6.5
7.0
7.5
8.0
8.5
9.0
(秒)
縦軸に度数をとる
階級の幅を底辺，度数を高さとする長方形を順にかく
階級の幅0.5秒
→底辺0.5
度数4
→高さ4
ヒストグラムの各長方形の上の辺の中点を順に結ぶ
横軸に階級をとる
左端は，1つ手前の階級の度数を0として，折れ線をのばす
右端は，1つ先の階級の度数を0として，折れ線をのばす

▼柱状(ちゅうじょう)グラフ，度数分布多角形(どすうぶんぷたかくけい)

ヒストグラムのことを柱状グラフともいいます。また，度数折れ線を度数分布多角形ともいいます。

3 相対度数

中1

問題

レベル ★★☆

右の表は，20人の生徒の体重を度数分布表に整理したものです。x，yにあてはまる数を求めなさい。

階級(kg)	度数(人)	相対度数
以上　未満		
45～50	4	0.20
50～55	7	x
55～60	y	0.30
60～65	3	0.15
合計	20	1.00

解くためのヒント

相対度数(そうたいどすう)＝$\dfrac{\text{その階級の度数}}{\text{度数の合計}}$

解き方

各階級の度数の，度数の合計に対する割合を相対度数といいます。

xの値は，50 kg以上55 kg未満の階級の相対度数です。

この階級の度数は7，度数の合計は20だから，

$$x=\frac{7}{20}=\mathbf{0.35}$$

← 相対度数＝$\dfrac{\text{その階級の度数}}{\text{度数の合計}}$

yの値は，55 kg以上60 kg未満の階級の度数です。

その階級の度数＝度数の合計×相対度数だから，

$$y=20\times0.3=\mathbf{6}(\text{人})$$

▼yの値は，合計の人数から各階級の度数の和をひいて求めることもできます。

$y=20-(4+7+3)=6$(人)

各階級の相対度数をすべてたすと，
0.20+0.35+0.30+0.15=1になるね。
このように，相対度数の合計は1になるよ。

4 累積相対度数

問題

レベル ★★☆

右の表は，50人の生徒の握力(あくりょく)を測定し，その相対度数を表に整理したものです。表の空らんにあてはまる累積相対度数(るいせきそうたいどすう)を書きなさい。

また，50kg未満の生徒は何人ですか。

階級(kg)	相対度数	累積相対度数
以上　未満		
10～20	0.08	0.08
20～30	0.18	
30～40	0.36	
40～50	0.26	
50～60	0.12	
合計	1.00	

解くためのヒント

累積相対度数

→最初の階級からその階級までの相対度数を合計する。

階級(kg)	相対度数	累積相対度数
以上　未満		
10～20	0.08	0.08
20～30	0.18	0.26

解き方

累積相対度数は，前の階級の累積相対度数にその階級の相対度数を加えます。

空らんにあてはまる累積相対度数は，右の表のようになります。

階級(kg)	相対度数	累積相対度数
以上　未満		
10～20	0.08	0.08
20～30	0.18	**0.26**
30～40	0.36	**0.62**
40～50	0.26	**0.88**
50～60	0.12	**1.00**
合計	1.00	

50kg未満の生徒の割合は，0.88

← 40kg以上50kg未満の階級の累積相対度数

よって，50kg未満の生徒の人数は，50×0.88＝44(人)

← 全体の人数×割合

5 平均値

中1

問題

レベル ★★☆

右の表は，20人の生徒のゲームの得点を度数分布表に整理したものです。得点の平均値を，四捨五入して小数第1位まで求めなさい。

階級(点)	度数(人)
以上　未満	
0～ 5	4
5～10	8
10～15	5
15～20	3
合計	20

解くためのヒント

$$平均値=\frac{(階級値×度数)の合計}{度数の合計}$$

（階級値：かいきゅうち）

解き方

度数分布表から平均値を求める場合は，各階級に入っている資料の値を，**どれもその階級の階級値とみなします。**

←各階級のまん中の値

手順1 各階級について，**階級値×度数**を求めます。

階級(点)	階級値(点)	度数(人)	階級値×度数
以上　未満			
0～ 5	2.5	4	10.0
5～10	7.5	8	60.0
10～15	12.5	5	62.5
15～20	17.5	3	52.5
合計		20	185.0

(階級値×度数)の合計

手順2 平均値は，$\frac{185}{20}=9.25$(点)（四捨五入して9.3）

 9.3点

6 中央値（メジアン）

中1

問題

レベル ★☆☆

右の資料は，13人の生徒のハンドボール投げの記録です。記録の中央値を求めなさい。

20	25	17	23	20
27	18	24	32	15
23	30	20	単位はm	

解くためのヒント

中央値 → 資料の値を大きさの順に並べたときの中央の値。

解き方

資料を小さい順に並べます。

15　17　18　20　20　20　**23**　23　24　25　27　30　32

資料の個数は13で奇数なので，中央値は7番目の値になります。

（資料の個数＋1）÷2

これより，中央値は**23 m**

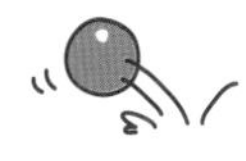

こんなときは 資料の個数が偶数（ぐうすう）のときの中央値

問題 右の資料は，12人の生徒のハンドボール投げの記録です。記録の中央値を求めなさい。

22	24	27	16	23
31	19	29	24	20
17	26		単位はm	

解き方

16　17　19　20　22　**23**　**24**　24　26　27　29　31

資料の個数が偶数のときは，中央値は中央にある2つの値の平均値になります。これより中央値は，(23＋24)÷2＝**23.5(m)**

7 最頻値(モード)

中1

問題

レベル ★★☆

右の表は，30人の生徒の垂直とびの記録を度数分布表に整理したものです。記録の最頻値を求めなさい。

階級(cm)	度数(人)
以上　未満	
30〜35	5
35〜40	7
40〜45	9
45〜50	6
50〜55	3
合計	30

解くためのヒント

最頻値 → 度数分布表では，度数がもっとも多い階級の階級値。

解き方

度数分布表で，度数がもっとも多い階級は，

40 cm 以上45 cm 未満の階級。

最頻値は，この階級の階級値になるから，

$$\frac{40+45}{2}=\mathbf{42.5(cm)}$$

▼ヒストグラムでは，度数がもっとも多い階級がひと目でわかる

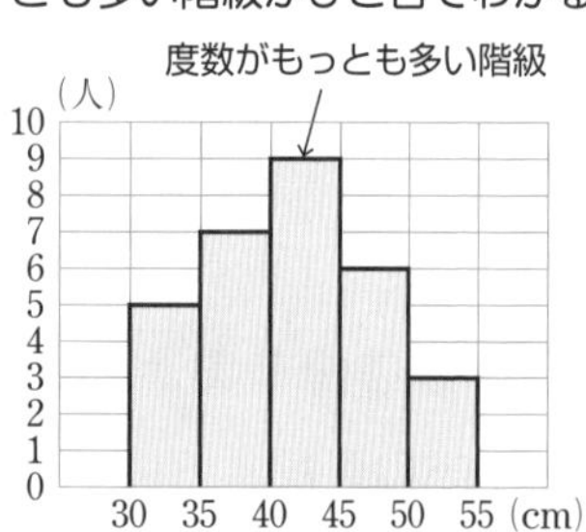

資料が並んでいるときの最頻値

資料の値が与えられている場合の最頻値は，**資料の中で，もっとも多く出てくる値**になります。
たとえば，255ページの上の問題では，最頻値は**20 m** になります。

▼代表値とは？

資料の値全体を 1 つの値で代表させて，いくつかの資料を比べることがあります。
この代表となる値を代表値といいます。代表値には，平均値，中央値，最頻値があります。

8 相対度数と確率

中1

問題

レベル ★★☆

A町からB町まで運行するバスがあります。右の表は，バス200台について，A町からB町まで行くのにかかった時間と台数を調べ，表に整理したものです。次の確率（かくりつ）を求めなさい。

階級(分)	相対度数	累積相対度数
以上　未満		
10～14	0.06	0.06
14～18	0.18	0.24
18～22	0.34	0.58
22～26	0.27	0.85
26～30	0.15	1.00
合計	1.00	

(1)　かかる時間が18分以上22分未満である確率

(2)　かかる時間が26分未満である確率

解くためのヒント

多数回の実験や観察では，相対度数と確率は等しいと考えてよい。

解き方

(1)　18分以上22分未満の階級の相対度数は，0.34

この相対度数は，かかる時間が18分以上22分未満である確率と考えることができるから，求める確率は，**0.34**

(2)　22分以上26分未満の階級の累積相対度数は，0.85

この累積相対度数は，かかる時間が26分未満である確率と考えることができるから，求める確率は，**0.85**

▼確率とは？

結果が偶然（ぐうぜん）に左右される実験や観察をくり返し行うとき，あることがらが起こると期待される程度を表す数を，そのことがらが起こる確率といいます。

9 確率の求め方の基本

中2

問題

レベル★☆☆

ジョーカーを除く52枚のトランプから1枚ひくとき，次の確率（かくりつ）を求めなさい。

(1) そのカードがダイヤである確率

(2) そのカードが絵札である確率

解くためのヒント

Aの起こる確率p → $p=\dfrac{a}{n}$ ←a: Aの起こる場合の数，n: すべての場合の数

解き方

トランプは全部で52枚あるので，この中から1枚ひくとき，全部のひき方は52通りあります。← すべての場合の数

(1) ダイヤは13枚あるから，そのひき方は13通り。← 起こる場合の数

これより，ダイヤをひく確率は，

$$\frac{13}{52}=\frac{1}{4}$$

（分子 13：ことがらの起こる場合の数，分母 52：すべての場合の数）← 約分できるときは約分する

(2) 絵札はジャック，クイーン，キングの3種類あります。

スペード，クラブ，ハート，ダイヤそれぞれについて，絵札は3枚ずつあるから，そのひき方は，3×4＝12(通り)

これより，絵札をひく確率は，

$$\frac{12}{52}=\frac{3}{13}$$

10 3枚の硬貨

中2

問題

レベル ★★☆

3枚の硬貨(こうか)を同時に投げるとき，次の確率を求めなさい。

(1) 3枚とも表になる確率

(2) 1枚が表で，2枚が裏になる確率

解くためのヒント

3枚の硬貨をA，B，Cとして，表と裏の出方を樹形図(じゅけいず)に表す。

解き方

3枚の硬貨をA，B，Cとして，**表と裏の出方を樹形図に表します。**

A	B	C	
表	表	表	◎
		裏	
	裏	表	
		裏	○
裏	表	表	
		裏	○
	裏	表	○
		裏	

表と裏の出方は全部で8通り。← すべての場合の数

(1) 3枚とも表になる出方は，◎の場合の1通り。← 起こる場合の数

これより，求める確率は，$\dfrac{1}{8}$ ← 確率＝$\dfrac{\text{起こる場合の数}}{\text{すべての場合の数}}$

(2) 1枚が表で，2枚が裏になる出方は，○の場合の3通り。

↑ 起こる場合の数

これより，求める確率は，$\dfrac{3}{8}$

11 起こらない確率

中2

問題

レベル ★★☆

A，B2つのさいころを同時に投げるとき，少なくとも1つは偶数(ぐうすう)の目が出る確率を求めなさい。

解くためのヒント

Aの起こる確率をpとすると，Aの起こらない確率＝$1-p$

解き方

「少なくとも１つは偶数の目が出る」ということは，「２つとも奇数(きすう)の目ではない」ということです。

このように考えると，

２つとも奇数の目ではない確率＝1－２つとも奇数の目が出る確率

で求められます。

手順1 ２つのさいころの目の出方は全部で36通り。

← すべての場合の数

手順2 ２つとも奇数の目が出るのは，右の表の■の場合で９通り。← 起こる場合の数

A＼B	1	2	3	4	5	6
1	■		■		■	
2						
3	■		■		■	
4						
5	■		■		■	
6						

２つとも奇数の目が出る確率は，

$$\frac{9}{36}=\frac{1}{4}$$ ← 確率＝$\frac{起こる場合の数}{すべての場合の数}$

手順3 これより，少なくとも１つは偶数の目が出る確率は，

$$1-\frac{1}{4}=\frac{3}{4}$$ ← Aの起こらない確率＝$1-p$

12 2つのさいころの目の数の和

中2

問題　　レベル★★☆

A，B2つのさいころを同時に投げるとき，次の確率を求めなさい。

(1)　出る目の数の和が9になる確率

(2)　出る目の数の和が4以下になる確率

解くためのヒント

2つのさいころの目の出方は全部で36通り。

解き方

2つのさいころの目の出方と出た目の数の和は，右の表のようになります。

目の出方は全部で36通り。←すべての場合の数

A＼B	1	2	3	4	5	6
1	2	3	4	5	6	7
2	3	4	5	6	7	8
3	4	5	6	7	8	9
4	5	6	7	8	9	10
5	6	7	8	9	10	11
6	7	8	9	10	11	12

(1)　和が9になるのは，右の表の■の場合で4通り。←起こる場合の数

A＼B	1	2	3	4	5	6
1						
2						
3						■
4					■	
5				■		
6			■			

これより，求める確率は，

$$\frac{4}{36}=\frac{1}{9}$$

←確率＝起こる場合の数／すべての場合の数

(2)　和が4以下になるのは，右の表の■の場合で6通り。←起こる場合の数

A＼B	1	2	3	4	5	6
1	■	■	■			
2	■	■				
3	■					
4						
5						
6						

これより，求める確率は，

$$\frac{6}{36}=\frac{1}{6}$$

13 2つのさいころの応用

中2

問題

レベル ★★☆

A，B2つのさいころを同時に投げ，Aの出た目の数をa，Bの出た目の数をbとします。$\frac{b}{a}$が整数になる確率を求めなさい。

解くためのヒント

$\frac{b}{a}$が整数 → aはbの約数になる。

解き方

手順1 2つのさいころの目の出方は全部で**36通り**。

↑ すべての場合の数

手順2 $\frac{b}{a}$が整数になるとき，aはbの約数になります。

これは右の表の　　の場合で**14通り**。

↑ 起こる場合の数

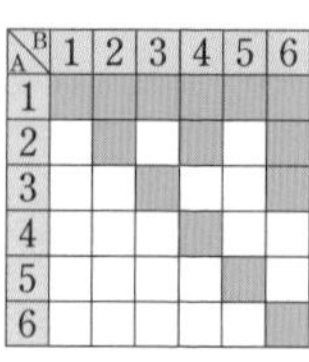

A＼B	1	2	3	4	5	6
1						
2						
3						
4						
5						
6						

たとえば，$b=6$のときaは6の約数だから，
1，2，3，6
の4通りあるよ。

手順3 これより，求める確率は，

$$\frac{14}{36}=\frac{7}{18}$$ ← 確率＝$\frac{起こる場合の数}{すべての場合の数}$

14 2個の玉を同時に取り出す

中2

問題

レベル ★★☆

袋の中に，赤玉が3個，白玉が2個入っています。この中から同時に2個の玉を取り出すとき，2個とも同じ色の玉である確率を求めなさい。

解くためのヒント

赤玉を❶，❷，❸，白玉を①，②として，玉の取り出し方を樹形図に表す。

解き方

手順1 赤玉を❶，❷，❸，白玉を①，②として，**玉の取り出し方を樹形図に表します。**

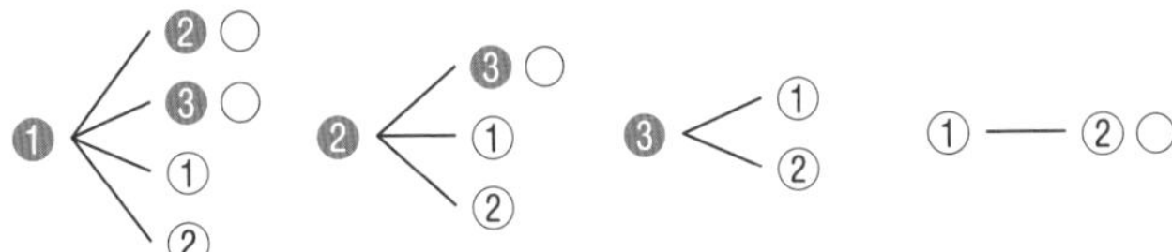

玉の取り出し方は全部で**10通り**。 ← すべての場合の数

手順2 2個とも同じ色である取り出し方は，○の場合の**4通り**。 ← 起こる場合の数

↑
2個とも赤→3通り
2個とも白→1通り

手順3 これより，求める確率は，

$$\frac{4}{10}=\frac{2}{5}$$ ← 確率＝起こる場合の数／すべての場合の数

15 玉を取り出してもとにもどす

中2

問題

レベル ★★☆

袋(ふくろ)の中に赤玉が2個，白玉が2個入っています。この中から玉を1個取り出して色を調べ，それを袋にもどします。さらに，玉を1個取り出して色を調べます。2個の玉の色が異なる確率を求めなさい。

解くためのヒント

1回目の玉の取り出し方が4通り，そのそれぞれについて，2回目の玉の取り出し方も4通り。

解き方

手順1 赤玉を❶，❷，白玉を①，②として，玉の取り出し方を樹形図に表します。

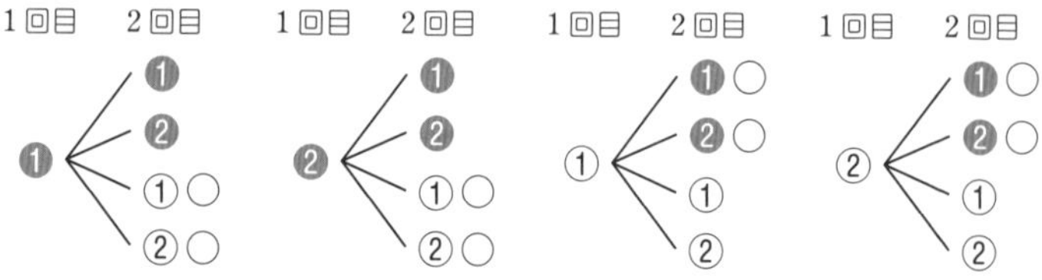

玉の取り出し方は全部で16通り。← すべての場合の数

手順2 2個の玉の色が異なる取り出し方は，○の場合の8通り。← 起こる場合の数

手順3 求める確率は，$\frac{8}{16}=\frac{1}{2}$ ← 確率$=\frac{\text{起こる場合の数}}{\text{すべての場合の数}}$

16 数字カードをひく

中2

問題

レベル ★★☆

[3], [4], [5], [6]の4枚のカードがあります。この中から続けて2枚をひき，はじめにひいたカードを十の位，次にひいたカードを一の位として2けたの整数をつくります。この整数が3の倍数になる確率を求めなさい。ただし，ひいたカードはもとにもどさないものとします。

解くためのヒント

はじめのカードのひき方が4通り，そのそれぞれについて，次のカードのひき方が3通り。

解き方

手順1　2枚のカードのひき方を樹形図に表します。

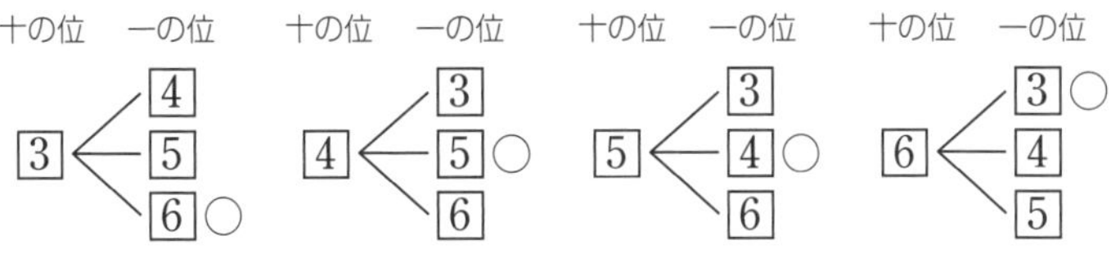

2枚のカードのひき方は全部で12通り。← すべての場合の数

手順2　3の倍数になるひき方は，○の場合の4通り。

↑ 各位の数の和が3の倍数ならば，3の倍数になる

↑ 起こる場合の数

手順3　求める確率は，$\frac{4}{12}=\frac{1}{3}$ ← 確率$=\frac{\text{起こる場合の数}}{\text{すべての場合の数}}$

17 くじをひく

中2

問題

レベル ★★☆

4本のうち2本の当たりくじが入っているくじがあります。このくじを，まずAが1本ひき，ひいたくじをもどさないで，続いてBが1本ひきます。A，Bのどちらか1人だけが当たる確率を求めなさい。

解くためのヒント

当たりくじを❶，❷，はずれくじを③，④として，くじのひき方を樹形図に表す。

解き方

手順1 当たりくじを❶，❷，はずれくじを③，④として，くじのひき方を樹形図に表します。

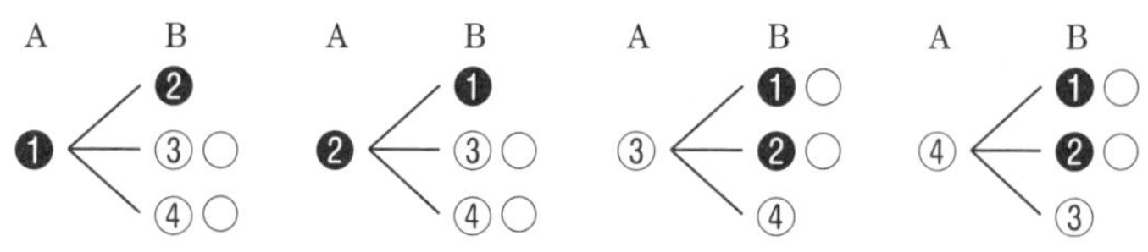

くじのひき方は全部で12通り。←― すべての場合の数

手順2 どちらか1人だけが当たるひき方は，○の場合の8通り。←― 起こる場合の数

手順3 求める確率は，$\frac{8}{12}=\frac{2}{3}$ ←― 確率＝$\frac{起こる場合の数}{すべての場合の数}$

18 図形と確率

中2

問題

レベル ★★★

右の図のような正六角形と，B，C，D，E，Fが書かれたカードが1枚ずつあります。この5枚のカードから同時に2枚をひき，2枚のカードの文字が表す点と点Aを結んで三角形をつくります。この三角形が直角三角形になる確率を求めなさい。

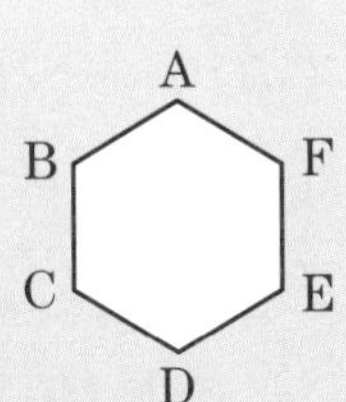

解くためのヒント

頂点A，B，C，D，E，Fは1つの円周上にある
→ 半円の弧(こ)に対する円周角は90°であることを利用する。

解き方

カードのひき方は全部で10通り。← B＜C, D, E, F　C＜D, E, F　D＜E, F　E—F

三角形の1辺がADのとき，直角三角形になります。

このとき，D以外の1点の選び方は，

B，C，E，Fの4通り。→ 図で表すと

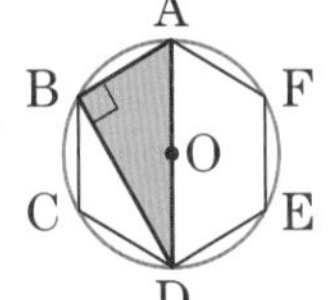

A以外の2点を結ぶ線分が円Oの直径のとき，直角三角形になります。

このときのA以外の2点の選び方は，

BとE，CとFの2通り。→ 図で表すと

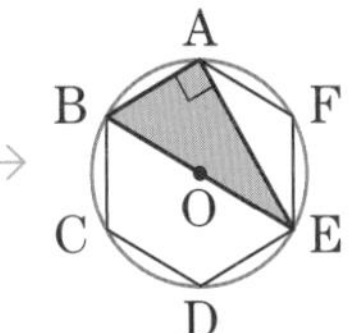

求める確率は，$\frac{4+2}{10}=\frac{6}{10}=\frac{3}{5}$

半円の弧に対する円周角は P229

19 四分位数と四分位範囲

中2

問題

レベル ★★☆

右のデータは，9人の生徒のハンドボール投げの記録です。

20	16	25	28	18
21	15	32	24	

単位はm

(1) 四分位数（しぶんいすう）を求めなさい。

(2) 四分位範囲（しぶんいはんい）を求めなさい。

解くためのヒント

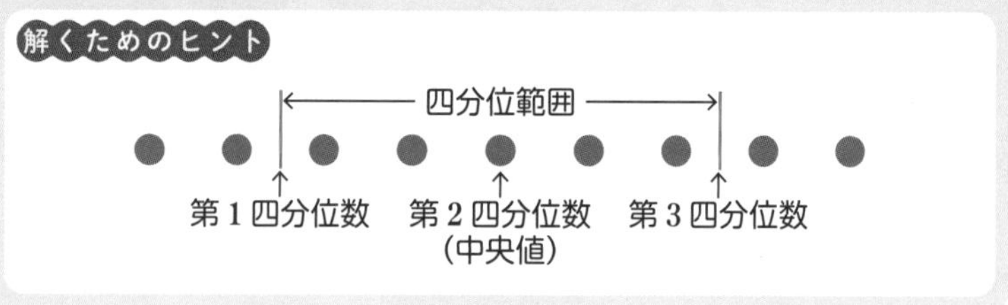

解き方

データを小さいほうから順に並べると，

小さいほうの半分 ／ 大きいほうの半分

15　16　18　20　21　24　25　28　32

(1) 第2四分位数は，データ全体の中央値だから，

21m ← データが奇数（きすう）個→中央値はまん中の値

第1四分位数は，小さいほうの4個のデータの中央値だから，

$\frac{16+18}{2}=\mathbf{17(m)}$ ← データが偶数（ぐうすう）個→中央にある2つの値の平均値

第3四分位数は，大きいほうの4個のデータの中央値だから，

$\frac{25+28}{2}=\mathbf{26.5(m)}$

(2) (四分位範囲)＝(第3四分位数)－(第1四分位数) だから，

$26.5-17=\mathbf{9.5(m)}$

20 箱ひげ図

中2

問題

レベル ★★☆

右のデータは，12人の生徒の計算テスト(10点満点)の得点です。このデータの箱ひげ図をかきなさい。

6	7	9	3	8
7	5	2	9	6
3	7			単位は点

解くためのヒント

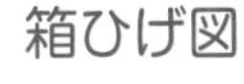

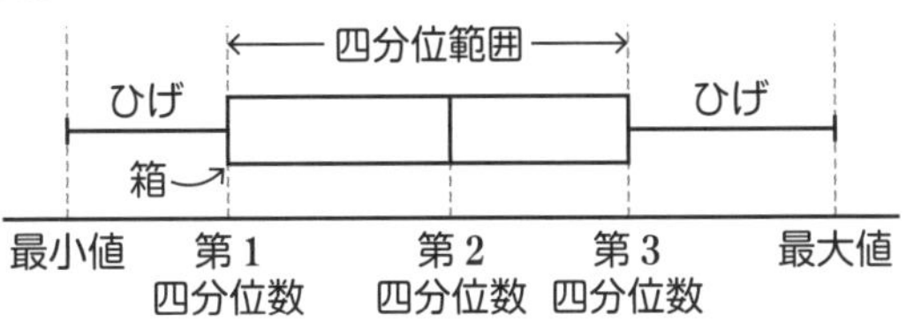

解き方

手順1 データを小さい順に並べる

小さいほうの半分｜大きいほうの半分

2　3　3 | 5　6　6 | 7　7　7 | 8　9　9

第1四分位数　第2四分位数　第3四分位数

手順2 最小値，最大値，四分位数を求める

最小値は 2 点，最大値は 9 点

第 2 四分位数は6.5点，← $\frac{6+7}{2}=6.5$

第 1 四分位数は 4 点，← $\frac{3+5}{2}=4$

第 3 四分位数は7.5点。← $\frac{7+8}{2}=7.5$

手順3 箱ひげ図をかく

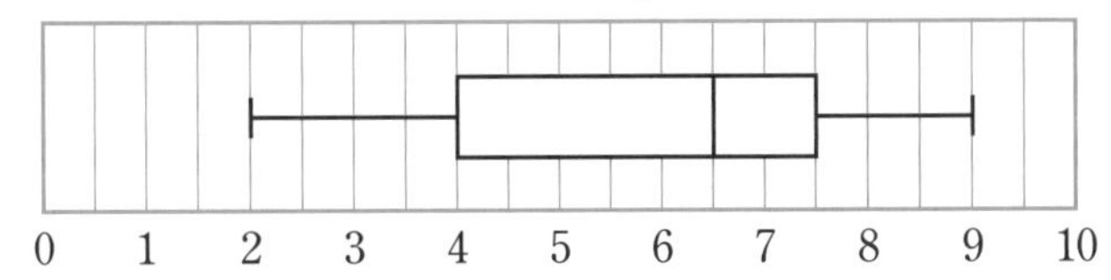

0　1　2　3　4　5　6　7　8　9　10（点）

▼平均値の表し方

箱ひげ図では，データの平均値の位置を＋印をかいて表すことがあります。

21 箱ひげ図を使ったデータの比較 中2

問題

レベル ★★★

右の図は，1組，2組，3組のそれぞれ40人について，通学時間を調べ，箱ひげ図に表したものです。

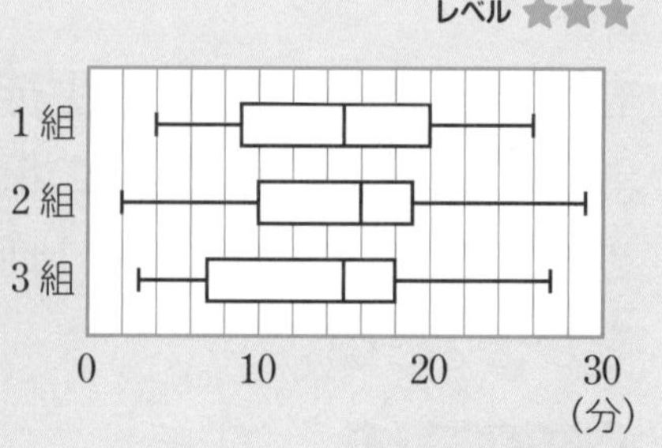

(1) 8分未満の生徒が必ず10人以上いるのはどの組ですか。

(2) 10分以上20分未満の生徒が必ず20人以上いるのはどの組ですか。

解くためのヒント

箱ひげ図には，左右のひげの部分に約25%のデータが，箱の部分に約50%のデータがふくまれる。

約25%　約50%　約25%

解き方

(1) 左側のひげには，25%(10人)のデータがふくまれます。

40人の25%は，40×0.25=10(人)

よって，8分未満の範囲(はんい)に左のひげがふくまれる組を選びます。このような組は**3組**。

(2) 箱の部分には，中央付近の50%(20人)のデータがふくまれます。

四分位範囲　40人の50%は，40×0.50=20(人)

よって，10分以上20分未満の範囲に箱が入っている組を選びます。このような組は**2組**。

22 全数調査と標本調査

中3

問題

レベル ★☆☆

次の調査は，全数調査(ぜんすうちょうさ)と標本調査(ひょうほんちょうさ)のどちらで行うとよいですか。

(1) 学校での健康診断(しんだん)　(2) テレビの視聴率調査(しちょうりつちょうさ)

(3) 蛍光灯(けいこうとう)の耐久(たいきゅう)時間の検査　(4) 国勢調査

解くためのヒント

全数調査 → 集団のすべてについて調べる。

標本調査 → 集団の一部について調べて全体を推測する。

解き方

(1) 学校での健康診断

…生徒全員が受けるので，**全数調査**。

(2) テレビの視聴率調査

…すべての世帯を調査することは不可能なので，**標本調査**。

↑ 費用，手間などがかかりすぎるので現実的ではない

(3) 蛍光灯の耐久時間の検査

…すべての蛍光灯を検査することは不可能なので，**標本調査**。

↑ すべての蛍光灯を検査すると，売り物として出荷できない

(4) 国勢調査

…日本国内のすべての人，世帯に対して行われるので，**全数調査**。

23 標本調査の利用

中3

問題

レベル ★★☆

袋(ふくろ)の中に白玉がたくさん入っています。この袋の中に，白玉と同じ大きさの赤玉75個を入れ，よくかき混ぜてから40個の玉を無作為(むさくい)に取り出したところ，その中に赤玉が5個ふくまれていました。袋の中に入っていた白玉はおよそ何個と考えられますか。十の位までの概数(がいすう)で求めなさい。

解くためのヒント

標本における赤玉と白玉の割合は，母集団における赤玉と白玉の割合とほぼ等しいと考えることができる。

解き方

手順1 まず，標本における赤玉と白玉の割合を求めます。

取り出した40個の玉における赤玉と白玉の個数の比は，

$$\underbrace{5}_{\text{赤玉}}:\underbrace{(40-5)}_{\text{白玉}}=5:35=1:7$$

手順2 **標本における赤玉と白玉の割合は，母集団における赤玉と白玉の割合に等しい**と考え，比例式をつくります。

袋の中に入っていた白玉を x 個とすると，

$$75:x=1:7$$

$$x=75\times7=525$$

($a:b=c:d$ ならば $ad=bc$)

これより，白玉は**およそ530個**。

比例式の解き方は P109

用語さくいん

円柱 ………… 187,190

円柱の体積

▶$V=\pi r^2h$

円柱の表面積

▶$S=2\pi rh+2\pi r^2$

お **おうぎ形** ………… 178,179,181,189

2つの半径と弧で囲まれた図形。

おうぎ形の弧の長さ

▶$\ell=2\pi r\times\frac{a}{360}$

おうぎ形の面積

▶$S=\pi r^2\times\frac{a}{360}$，$S=\frac{1}{2}\ell r$

か **解** ………… 110,122,132

方程式を成り立たせる文字の値。

外角 ………… 196,198

多角形の1辺と，これととなり合う辺の延長とがつくる角。

階級 ………… 250

資料を整理するための区間。

☞度数分布表を参照。

階級値 ………… 254

階級のまん中の値。

階級の幅 ………… 250

区間の幅。

回転移動

図形を1点を中心として一定の角度だけ回転させる移動。

回転の中心

→回転移動で，中心とする点。

回転体 ………… 184,193

1つの直線を軸として，平面図形を1回転させてできる立体。

回転の軸→回転体で，軸にした直線。

解の公式 ………… 127

2次方程式 $ax^2+bx+c=0(a\neq0)$ の解は，

$x=\dfrac{-b\pm\sqrt{b^2-4ac}}{2a}$

角 ………… 174

1点から出る2本の半直線によってできる図形。

角の記号→∠

角錐 ………… 188,191,246

角錐の体積

▶ $V=\frac{1}{3}Sh$

角錐の表面積

▶側面積＋底面積

角柱 ………… 186,190

角柱の体積

▶ $V=Sh$

角柱の表面積

▶側面積＋底面積×2

角の二等分線 ………… 174～176,223

角を2等分する半直線。

確率 ………… 257,258,260

あることがらの起こることが期待される程度を表す数。起こりうるすべての場合が n 通りあり，そのうち，ことがらAが起こる場合が a 通りあるとき，

- ことがらAが起こる確率 p は，$p=\frac{a}{n}$
- ことがらAが起こらない確率$=1-p$

加減法 ………… 114～116

連立方程式を解くのに，左辺どうし，右辺どうしをたすかひくかして，1つの文字を消去する方法。

傾き ………………………………… 149,152

1次関数 $y=ax+b$ のグラフの傾きぐあいを表す数で，x の係数 a に等しい。☞1次関数のグラフを参照。

仮定 ………………………………… 202

あることがら「○○○ならば□□□」の○○○の部分。☞結論を参照。

加法 ………………………………… 12,97

たし算のこと。

関数 ………………………………… 136

ともなって変わる2つの数量 x，y があって，x の値を決めると，それにともなって y の値がただ1つに決まるとき，y は x の関数であるという。

関数 $y=ax^2$ ………………………… 160

y が x の関数で，$y=ax^2$ で表されるとき，y は x の2乗に比例するという。

関数 $y=ax^2$ のグラフ ……… 161～163

原点を通り，y 軸について対称な放物線。

$a>0$　　$a<0$

き　奇数 ………………………………… 58,81

2でわりきれない数（1，3，5，…）。

逆 ………………………………… 208,231

あることがらの仮定と結論を入れかえたもの。

逆数 ………………………………… 22

2数（式）の積が1のとき，一方の数（式）を他方の数（式）の逆数という。

球 ………………………………… 192

球の表面積▶ $S=4\pi r^2$

球の体積▶ $V=\frac{4}{3}\pi r^3$

共通因数 ………………………………… 70,75

多項式で，各項に共通な因数。

距離 ………………………… 8,173,175,244

2点間の距離→2点を結ぶ線分の長さ。

点と直線との距離→点から直線にひいた垂線の長さ。

点と平面との距離→点から平面にひいた垂線の長さ。

近似値 ………………………………… 89

真の値ではないが真の値に近い値。

く　偶数 ………………………………… 58

2でわりきれる数（0，2，4，…）。

け　係数 ………………………………… 36

文字をふくむ項の数の部分。

結合法則

加法▶ $(a+b)+c=a+(b+c)$

乗法▶ $(a\times b)\times c=a\times(b\times c)$

結論 ………………………………… 202

あることがら「○○○ならば□□□」の□□□の部分。☞仮定を参照。

弦 ………………………………… 241

円周上の2点を結ぶ線分。

弦AB

原点 ………………………………… 8,137

数直線上で，0が対応している点。

座標平面上で，x 軸と y 軸の交点。

減法 ………………………………… 13,97

ひき算のこと。

こ　弧 ………………………………… 178,230

円周の一部分。

→弧の記号⌒

弧AB

項 ………………………………… 14,36,48

加法だけの式で，加法の記号＋で結ばれた1つ1つの文字式や数。

交換法則

加法▶ $a+b=b+a$　乗法▶ $a\times b=b\times a$

交点 ……………………… 157,169,170,172

2直線が交わるとき，その交わる点。

合同 …………………………………… **200**

移動によって，重ね合わせることができる２つの図形は合同であるという。

合同の記号→≡

公倍数 ……………………………… **31,108**

いくつかの整数に共通な倍数。

最小公倍数→もっとも小さい公倍数。

公約数 …………………………………… **31**

いくつかの整数に共通な約数。

最大公約数→もっとも大きい公約数。

誤差 ……………………………………… **89**

近似値と真の値との差。

根号（$\sqrt{\ }$） ……………………………… **83**

平方根を表す記号で，「ルート」と読む。

さ

差 ………………………………………… **13**

減法の結果。

最頻値 ………………………………… **256**

資料の値の中でもっとも多く出てくる値。度数分布表では，度数がもっとも多い階級の階級値。モードともいう。

作図 …………………………………… **172**

定規とコンパスだけを使って図をかくこと。

錯角 …………………………………… **194**

２つの直線に１つの直線が交わるとき，右のような位置にある角。

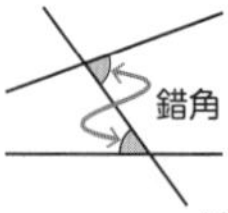

座標 …………………………………… **137**

座標平面上にある点の位置を x 座標 a，y 座標 b を使って，$(a,\ b)$ と表したもの。点Pの座標は $(2,\ -3)$ と表す。

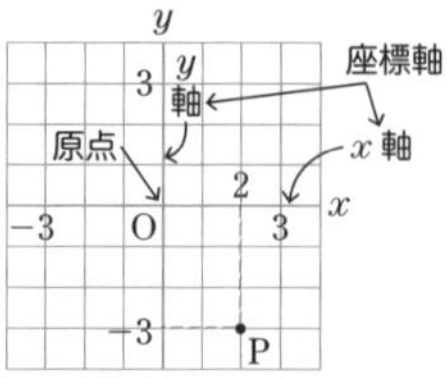

座標軸 ………………………………… **137**

x 軸と y 軸をあわせたよび方。

座標平面 ………………………… **137,244**

座標軸のかかれている平面。

左辺 …………………………………… **104**

等式や不等式で，等号や不等号の左の部分。

三角形と比の定理 ………………… **222**

DE∥BC ならば，

AD：AB

＝AE：AC

＝DE：BC

AD：DB＝AE：EC

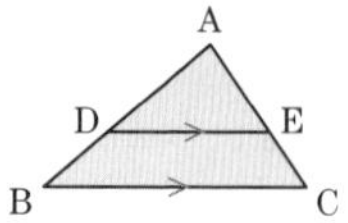

三角形と比の定理の逆 …………… **222**

△ABCの辺AB，AC上の点をそれぞれD，Eとするとき，

- AD：AB＝AE：ACならば，DE∥BC
- AD：DB＝AE：ECならば，DE∥BC

三角形の外角の性質 ……………… **196**

三角形の外角は，それととなり合わない２つの内角の和に等しい。

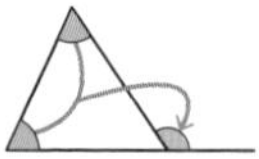

三角形の記号△ …………………… **201**

三角形ABCを，記号△を使って△ABCと表す。

三角形の合同条件 ………………… **201**

❶３組の辺がそれぞれ等しい。

❷２組の辺とその間の角がそれぞれ等しい。

❸１組の辺とその両端の角がそれぞれ等しい。

三角形の相似条件 …………………… 219

❶ 3組の辺の比がすべて等しい。

❷ 2組の辺の比とその間の角がそれぞれ等しい。

❸ 2組の角がそれぞれ等しい。

三角形の高さ …………………… 177

三角形の頂点からそれに向かい合う辺にひいた垂線の長さ。

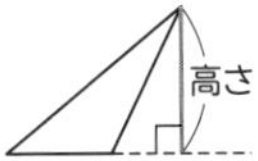

三角形の内角の性質 …………………… 196

三角形の3つの内角の和は180°

三平方の定理 …………………… 236

直角三角形の直角をはさむ2辺の長さを a, b, 斜辺の長さを c とすると, $a^2+b^2=c^2$

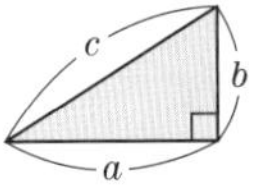

三平方の定理の逆 …………………… 237

三角形の3辺の長さ a, b, c の間に, $a^2+b^2=c^2$ という関係が成り立つとき, この三角形は長さ c の辺を斜辺とする直角三角形である。

し 式の値 …………………… 35,57,78,79,102

式の中の文字に数を代入して計算した結果。

指数 …………………… 19,32

同じ数や文字をいくつかけ合わせたかを示す右かたの小さな数。累乗の指数ともいう。

2^3←指数

次数 …………………… 48

単項式の次数→かけ合わされている文字の個数。

多項式の次数→各項の次数のうちで, もっとも大きいもの。

自然数 …………………… 60,133

正の整数 1, 2, 3, …。0 はふくまない。

四則 …………………… 26

加法, 減法, 乗法, 除法をあわせたよび方。

四分位数 …………………… 268

データを小さい順に並べて4等分したときの3つの区切りの値。

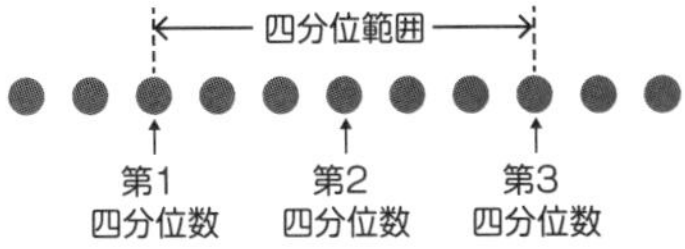

四分位範囲

第1四分位数　第2四分位数　第3四分位数

四分位範囲 …………………… 268

四分位範囲
=第3四分位数−第1四分位数

斜辺 …………………… 209,210,236

直角三角形で, 直角に対する辺。

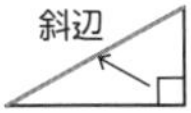

縮尺

縮図上の長さの実際の長さに対する割合。

樹形図 …………………… 259,263～266

場合の数を求めるときに利用する右のような枝分かれした図。

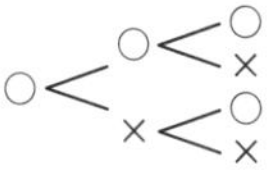

循環小数

無限小数のうち, ある位以下の数字が決まった順序でくり返される小数。

商 …………………… 21,33,111

わり算の結果。

消去 …………………… 114,117

x, y についての連立方程式から x または y をふくまない方程式を導くこと。

象限 …………………… 143

座標平面を4つに分けた範囲。

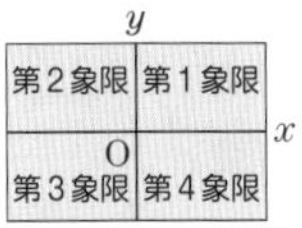

第2象限	第1象限
第3象限	第4象限

乗法 …… 16,91
かけ算のこと。
乗法公式 …… 64 ～ 67
$(x+a)(x+b)=x^2+(a+b)x+ab$
$(x+a)^2=x^2+2ax+a^2$
$(x-a)^2=x^2-2ax+a^2$
$(x+a)(x-a)=x^2-a^2$
証明 …… 202
仮定から出発して，すでに正しいと認められていることがらを根拠にして，結論を導くこと。
除法 …… 21,92
わり算のこと。
す 垂線 …… 176,177
ある直線，または平面に垂直に交わっている直線。
垂直二等分線 …… 172,173
線分の中点を通り，その線分と垂直に交わる直線。
中点
垂直の記号⊥ …… 183
直線ABとCDが垂直→AB⊥CD
せ 正角錐 …… 188
底面が正多角形で，側面がすべて合同な二等辺三角形である角錐。
正角柱
底面が正多角形で，側面がすべて合同な長方形である角柱。
正三角形 …… 239
3つの辺がすべて等しい三角形。
正三角形の高さ
▶$h=\frac{\sqrt{3}}{2}a$
正三角形の面積
▶$S=\frac{\sqrt{3}}{4}a^2$
整数 …… 10,59,80
…，−3，−2，−1，0，1，2，3，…
正多面体
どの面もすべて合同な正多角形で，どの頂点にも面が同じ数だけ集まっている，へこみのない多面体。正多面体は，正四面体，正六面体，正八面体，正十二面体，正二十面体の５種類。
正の数 …… 8,9
０より大きい数。
正の符号→正の数を表す符号＋。
正比例
比例のこと。
正方形 …… 215,238
４つの辺，４つの角がすべて等しい四角形。
→正方形の対角線は長さが等しく，垂直に交わる。
積 …… 16,32
乗法の結果。
接する
直線と円が１点で交わるとき，この直線は円に接するという。
接線 …… 232,233,242
円の接線は，接点を通る半径に垂直。
接線
接点
絶対値 …… 10,136
数直線上で，ある数に対応する点と原点との距離。
接点 …… 232
円と接線が接する点。☞接線を参照。
切片 …… 149,152
１次関数 $y=ax+b$ のグラフが y 軸と交わる点の y 座標で b の値。
☞１次関数のグラフを参照。
全数調査 …… 271
調査の対象となる集団のすべてのものについて調べる方法。

多面体
平面だけで囲まれた立体。

単項式 ………… 48
数や文字についての乗法だけでできている式。1つの文字や1つの数も単項式。

ち **中央値** ………… 255
資料の値を大きさの順に並べたときの中央の値。メジアンともいう。

中心角 ………… 178,179
円やおうぎ形で，2つの半径のつくる角。

中心角

中点 ………… 172
線分を2等分する点。

中点

中点連結定理 ………… 224,225
三角形の2辺の中点を結ぶ線分は，残りの辺に平行で，長さはその半分に等しい。

A M N B C
MN//BC
$MN=\frac{1}{2}BC$

頂角 ………… 204
二等辺三角形で，長さの等しい2辺の間の角。☞二等辺三角形を参照。

長方形 ………… 215,238
4つの角がすべて等しい四角形。→長方形の対角線の長さは等しい。

直線 ………… 182
まっすぐに限りなくのびている線。

A B
直線AB

直角三角形の合同条件 ………… 209,210
❶斜辺と他の1辺がそれぞれ等しい。
❷斜辺と1つの鋭角がそれぞれ等しい。

て **底角** ………… 204
二等辺三角形で，底辺の両端の角。
☞二等辺三角形を参照。

定義 ………… 204
ことばの意味をはっきり述べたもの。

定数 ………… 136
決まった数や決まった数を表す文字。

定数項
数だけの項。

底辺
三角形や二等辺三角形で，頂角に対する辺。
☞二等辺三角形を参照。

底面積 ………… 186～189
立体の1つの底面の面積。

定理 ………… 204
証明されたことがらのうち，それを根拠として他の証明によく使われるもの。

展開 ………… 63
単項式と多項式，あるいは多項式と多項式の積の形の式を，単項式の和の形の式に表すこと。

展開の基本公式
▶ $(a+b)(c+d)=ac+ad+bc+bd$

展開図 ………… 186～189
立体を切り開いて，平面に広げた図。

点対称
1点を中心として180°回転させたとき，もとの図形にぴったり重なること。

点対称移動
180°の回転移動。

A B C O 180° C′ B′ A′

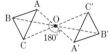

と **同位角** ………………………… 194

2つの直線に1つの直線が交わるとき，右のような位置にある角。

投影図 ………………………… 185

立体をある方向から見て平面に表した図。正面から見た図を立面図，真上から見た図を平面図という。

等式 ………………………… 46

等号を使って，2つの数量が等しい関係を表した式。

等式の性質 ………………………… 104

$A=B$ ならば，

❶$A+C=B+C$　❷$A-C=B-C$

❸$A\times C=B\times C$　❹$A\div C=B\div C$ $(C\neq 0)$

等式の変形 ………………………… 61

等式を，方程式を解く要領で，(解く文字)＝～の形に変形すること。

等積変形 ………………………… 217

ある図形を，その面積を変えずに形だけを変えること。

同様に確からしい

あることがらの起こりうるすべての場合の1つ1つがどれも同じ程度に期待できるとき，どの結果が起こることも同様に確からしいという。

同類項 ………………………… 49

文字の部分がまったく同じである項。

度数 ………………………… 250

それぞれの階級に入っている資料の個数。☞度数分布表を参照。

度数折れ線 ………………………… 251

ヒストグラムで，それぞれの長方形の上の辺の中点を順に結んだグラフ。度数分布多角形ともいう。

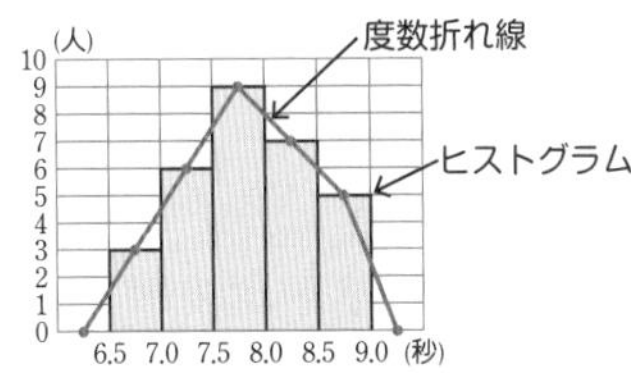

度数分布表 ………………………… 250

資料をいくつかの階級に分け，階級ごとにその度数を示した表。

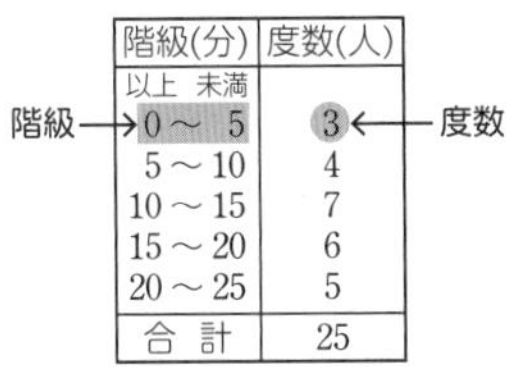

階級(分)	度数(人)
以上　未満	
0 ～ 5	3
5 ～ 10	4
10 ～ 15	7
15 ～ 20	6
20 ～ 25	5
合　計	25

鈍角

90°より大きく180°より小さい角。

鈍角三角形

1つの内角が鈍角の三角形。

な **内角** ………………………… 196,198

多角形のとなり合う2辺によってできる角のうち，その内部にできる角。

に **2元1次方程式** ………………………… 114,156

2つの文字をふくむ1次方程式。

2元1次方程式のグラフ ………………………… 156

2元1次方程式 $ax+by=c$ のグラフは直線。特に，$y=k$ のグラフは点$(0, k)$を通り，x 軸に平行な直線で，$x=h$ のグラフは点$(h, 0)$を通り，y 軸に平行な直線。

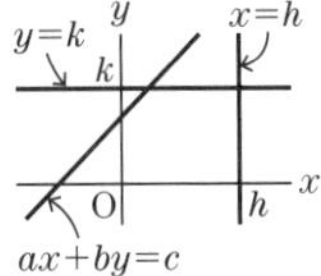

2次方程式 …………………………… 126

$ax^2+bx+c=0$(a, b, c は定数, $a \neq 0$)の形になる方程式。

☞解の公式を参照。

二等辺三角形 …………………………… 204

2つの辺が等しい三角形。

頂角
底角
底辺

二等辺三角形になるための条件 …… 207

2つの角が等しい三角形は, 等しい角を底角とする二等辺三角形である。

二等辺三角形の性質 ………… 204 ~ 206

❶ 2つの底角は等しい。

❷頂角の二等分線は, 底辺を垂直に2等分する。

ね **ねじれの位置** …………………………… 182

空間で, 平行でなく, 交わらない2直線の位置関係。

は

は **場合の数** …………………………… 258

あることがらの起こり方が全部でn通りあるとき, nをそのことがらの起こる場合の数という。

π(パイ) …………………………… 178

円周率を表すギリシャ文字。

倍数 …………………………… 59,60,81

ある整数に整数をかけてできる数。

箱ひげ図 …………………………… 269

データの最小値, 第1四分位数, 第2四分位数(中央値), 第3四分位数, 最大値を, 長方形(箱)と線分(ひげ)を用いて表した図。

四分位範囲
ひげ
ひげ
箱
最小値 第1四分位数 第2四分位数 第3四分位数 最大値

範囲

資料の最大の値と最小の値との差。レンジともいう。

半球 …………………………… 192

球をその中心を通る平面で半分に切ったときにできる立体。

半直線 …………………………… 174

直線の一部で端が1つのもの。

A B
半直線AB

反比例 …………………………… 142

y が x の関数で, $y=\frac{a}{x}$ で表されるとき, y は x に反比例するという。

反比例のグラフ ………………… 143,144

原点について対称な2つのなめらかな曲線。双曲線という。

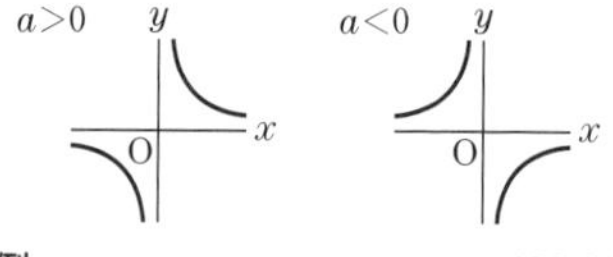

反例 …………………………… 183,208

あることがらが成り立たない例。

ひ **ひし形** …………………………… 215

4つの辺がすべて等しい四角形。→ひし形の対角線は垂直に交わる。

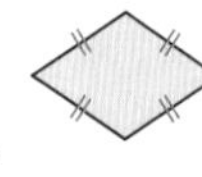

ヒストグラム ………………… 251,256

階級の幅を底辺, 度数を高さとする長方形を順にかいて, 度数の分布のようすを表したグラフ。柱状グラフともいう。

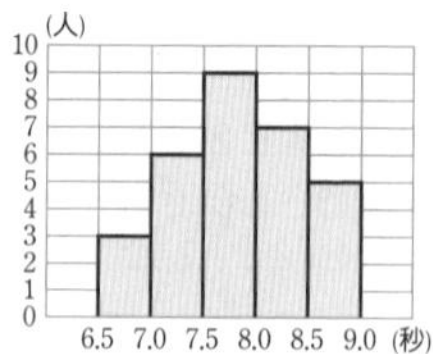

比の値

比 $a:b$ で, a を b でわった$\frac{a}{b}$のこと。

百分率 …… 44
割合を表す$\frac{1}{100}$(または0.01)を1パーセントといい，1％と書く。％で表した割合を百分率という。

標本 …… 272
標本調査のために母集団から取り出した一部分。

標本調査 …… 271,272
集団の中から一部分を取り出して調べ，その結果から集団全体の傾向を推定する方法。

表面積 …… 186～189,192
立体のすべての面の面積の和。

比例 …… 138
yがxの関数で，$y=ax$で表されるとき，yはxに比例するという。

比例式 …… 109
比 $a:b$ と比 $c:d$ が等しいことを表す等式 $a:b=c:d$

比例式の性質 …… 109
$a:b=c:d$ならば，$ad=bc$

比例定数 …… 138,142,160
比例の式$y=ax$，反比例の式 $y=\frac{a}{x}$，$y=ax^2$のaの値。

比例のグラフ …… 139,140
比例のグラフは，原点を通る直線。

$a>0$　y　x　O　　$a<0$　y　x　O

ふ　歩合 …… 45
割合を表す$\frac{1}{10}$(または0.1)を1割，$\frac{1}{100}$(または0.01)を1分，$\frac{1}{1000}$(または0.001)を1厘といい，このように表した割合を歩合という。

複号(±) …… 82,83,126
＋(プラス)と−(マイナス)をいっしょに表した記号±

不等号 …… 11,47,85,86
数や式の大小を表す記号＜，＞，≦，≧
- aはb未満→$a<b$
- aはbより大きい→$a>b$
- aはb以下→$a \leqq b$
- aはb以上→$a \geqq b$

不等式 …… 47
数や式の大小を不等号を使って表した式。

負の数 …… 8,9
0より小さい数。
負の符号→負の数を表す符号−。

分配法則 …… 28,51,62,106
$a(b+c)=ab+ac$，$(a+b)c=ac+bc$

分母をはらう …… 108,120
係数に分数をふくむ方程式を，両辺に分母の公倍数をかけて，分数をふくまない形に直すこと。

へ　平均(平均値) …… 29,254
資料の値を等しい大きさになるようにならした値。平均＝合計÷個数
度数分布表の平均値
▶平均値＝$\frac{(階級値 \times 度数)の合計}{度数の合計}$

平行移動
図形を一定の方向に一定の距離だけずらす移動。

A　A′　B′　B　C　C′

平行四辺形 …… 211
2組の対辺がそれぞれ平行な四角形。
平行四辺形の記号→▱

平行四辺形になるための条件 …… 214,225
❶2組の対辺がそれぞれ平行。(定義)
❷2組の対辺がそれぞれ等しい。
❸2組の対角がそれぞれ等しい。
❹対角線がそれぞれの中点で交わる。
❺1組の対辺が平行で，その長さが等しい。

近似値を表す数字のうち，信頼できる数字。

有理化 ………………………… 96

分母に根号をふくむ数を，分母に根号をふくまない形に変形すること。

有理数 ………………………… 88

整数 a と0でない整数 b を使って，$\frac{a}{b}$ と分数の形で表すことのできる数。

り **立方** ………………………… 20

3乗のこと。

立面図 ………………………… 185

投影図で，立体を正面から見た図。

☞投影図を参照。

両辺 ………………………… 104

等式や不等式で，左辺と右辺をあわせたもの。

る **累乗** ………………………… 19

2^3，a^2 のように，同じ数や文字をいくつかかけたもの。

累乗の指数☞指数を参照。

累積相対度数 ………………………… 253

最初の階級からその階級までの相対度数の合計。

累積度数 ………………………… 250

最初の階級からその階級までの度数の合計。

ルート ………………………… 83

根号の記号$\sqrt{\ }$の読み方。

れ **連立方程式** ………………………… 114,157

2つ以上の方程式を組み合わせたもの。

連立方程式の解き方☞加減法，代入法を参照。

わ **和** ………………………… 12

加法の結果。

***y*座標** ………………………… 137

座標平面上にある点の y 軸の位置を表すもの。

***y*軸** ………………………… 137

座標平面上の原点を通る縦の数直線。縦軸ともいう。☞座標を参照。

割合 ………………………… 44,45,113,125

ある量をもとにして，比べられる量がもとにする量の何倍にあたるかを表した数。

割合＝比べられる量÷もとにする量

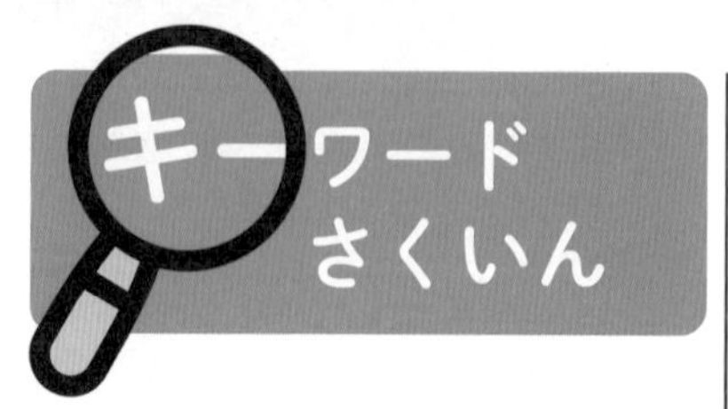
キーワード
さくいん

編集協力　(有) アズ
カバーイラスト　坂木浩子
イラスト　さとうさなえ
図版　(有) アズ
DTP　(株) 明昌堂　データ管理コード：24-2031-1800（CC2020）
デザイン　山口秀昭（StudioFlavor）

この本は下記のように環境に配慮して製作しました。
・製版フィルムを使用しない CTP 方式で印刷しました。
・環境に配慮した紙を使用しています。

中学数学の解き方をひとつひとつわかりやすく。

⑧